호두껍질 속의
우주

호두껍질 속의 우주

스티븐 호킹
김동광 옮김

까치

THE UNIVERSE IN A NUTSHELL

by Stephen Hawking

역자 **김동광**(金東光)

고려대학교 독어독문학과 졸업.
같은 대학원 과학기술학 협동과정 과학사회학 박사과정 수료.
고려대학교, 성공회대학교 강사. "인간을 위한 과학"을 목표로 하는 출판기획사 과학세대 대표. 역서로 「거인들의 어깨 위에 서서」, 「그림으로 보는 시간의 역사」, 「마틴 가드너의 양손잡이 자연세계」, 「인류의 기원」, 「과학의 종말」 외 다수가 있다.

편집-교정 민지영(閔智榮)

호두껍질 속의 우주

저자 / 스티븐 호킹
역자 / 김동광
발행처 / 까치글방
발행인 / 박후영
주소 / 서울시 용산구 서빙고로 67, 파크타워 103동 1003호
전화 / 02 · 735 · 8998, 736 · 7768
팩시밀리 / 02 · 723 · 4591
홈페이지 / www.kachibooks.co.kr
전자우편 / kachisa@unitel.co.kr
등록번호 / 1-528
등록일 / 1977. 8. 5
초판 1쇄 발행일 / 2001. 12. 5
13쇄 발행일 / 2018. 3. 22

값 / 뒤표지에 쓰여 있음

ISBN 89-7291-301-4 03400

차례

스티븐 호킹
(2001년, ⓒ스튜어트 코헨)

서문

나는 내가 쓴 대중과학서 「시간의 역사(*A Brief History of Time*)」가 그처럼 큰 성공을 거두리라고는 생각하지 않았다. 그 책은 무려 4년 동안이나 「선데이 타임스(*Sunday Times*)」 베스트 셀러 목록에 올라 있었다. 그것은 지금까지 발간된 책들 중에서 가장 긴 기록이었고, 특히 읽기가 그다지 쉽지 않은 과학서라는 점에서 무척 주목할 만한 일이었다. 그 후 많은 사람들이 내게 후속편을 쓸 계획이 있는지 물었다. 질문을 받을 때마다 나는 그럴 생각이 없다고 말했다. 한편으로는 「시간의 역사 제2편」이나 「조금 긴 시간의 역사」와 같은 부류의 책을 쓰고 싶지 않았기 때문이었고, 다른 한편으로는 연구에 바빠서 책을 쓸 만한 시간이 허락되지 않았기 때문이었다. 그러나 나는 「시간의 역사」보다 더 읽기 쉬운 다른 종류의 책을 쓸 때가 되었다는 것을 깨달았다. 「시간의 역사」는 내용이나 논리의 면에서 나중의 장(章)들이 앞의 장의 뒤를 이어 계속되는 방식으로 구성되었다. 물론 이런 방식을 좋아하는 독자들도 있었지만, 책의 앞부분을 읽다가 지쳐서 훨씬 더 흥미로운 내용들이 소개되는 뒷부분은 읽어볼 엄두도 내지 못하는 경우가 있었다. 그에 비해서 이 책은 나무와 같은 구조를 가지고 있다. 제1장과 제2장은 큰 줄기에 해당하며, 여기에서 다른 가지들이 뻗어나오는 형식이다.

가지들은 서로 충분히 독립적이며, 큰 줄기를 읽으면 가지에 해당하는 나머지 장들은 어떤 순서로 읽어도 무방하다. 이 장들은 「시간의 역사」가 발간된 이후 내가 연구했거나 생각했던 주제들을 다루고 있다. 따라서 그 부분은 오늘날 가장 활발한 연구가 이루어지고 있는 첨단 분야들에 대한 상(像)을 제공할 것이다. 각각의 장에서도 나는 가급적 선형적(線型的)인 구조를 피하려고 노력했다. 1996년에 발간된 「그림으로 보는 시간의 역사(*The Illustrated A Brief History of Time*)」에서와 마찬가지로 삽화와 그림 설명은 본문을 이해하는 데에 도움이 되는 또다른 통로를 마련해줄 것이다. 그리고

상자 글과 보조 해설을 통해서 본문에서 다룰 수 없는 특정 주제들을 좀더 자세하게 살펴볼 수 있다.

「시간의 역사」가 처음 출간되었던 1988년에는 "만물의 이론(Theory of Everything)"이 곧 완성될 것처럼 생각되었다. 그러나 그 후 상황은 어떻게 변화되었는가? 우리는 그 목표에 좀더 가깝게 다가섰는가? 이 책에서 다루어지겠지만, 그 후 우리는 많은 진전을 보았다. 그러나 우리는 여전히 그 길 위에 있고, 아직도 그 끝은 보이지 않는다. 속담에 목적지에 도달하는 것보다 희망에 차서 길을 걷는 편이 더 행복하다는 말이 있다. 발견에 대한 우리의 갈망이 모든 분야에 창조성이라는 기름을 부어넣어준다. 우리가 이 길의 끝에 다다른다면, 인류 정신은 움츠러들고 종내 죽어버리고 말 것이다. 그러나 나는 인류가 영원히 지속되리라고는 생각하지 않는다. 그렇지만 우리는 설령 깊이는 아니라도 끝없이 복잡성을 증대시킬 것이고, 항상 가능성의 지평선을 확장시키는 중심에 서 있을 것이다.

나는 현재 이루어지고 있는 발견들과 새롭게 출현하고 있는 실재(reality)의 상(像)에 대해서 느끼는 흥분감을 여러분들과 함께 나누고 싶다. 나는 점차 더해가는 임박감을 느끼면서 나 자신이 연구해온 여러 영역들을 중심으로 하여 이 책을 집필했다. 물론 그 연구의 상세한 내용은 전문적인 것이지만, 나는 복잡한 수학 공식 없이도 폭넓은 개념들을 전달할 수 있다고 믿는다. 이러한 내 시도가 성공을 거두기를 바란다.

나는 이 책을 쓰는 과정에서 많은 도움을 받았다. 특히 그림, 그림 설명, 그리고 상자 글에 도움을 준 토마스 허토그와 닐 쉬러에게 감사를 전하고 싶다. 내 원고를 (사실 나는 모든 글을 전자적인 방식으로 쓰기 때문에, 좀더 정확하게 말하자면, 컴퓨터 파일을) 편집한 앤 해리스와 키티 퍼거슨 그리고 삽화를 그린 필립 던과 북 래버러터리의 여러분들에게도 감사드린다. 그러나 그 누구보다도 내가 과학연구를 계속 하면서 지극히 정상적인 생활을 할 수 있도록 도와준 모든 분들에게 깊은 고마움을 표시하고자 한다. 그 분들이 없었다면, 이 책은 빛을 보지 못했을 것이다.

2001년 5월 2일, 케임브리지에서
스티븐 호킹

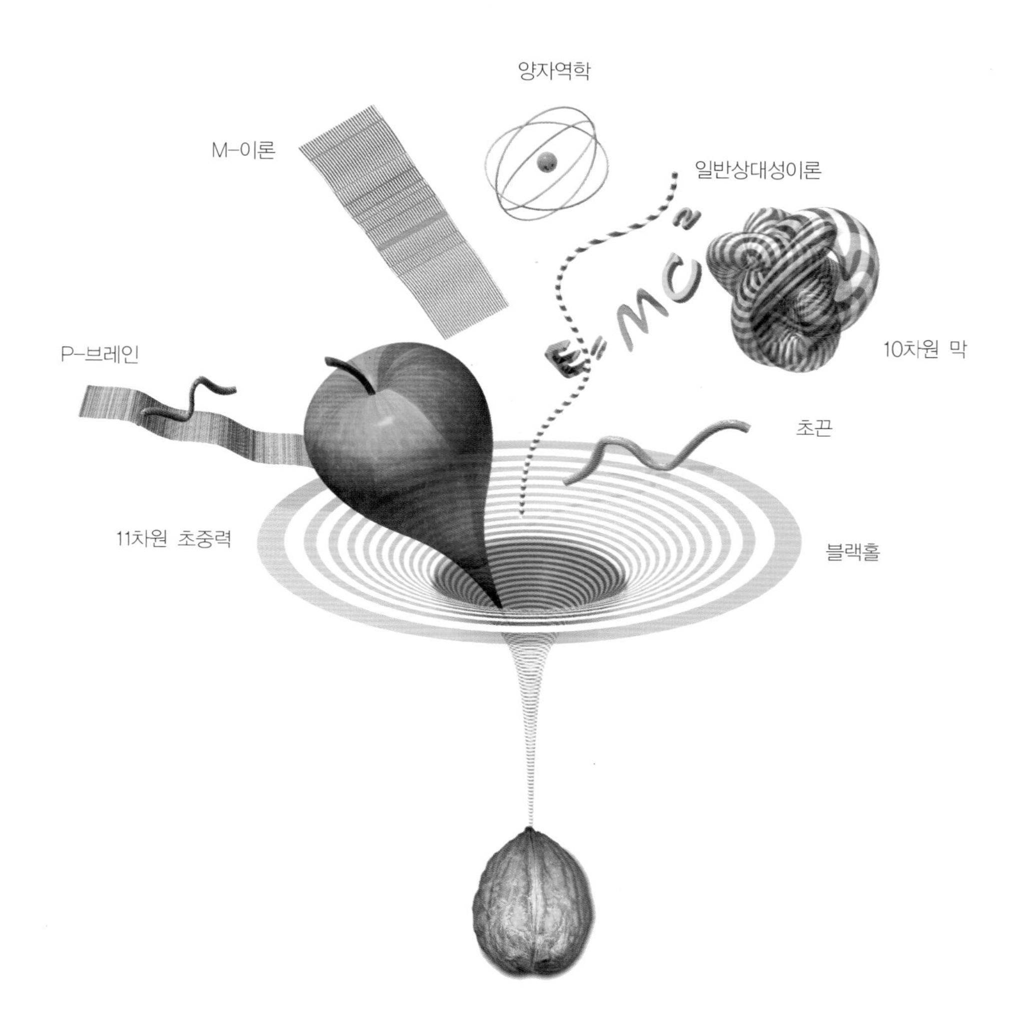
양자역학
M-이론
일반상대성이론
E=MC2
10차원 막
P-브레인
초끈
11차원 초중력
블랙홀

제1장

상대성이론의 약사(略史)

아인슈타인은 어떻게 20세기 과학의 두 기둥인
상대성이론과 양자이론의 기초를 마련했는가?

Professor Einstein

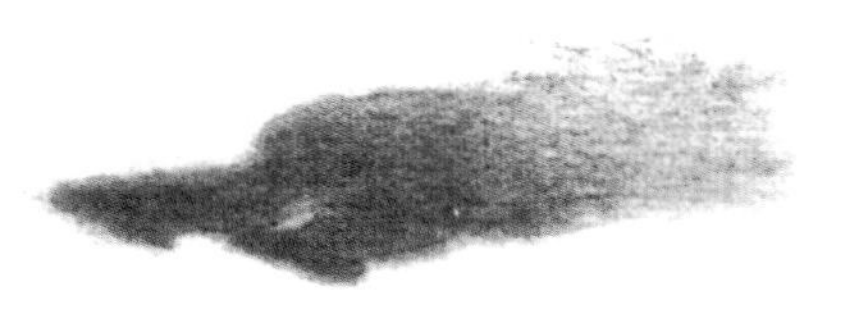

Low

특수상대성이론과 일반상대성이론의 발견자인 알베르트 아인슈타인은 1879년 독일의 울름에서 태어났다. 그러나 이듬해 그의 가족은 뮌헨으로 이사했고, 그곳에서 아버지 헤르만과 삼촌 야콥은 소규모 전기사업을 시작했지만, 성공하지 못했다. 알베르트는 신동이 아니었다. 그러나 그의 학교 성적이 신통치 않았다는 주장은 지나친 과장인 것 같다. 1894년에 아버지가 사업에 실패하자 그의 가족은 밀라노로 이주했다. 그의 양친은 그가 뮌헨에 남아 학교를 마칠 수 있도록 하려고 했지만, 그는 자신이 다니던 학교의 권위주의적 분위기를 좋아하지 않았고, 몇 달 만에 전학 서류도 없이 이탈리아에 있는 가족에게 합류하고 말았다. 후일 그는 취리히에서 학교를 마치고 1900년에 명문인 ETH 연방 공과대학을 졸업했다. 그의 논쟁적인 성격과 권위주의에 대한 혐오 때문에 그는 모교에서 교수직을 얻을 수 없었다. 그 대학에서는 학자로서의 경력을 쌓아가는 데에 대개 한 번쯤 거치는 조교 자리조차 주는 사람이 없었다. 결국 그는 2년 후 베른의 스위스 특허청에 말단직으로 취직할 수 있었다. 1905년에 그가 그 유명한 세 편의 논문을 썼을 때에도 그는 특허청 직원이었다. 그 논문들이 그를 세계에서 가장 뛰어난 과학자 중의 한 사람으로 만들어주었고, 두 가지의 사상적 혁명을 일으켰다. 그것은 시간, 공간 그리고 실재 그 자체에 대한 우리의 이해를 바꾸어놓은 혁명이었다.

19세기 말에 접어들자 과학자들은 자신들이 우주에 대한 완전한 기술(記述)에 매우 근접했다고 믿었다. 그들은 공간이 "에테르(ether)"라고 불리는 연속적인 매질로 가득 차 있다고 상상했다. 소리가 공기 속에서 전파되는 압력파(pressure wave)이듯이 광선과 전파 신호도 에테르 속에서 진행하는 파동이라고 생각되었다. 그리고 완전한 이론을 위해서 필요한 것은 에테르의 탄력적인 성질에 대해서 측정을 하는 것뿐이었다. 실제로 하버드 대학교의 제퍼슨 실험실은 이러한 측정을 미리 예견하고 쇠못을 전혀 사용하지 않고 건설되었다. 그것은 못이 극도로 민감한 자기 측정에 간섭을 일으킬 가능성이 있기 때문이었다. 그러나 설계자들은 그 실험실을 비롯해서 하버드 대학교의 대부분의 건물을 짓는 데에 사용된 적벽돌이 다량의 철분을 함유하고 있다는 사실을 간과했다. 그 건물은 지금도 사용되고 있지만, 하

알베르트 아인슈타인(1920년)

(그림 1.1, 위) 고정된 에테르 이론

만약 빛이 에테르라는 탄성물질 속을 움직이는 파동이라면 빛의 속도는 그 빛을 향해서 달려오는 우주선 **(a)**에 타고 있는 사람에게는 더 빠르게 보일 것이고, 빛과 같은 방향으로 진행하는 우주선 **(b)**에 타고 있는 사람에게는 더 느린 것처럼 보일 것이다.

(그림 1.2, 맞은편)

지구 궤도 방향이나 궤도에 대해서 직각인 방향에서나 빛의 속도에는 아무런 차이도 발견되지 않았다.

버드 대학측은 쇠못 없이 그토록 많은 장서가 들어 있는 도서관층이 무게를 지탱할지 확신하지 못하고 있다.

19세기 말에 에테르가 우주공간에 편재(遍在)하고 있다는 개념의 모순이 드러나기 시작했다. 일반적으로 빛은 에테르 속에서 일정한 속도로 움직이고, 관찰자가 빛과 같은 방향으로 움직이면 빛의 속도는 느리게 되리라고 생각했고, 반대 방향으로 이동할 때에는 빛의 속도가 더 빠르게 느껴질 것이라고 예상했다(그림 1.1).

그러나 일련의 실험들은 에테르 속을 통과하는 운동에 대해서 어떤 증거도 찾아내지 못했다. 가장 세심하고 정확한 실험은 1887년에 앨버트 마이컬슨과 에드워드 몰리가 오하이오 주 클리블랜드의 응용과학 연구소(The Case School of Applied Science)에서 행한 것이었다. 그들은 직각 방향에서 서로를 향해서 발사된 두 광선의 속도를 비교하는 방법을 사용했다. 지구가 자전하면서 태양 주위를 공전하기 때문에 측정기구는 속도와 방향이 계속 바뀌면서 에테르 속을 지나가게 된다(그림 1.2). 그러나 마이컬슨과 몰리는 날이 가고 해가 바뀌어도 두 광선 사이에서 아무런 차이를 찾을 수 없었다. 따라서 관찰자의 위치나 그가 움직이는 방향에 무관하게 빛의 속도는 항상 일정한 것처럼 보였다(그림 1.3, 8쪽 참조).

마이컬슨과 몰리의 실험을 기초로 아일랜드의 물리학자 조지 피츠제럴드와 네덜란드의 물리학자 헨드릭 로렌츠는 에테르 속을 통과하는 물체는 수축하고, 시계는 느려질 것이라고 주장했다. 이러한 수축과 시계의 느려짐 때문에 물체나 시계가 에테르 속을 통과하더라도 사람들은 항상 빛의 속도를 일정하게 측정하게 된다는 것이다(이 두 사람은 지금도 에테르가 실재한

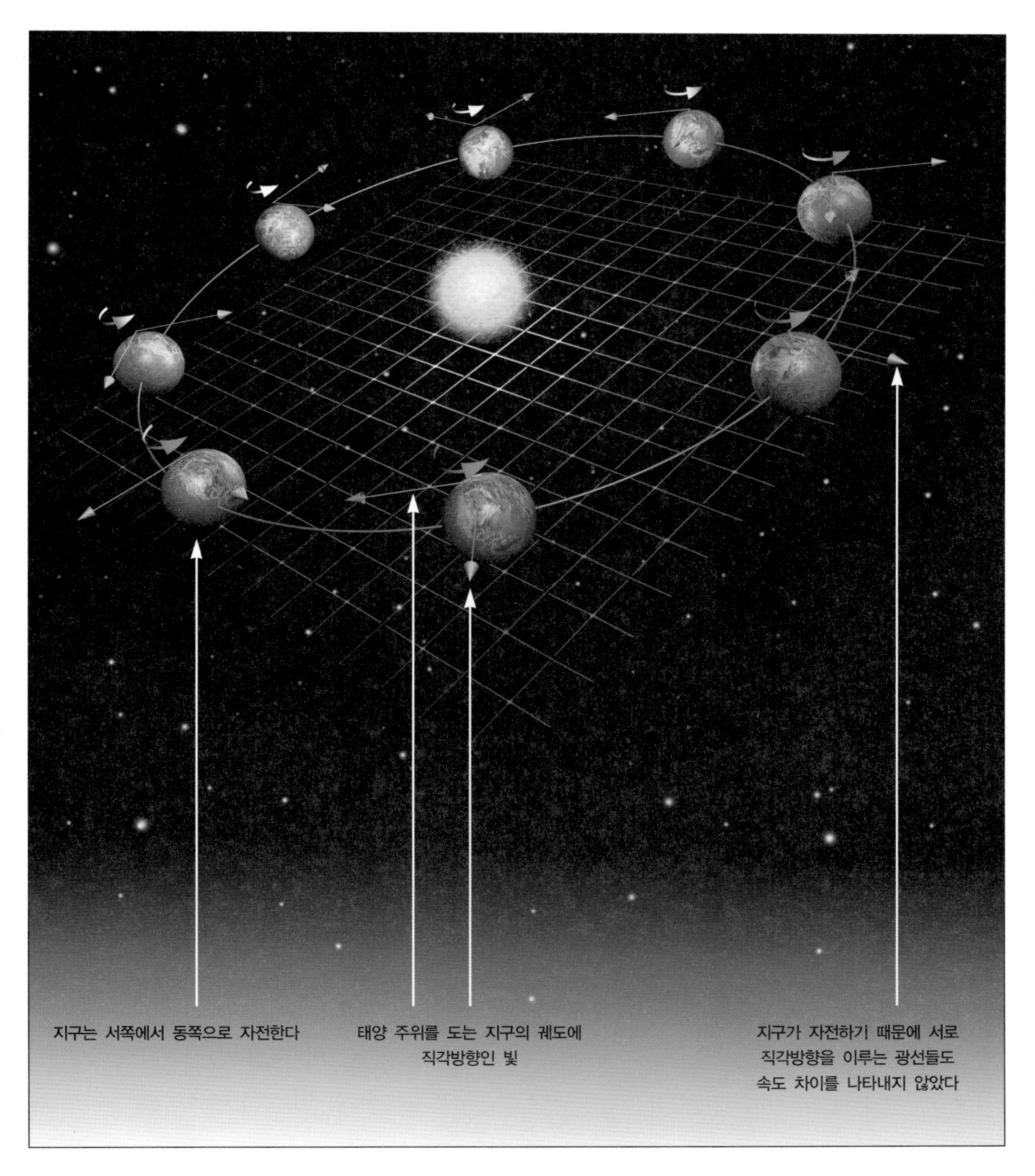
지구는 서쪽에서 동쪽으로 자전한다
태양 주위를 도는 지구의 궤도에 직각방향인 빛
지구가 자전하기 때문에 서로 직각방향을 이루는 광선들도 속도 차이를 나타내지 않았다

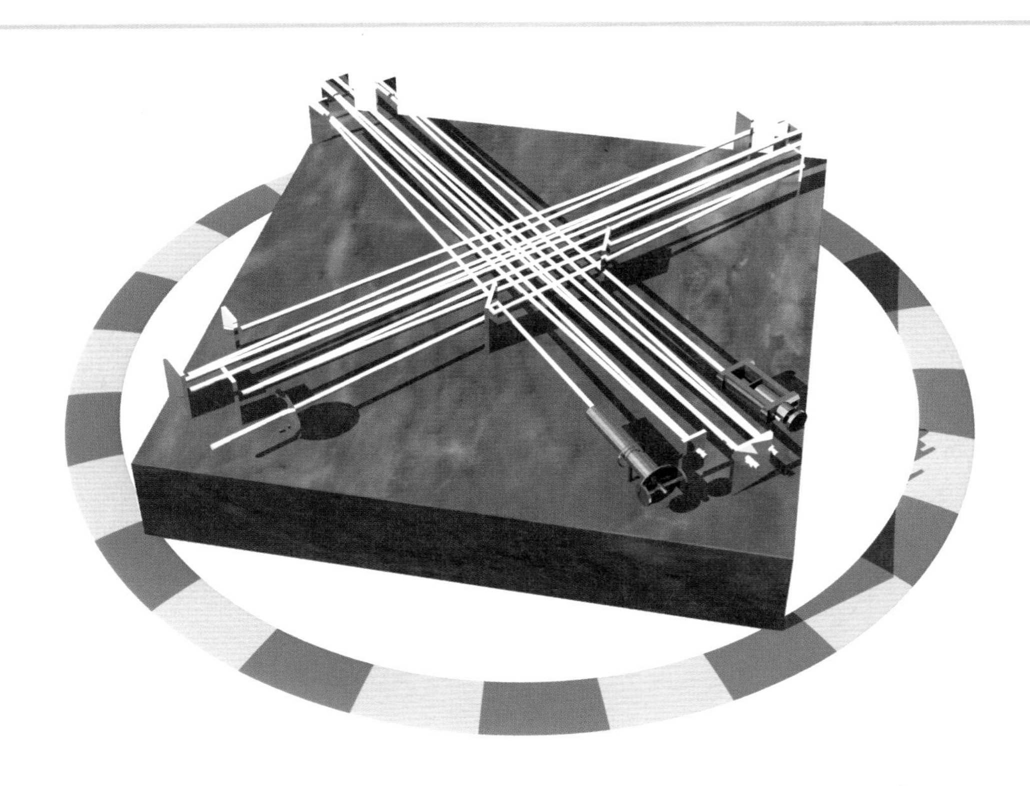

(그림 1.3) 빛의 속도를 측정한다

마이컬슨-몰리 간섭계에서 광원(光源)에서 나온 빛은 절반만 석박(錫箔)을 입힌 거울에 의해서 두 개의 빔으로 나누어진다. 두 빔은 서로 직각을 이루며 갈라졌다가 다시 한번 절반만 석박을 입힌 거울에 의해서 하나로 합쳐진다. 만약 두 방향으로 나누어진 빛의 빔에서 속도 차이가 나타난다면 한쪽 빔의 파동 마루가 다른쪽 빔의 파동의 골과 같은 시간에 도착해서 서로 상쇄된다.

오른쪽: 1887년에 「사이언티픽 아메리칸(*Scientific American*)」에 실린 그림을 통해 복원한 실험 도표.

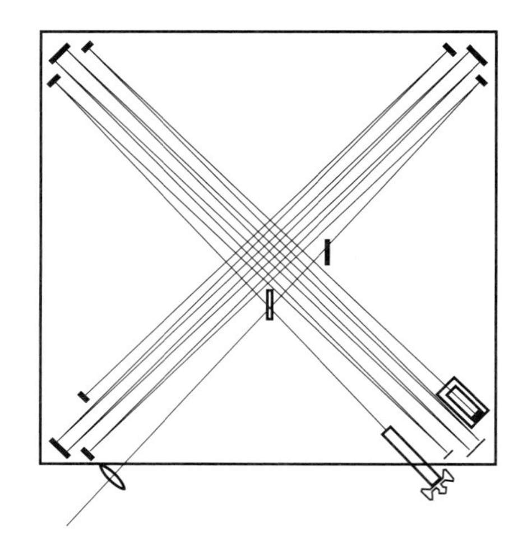

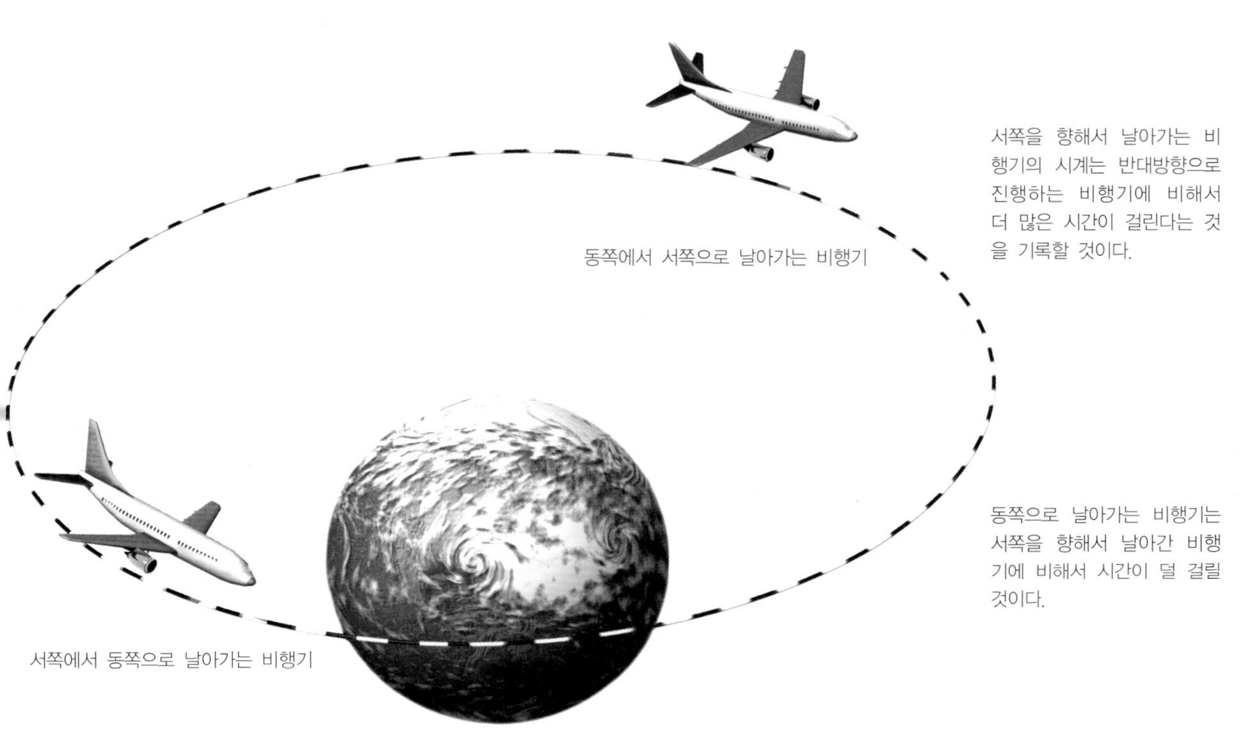

동쪽에서 서쪽으로 날아가는 비행기
서쪽을 향해서 날아가는 비행기의 시계는 반대방향으로 진행하는 비행기에 비해서 더 많은 시간이 걸린다는 것을 기록할 것이다.
동쪽으로 날아가는 비행기는 서쪽을 향해서 날아간 비행기에 비해서 시간이 덜 걸릴 것이다.
서쪽에서 동쪽으로 날아가는 비행기

(그림 1.4)
쌍둥이 역설(10쪽의 그림 1.5를 보라)의 한 변형판에 대한 실험. 이 실험에 이용된 두 대의 비행기에는 정밀한 시계가 실려 있고, 서로 반대방향으로 지구를 일주한다.
일주를 끝낸 두 비행기의 시계를 조사한 결과, 동쪽으로 날았던 비행기가 시간이 조금 덜 걸렸다는 것을 알 수 있었다.

다고 믿고 있다). 그러나 1905년에 발표된 논문에서 아인슈타인은 자신이 우주공간 속에서 움직이고 있는지 여부를 알 수 없다면, 에테르라는 개념은 불필요할 것이라고 지적했다. 에테르 대신 아인슈타인은 자유롭게 움직이고 있는 모든 관찰자들에게는 과학법칙이 동일하게 적용된다는 가설에서 출발했다. 특히 그는 관찰자가 아무리 빨리 움직여도 그들이 빛의 속도를 똑같이 측정하게 될 것이라고 가정했다. 즉 빛의 속도는 관찰자의 운동과 무관하며, 모든 방향에서 동일하게 측정된다는 것이다.

이 가설이 성립하려면 모든 시계가 측정하는 대상인 시간이라는 보편적인 양(量)의 개념을 폐기시켜야 했다. 보편적인 시간 대신 모든 사람들이 저마다 고유한 개인적인 시간을 가진다는 것이다. 만약 어느 두 사람이 서로에 대해서 정지해 있다면, 두 사람의 시간은 일치할 수 있을 것이다. 그러나 두 사람이 움직이고 있다면 시간에 대한 합의는 이루어지지 않는다.

아인슈타인의 가설은 수많은 실험으로써 확인되었다. 그중에는 두 개의 정밀 시계를 실은 비행기를 정반대 방향으로 날게 해서 세계일주를 시킨 실험도 있었다(그림 1.4). 이 실험 결과에 따르면 오래 살고 싶은 사람은 동쪽 방향으로 계속 날아가서 비행기의 속도가 지구의 자전 속도에 합산되게 해야 하는 셈이다. 그러나 이렇게 해서 얻은 1초의 수십 분의 1에 불과한 짧

c
a
a2
b
b2

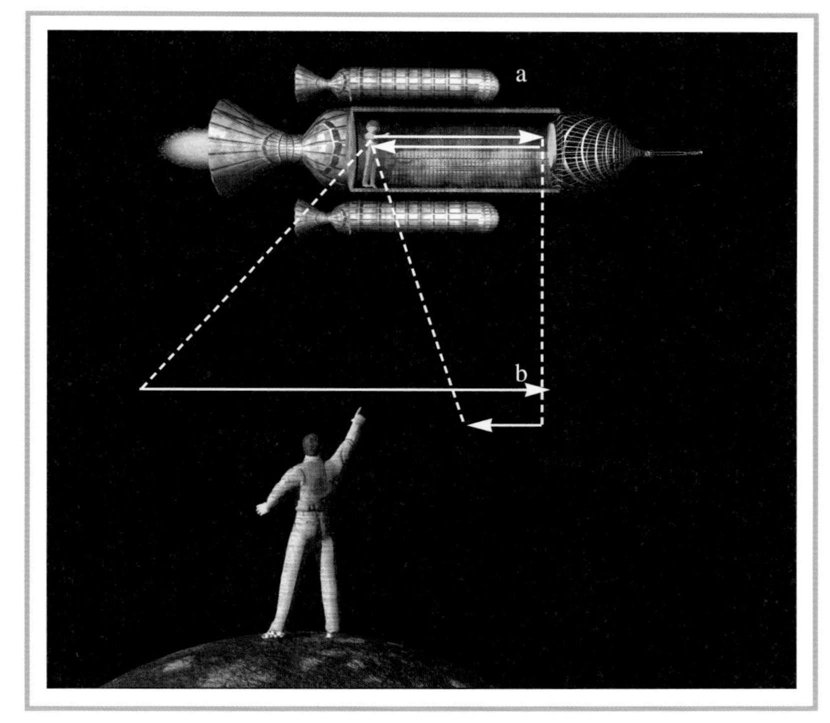

(그림 1.5, 왼쪽)
쌍둥이 역설

상대성이론에서 모든 관찰자의 시간척도는 저마다 다르다. 쌍둥이 역설은 이처럼 서로 다른 시간척도 때문에 일어난다.
쌍둥이 중 형**(a)**은 빛에 가까운 속도로 우주여행을 떠나고**(c)**, 쌍둥이 동생**(b)**은 지구에 남는다.
지구에 남아 있는 동생이 볼 때, 빠른 속도로 움직이는 우주선에서는 시간이 더욱 느리게 간다. 따라서 우주여행에서 돌아온 쌍둥이 형**(a2)**은 동생**(b2)**이 자신보다 더 나이가 들었음을 발견하게 된다.
이것은 상식에 어긋나는 것처럼 보이지만, 많은 실험은 이 시나리오에서 여행을 떠난 쌍둥이 형이 동생보다 더 젊을 것임을 시사했다.

(그림 1.6, 오른쪽)
한 우주선이 광속의 5분의 4의 속도로 왼쪽에서 오른쪽으로 지구 옆을 지나가고 있다. 승무원실의 한쪽 끝에서 나온 빛의 펄스가 반대쪽 끝에서 반사된다**(a)**.
이 빛은 지구 위에 있는 사람과 우주선에 있는 사람에 의해서 모두 관찰된다. 우주선의 운동 때문에 두 사람은 그 빛이 반사되는 거리를 서로 다르게 관찰할 것이다**(b)**.
따라서 두 사람은 그 빛이 반사되는 시간도 다르게 느낄 것이다. 아인슈타인의 이론에 의하면, 빛의 속도는 자유롭게 운동하는 모든 관찰자들에게 동일하기 때문이다.

은 순간은 잦은 기내식을 먹느라 허비될 시간에 비하면 아무것도 아니다.

자연법칙이 자유운동을 하고 있는 모든 관찰자에게 동일하리라는 아인슈타인의 가정은 상대성이론(The theory of relativity)의 토대였다. 상대성이론이라는 명칭이 붙게 된 까닭은 그 이론이 오직 상대적인 운동만이 중요하다는 함축을 포함하기 때문이다. 이 이론의 단순성과 아름다움은 많은 사상가들을 매료시켰다. 그러나 상대성이론에 대한 반대는 아직도 숱하게 남아 있다. 아인슈타인은 19세기 과학의 두 가지 절대성을 폐기시켰다. 하나는 에테르에 의해 표상되는 절대정지(absolute rest)이고, 다른 하나는 모든 시계가 측정하는 것으로 믿어졌던 절대시간, 또는 보편시간이다. 많은 사람들은 그의 주장을 듣고 불안감을 느끼면서 이렇게 물었다. "그렇다면 모든 것이 상대적이라는 말인가? 아무런 절대적인 도덕 기준도 없단 말인가?" 이러한 불안스러움은 1920년대와 1930년대까지도 지속되었다. 아인슈타인은 1921년에 노벨상을 받았다. 노벨상 수여는 중요한 일이었지만, 그의 기준에 의하면 1905년에 그가 발표한 논문들 중에서 상대적으로 중요성이 덜한 연구를 대상으로 한 것이었다(아인슈타인은 1905년에 특수상대성이론, 브라운 운동, 광양자 가설에 대한 연구를 발표했는데, 노벨상은 상대성이론이 아닌

그림 1.7

광양자 가설에 대한 연구를 공적으로 인정한 것이다/옮긴이). 노벨상 위원회측은 논쟁의 여지가 많다고 생각해서 상대성이론에 대해서는 한마디도 하지 않았다. (나는 지금도 아인슈타인이 틀렸다는 주장을 담은 편지를 일주일에 두세 통씩 받고 있다.) 그럼에도 오늘날 이 이론은 과학계에서 완전히 받아들였고, 그 예측은 수없이 많은 적용사례에서 타당성이 입증되었다.

상대성이론의 매우 중요한 한 가지 결과는 질량과 에너지 사이의 관계이다. 모든 사람에게 빛의 속도가 똑같이 관찰될 것이라는 아인슈타인의 가정은 그 어떤 것도 빛보다 빠를 수 없다는 사실을 함축한다. 입자든, 우주선이든 간에 어떤 물체를 빛의 속도로 가속하려고 하면, 그 물체의 질량이 증가해서 더 이상 가속하기 힘들게 된다. 어떤 입자를 광속으로 가속시킬 수 없는 까닭은 거기에 들어가는 에너지가 무한대가 되기 때문이다. 질량과 에너지는 아인슈타인의 유명한 방정식에 잘 요약되어 있듯이 등가(等價)이다(그림 1.7). 아마도 이것은 일반인들이 알고 있는 유일한 물리학 방정식일 것이다. 그 방정식의 함의 중에는 우라늄 원자가 전체 질량이 거의 줄어들지 않으면서 두 개의 원자핵으로 분열할 때 엄청난 양의 에너지를 방출하게 될 것이라는 사실이 포함되어 있다(14쪽의 그림 1.8 참조).

1939년에 아인슈타인이 루스벨트 대통령에게 보냈던 예언적인 편지

"지난 4개월 동안 ── 미국의 페르미와 질라드 이외에도 프랑스의 졸리오와 같은 과학자들에 의해서 ── 대규모 질량의 우라늄 속에서 핵 연쇄반응을 일으키는 것이 가능해졌습니다. 이 연쇄반응으로 엄청난 힘이 발생하고, 라듐과 유사한 새로운 원소가 생성됩니다. 오늘날 이러한 일들이 가까운 미래에 달성될 수 있다는 것은 거의 확실합니다.
이 새로운 현상은 폭탄의 제조에 이용될 수 있으며 ── 아직은 불확실하지만 ── 상상을 초월할 만큼 강력한 새로운 종류의 폭탄이 만들어지는 일도 예상할 수 있습니다."

아직 세계대전의 명운이 지극히 불투명하던 1939년에 이 함축을 이해하고 있던 과학자 집단이 아인슈타인을 설득하는 데에 성공했다. 결국 아인슈타인은 평화주의자의 망설임을 극복하고 루스벨트 대통령에게 미국이 원자폭탄 개발 프로그램에 착수할 것을 권고하는 편지에 서명하여 그 편지에 그의 이름이 가지는 권위를 실어주었다.

결국 그 편지는 맨해튼 프로젝트의 출범으로 이어졌고, 이 계획의 결과로 탄생한 원자폭탄이 1945년에 히로시마와 나가사키에서 폭발했다. 어떤 사람은 원자폭탄의 비극이 질량과 에너지 사이의 관계를 밝힌 아인슈타인의 책임이라고 비난한다. 그러나 그것은 항공기 사고가 중력의 원리를 발견한 뉴턴 탓이라고 하는 것과 같은 맥락이다. 아인슈타인은 맨해튼 프로젝트에 참여하지 않았고, 원자폭탄이 투하되자 몹시 경악했다.

1905년에 그뒤의 과학발전의 기초가 되는 논문들을 발표한 후, 아인슈타인은 과학계에서 확고한 명성을 얻었다. 그러나 그는 1909년에야 스위스 특허청을 그만두고 취리히 대학교에 교수직을 얻게 되었다. 2년 후 그는 프라하에 있는 독일 대학교로 자리를 옮겼고, 1912년에 다시 취리히로 돌아왔다. 이번에는 그가 다녔던 ETH가 그의 직장이었다. 유럽 대부분의 지역에

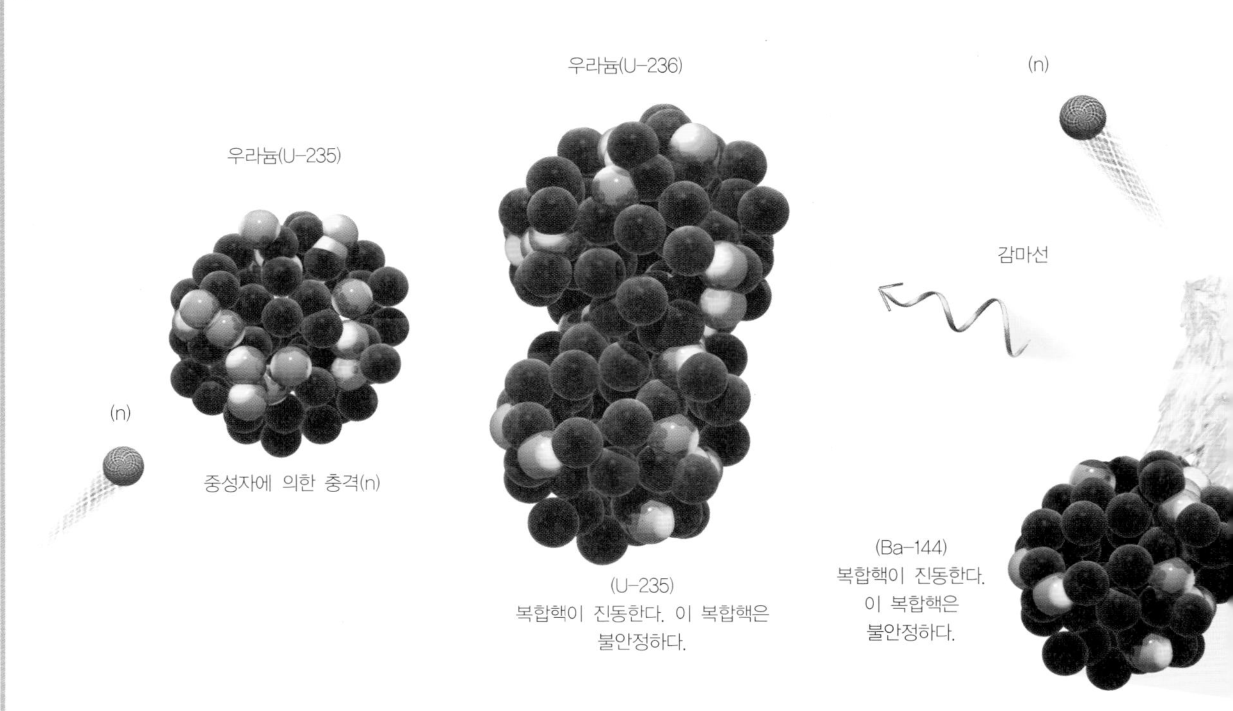

(그림 1.8)
원자핵의 결합 에너지

원자핵은 강력(强力)으로 결합되어 있는 중성자와 양성자들로 이루어진다. 그러나 원자핵의 질량은 항상 그 원자핵을 구성하는 개별 중성자와 양성자들의 질량의 합보다 적다. 이 차이가 원자핵을 하나로 묶어주는 원자핵 결합 에너지의 크기이다. 이 결합 에너지는 아인슈타인의 상대성이론으로 계산할 수 있다. 원자핵 결합 에너지=Δmc^2 여기에서 Δm은 원자핵의 전체 질량과 개별 중성자와 양성자의 질량합의 차이이다.
이 위치 에너지가 방출되면서 모든 것을 파괴하는 원자폭탄의 엄청난 폭발력을 낳는다.

서는 반유대주의가 보편적이었고, 대학도 예외는 아니었다. 그러나 이제 그는 학계에서 매우 비중 있는 인물이었다. 오스트리아의 빈 대학교와 네덜란드의 위트레흐트 대학교에서도 교수 초빙 제의가 쇄도했지만, 그는 베를린에 있는 프러시아 과학 아카데미의 연구직을 선택했다. 그 이유는 강의 부담에서 벗어날 수 있는 기회였기 때문이었다. 그는 1914년에 베를린으로 이주했고, 얼마 후 결혼해서 두 아이를 가지게 되었다. 그러나 결혼생활은 그다지 순탄치 않았고, 곧 그의 가족들은 다시 취리히로 돌아갔다. 그는 이따금씩 가족을 찾아갔지만, 결국 그들은 이혼했다. 후일 아인슈타인은 베를린에 살고 있는 사촌 엘자와 재혼하게 된다. 전시에 그가 홀아비로 지내면서 가족에게 시간을 빼앗기지 않을 수 있었던 것도 그 시기에 그처럼 많은 과학적 성과를 거둘 수 있었던 한 가지 원인이었을 것이다.

상대성이론은 전기와 자기를 지배하는 법칙과 아주 잘 들어맞았지만, 뉴턴의 중력법칙과는 모순되었다. 이 법칙은 공간의 한 영역에서 물질의 배치를 변화시키면 중력장에서 나타나는 변화가 우주의 모든 곳에서 동시에 느껴질 것이라고 예견했다. 이것은 빛보다 빠른 속도로 신호를 전달할 수 있다는 것을 뜻할 뿐 아니라(그것은 상대성이론에 위배된다), 상대성이론이 관측자를 중심으로 부정했던 절대시간, 또는 보편시간의 존재를 필요로 한다.

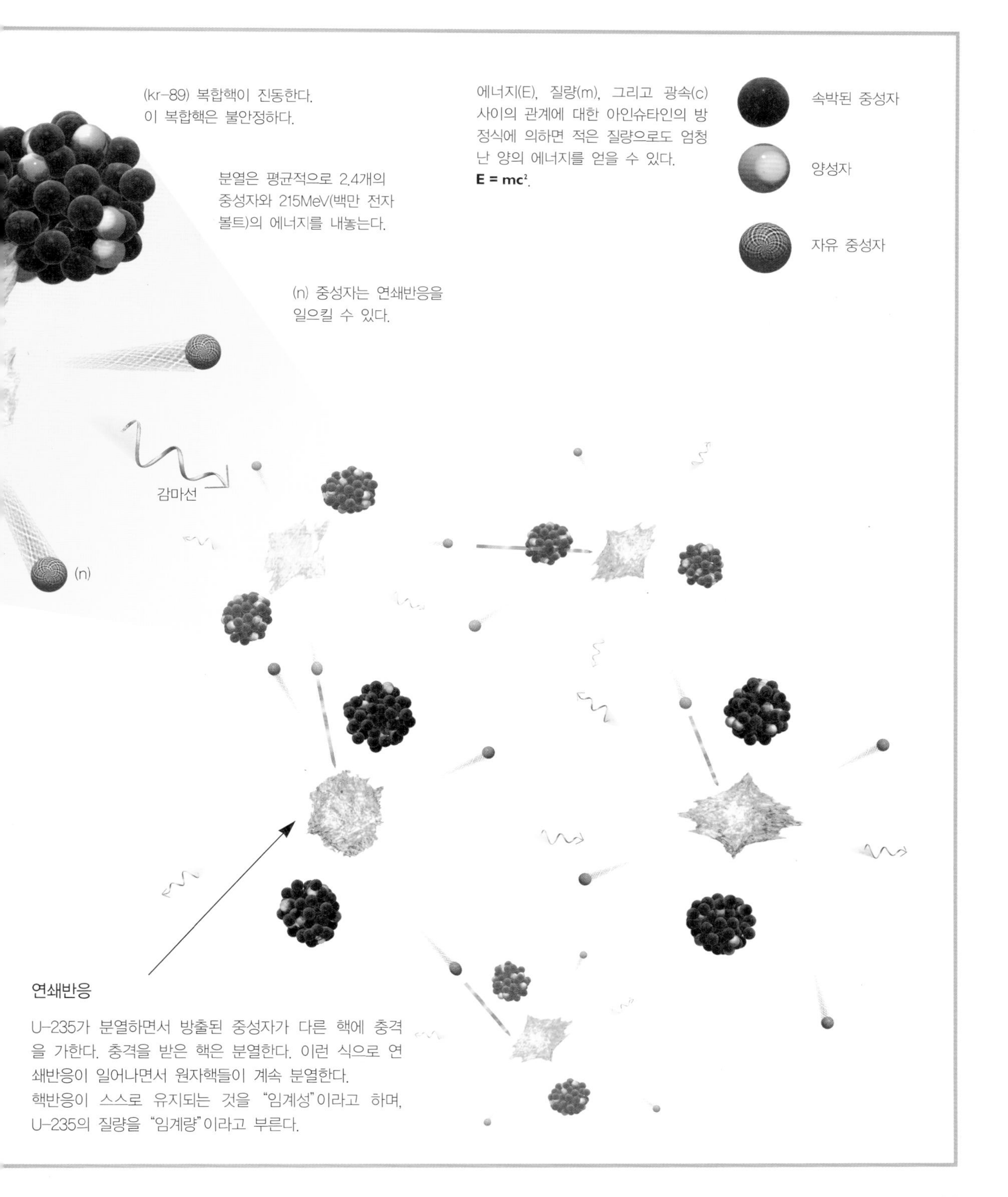

(kr-89) 복합핵이 진동한다.
이 복합핵은 불안정하다.
분열은 평균적으로 2.4개의
중성자와 215MeV(백만 전자
볼트)의 에너지를 내놓는다.
(n) 중성자는 연쇄반응을
일으킬 수 있다.
에너지(E), 질량(m), 그리고 광속(c)
사이의 관계에 대한 아인슈타인의 방
정식에 의하면 적은 질량으로도 엄청
난 양의 에너지를 얻을 수 있다.
E = mc².
속박된 중성자
양성자
자유 중성자
감마선
(n)

연쇄반응

U-235가 분열하면서 방출된 중성자가 다른 핵에 충격을 가한다. 충격을 받은 핵은 분열한다. 이런 식으로 연쇄반응이 일어나면서 원자핵들이 계속 분열한다.
핵반응이 스스로 유지되는 것을 "임계성"이라고 하며, U-235의 질량을 "임계량"이라고 부른다.

(그림 1.9)
상자 속의 관찰자는 자신이 지구상의 정지된 엘리베이터 속에 있는지**(a)**, 아니면 중력이 없는 우주공간 속에서 로켓에 의해서 가속되고 있는지**(b)** 구분할 수 없다. 로켓 엔진이 꺼지면**(c)**, 엘리베이터에 탄 관찰자는 마치 엘리베이터가 바닥을 향해서 자유낙하하는 것**(d)**처럼 느낄 것이다.

아인슈타인은 1907년에 이 문제를 진작 인식하고 있었다. 당시 그는 베른의 특허 사무실에 다녔다. 그러나 그가 이 문제를 진지하게 생각하기 시작한 것은 1911년 프라하로 옮긴 이후였다. 그는 가속도와 중력장 사이에 밀접한 관계가 있다는 사실을 깨달았다. 가령 어떤 사람이 엘리베이터처럼 닫힌 상자 안에 있다면 그 상자가 지구의 중력장 속에 있는지 아니면 우주공간에서 로켓에 의해서 가속되고 있는지 구분할 수 없을 것이다(물론, 당시는 아직 "스타트렉" TV 시리즈가 나오기 전이었기 때문에 아인슈타인은 우주선이 아니라 엘리베이터에 타고 있는 사람을 상상했다). 그러나 실제로 사람을 태운 엘리베이터를 사고 없이 안전하게 자유낙하시키거나 가속시키기는 불가능할 것이다(그림 1.9).

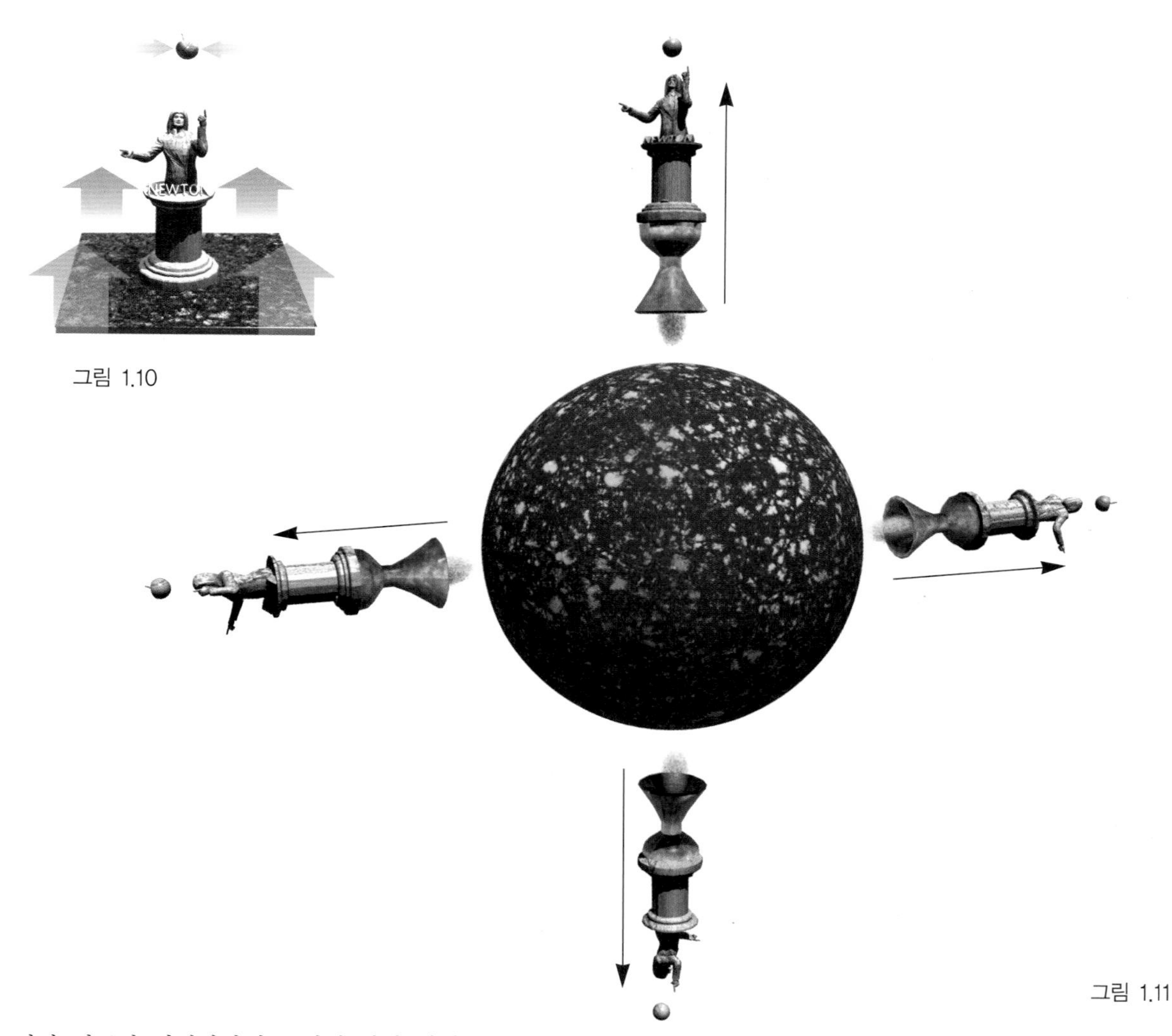

그림 1.10

그림 1.11

만약 지구가 편평하다면 뉴턴의 머리 위에 사과가 떨어지는 이유를 중력으로도 설명할 수 있고 또는 뉴턴과 지구 표면이 위쪽을 향해서 가속되기 때문이라고도 말할 수 있을 것이다(그림 1.10). 그러나 중력 가속도 등가성은 둥근 지구에서는 작용하지 않는 것처럼 보인다. 만약 그렇다면 지구 반대편에 있는 사람은 반대방향으로 가속되어야 하지만 실제로는 일정한 거리를 둔 채 머물러 있기 때문이다(그림 1.11).

그러나 1912년에 취리히로 돌아온 아인슈타인은 시공(時空, spacetime)의 기하학이 지금까지 생각되었던 것처럼 편평하지 않고 휘어 있다면, 등가성의 원리가 작동할 수 있을 것이라는 영감을 얻었다. 그것은 질량과 에너지가 지금까지 생각되지 못한 방식으로 시공을 휘게 만든다는 생각이었다. 사과나 행

만약 지구가 편평하다면(그림 1.10), 중력 때문에 사과가 뉴턴의 머리 위에 떨어지거나 뉴턴이 위쪽으로 가속되고 있다고 말할 것이다. 그러나 구형의 지구에서는 이러한 등가성이 작용하지 않는다(그림 1.11). 왜냐하면 지구 반대편에 있는 사람들이 서로 다른 방향으로 멀어지기 때문이다. 아인슈타인은 공간이 휘어 있다는 설명을 통해서 이 어려움을 극복했다.

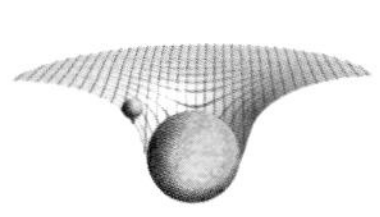

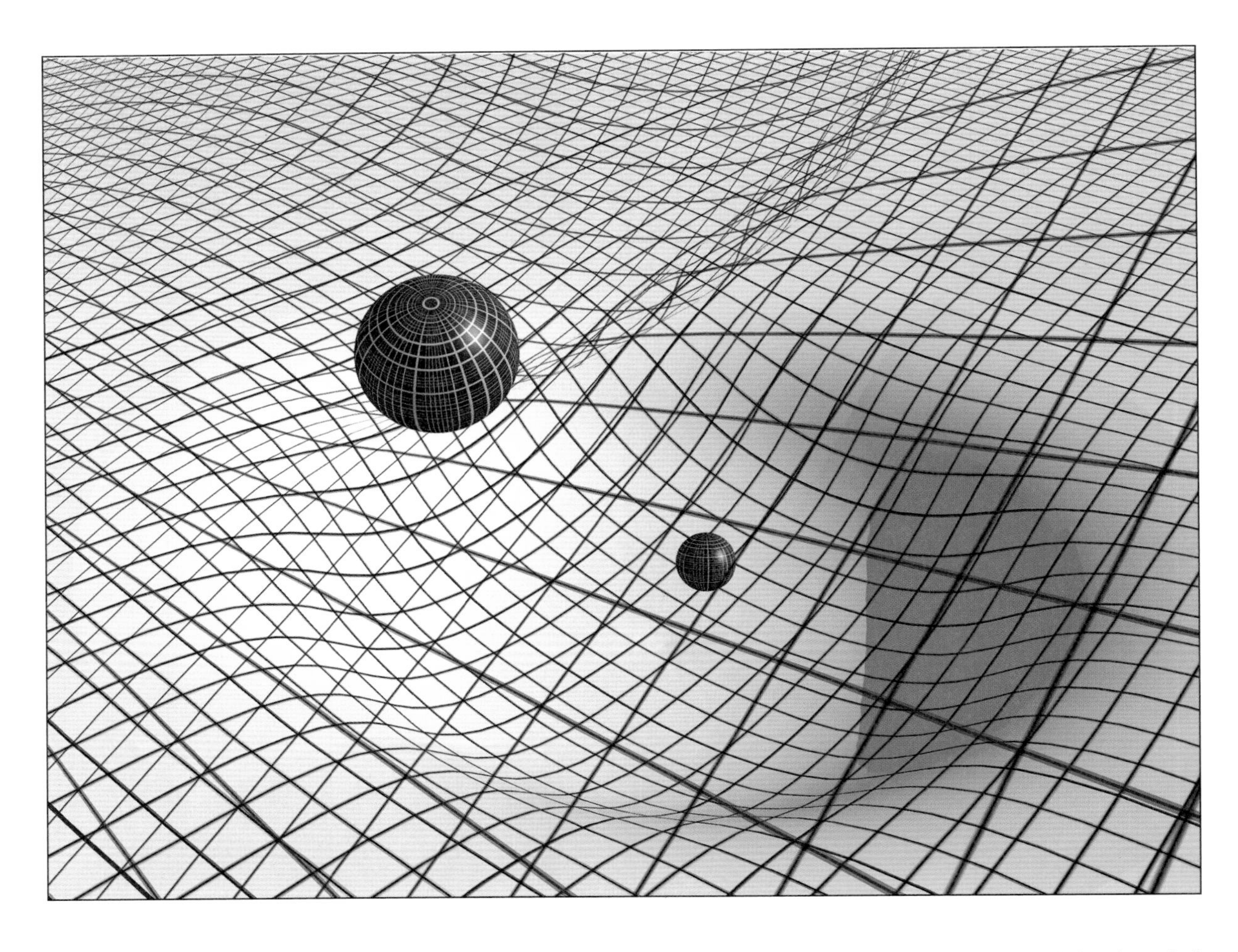

(그림 1.12) 휘어진 시공

가속도와 중력은 질량이 큰 천체가 주변의 시공을 휘게 만들어서 인접한 곳을 지나는 물체의 경로를 굽게 하는 경우에만 등가가 될 수 있다.

성과 같은 물체들은 시공 속에서 직선방향으로 움직이려고 하지만, 시공 자체가 휘어 있기 때문에 그들의 경로는 중력장에 의해서 휘게 된다(그림 1.12).

그의 친구인 마르셀 그로스만의 도움으로 아인슈타인은 앞서 조지 프리드리히 리만에 의해서 추상적인 수학의 한 분야로 개발되었던 휜 공간과 표면에 대한 이론을 연구했다. 리만은 자신의 이론이 실세계와 어떤 연관을 가지리라고는 전혀 생각하지 못했었다. 아인슈타인과 그로스만은 1913년에 공동으로 논문을 집필했고, 그 논문에서 두 사람은 우리가 중력이라고 생각하는 것이 실제로는 시공이 휘어 있다는 사실의 표현에 불과하다는 사상을 개진했다. 그러나 아인슈타인의 실수에 의해서(그도 인간이기 때문에 실수를 할 수 있다), 그들은 시공의 곡률과 그 속에 들어 있는 질량과 에너지의 문제를 연관시키는 방정식을 발견하는 데에 실패했다. 아인슈타인은 베를린

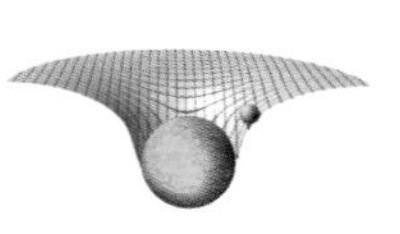

에서 가정문제와 전쟁의 영향에서 모두 벗어나서 집중적으로 이 문제에 몰두했고, 결국 1915년 11월에 정확한 방정식들을 찾아낼 수 있었다. 그는 1915년 여름에 괴팅겐 대학교를 방문하는 동안 수학자인 데이비드 힐버트에게 자신의 생각을 이야기했다. 그런데 공교롭게 힐버트도 아인슈타인보다 며칠 전에 독립적으로 똑같은 방정식을 발견한 바 있었다. 그럼에도 불구하고 힐버트 자신도 인정했듯이, 새로운 이론의 공적은 아인슈타인에게 돌아갔다. 중력과 시공의 휘어짐을 연관시킨 것은 그의 착상이었다. 그것은 전시(戰時)였음에도 불구하고 과학적 토론과 의견 교환이 자유롭게 이루어질 수 있었던 당시 독일의 문명화된 분위기에 대한 귀중한 보답이었다. 그것은 20년 후 나치 치하의 독일 상황과 극명한 대비를 이룬다.

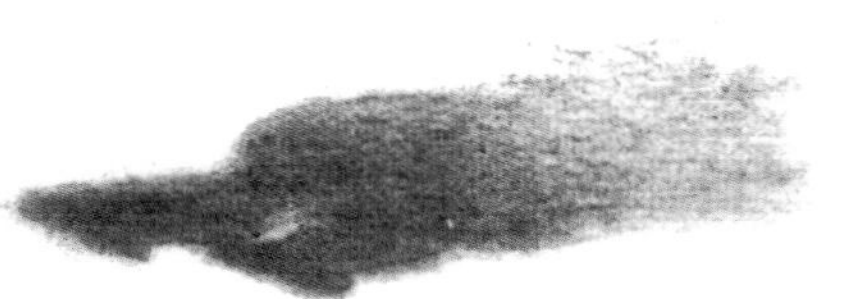

휜 시공에 대한 새로운 이론은 중력을 포함하지 않은 최초의 이론과 구분하기 위해서 일반상대성이론(general relativity)이라고 부른다. 오늘날에는 처음 발표된 상대성이론을 특수상대성이론(special relativity)이라고 부른다. 일반상대성이론은 1919년에 서부 아프리카로 간 영국 탐사대가 일식이 진행되는 동안 태양 근처를 지나는 별빛이 약간 휘는 현상을 실제로 관찰함으로써 매우 특기할 만한 방식으로 확인되었다(그림 1.13). 이것은 시간과 공간이 휘어진다는 직접적인 증거였고, 기원전 300년에 유클리드가 「기하학 원리(*Elements of Geometry*)」를 쓴 이래로 우리가 살고 있는 우주에 대한 가장

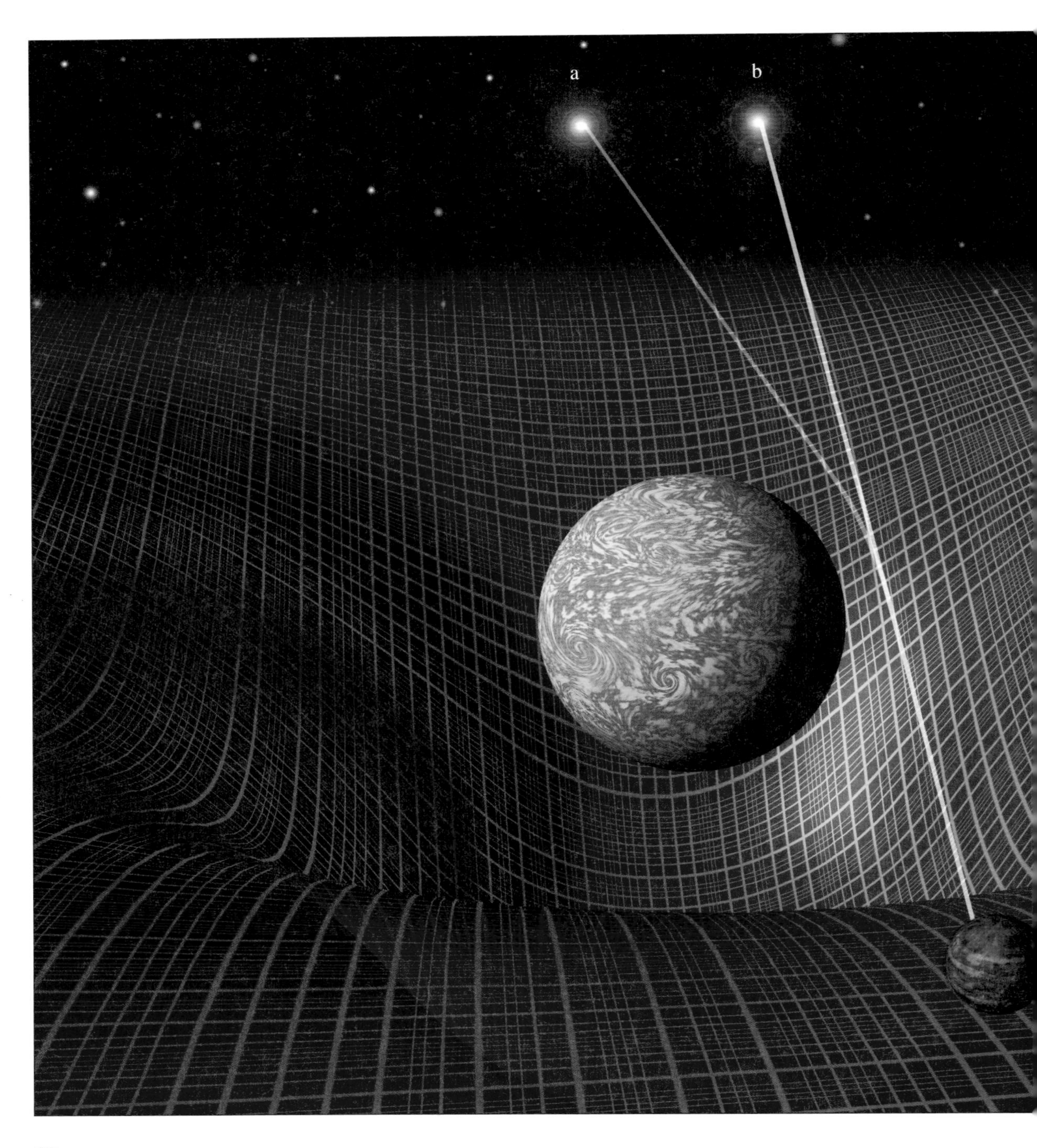
a
b

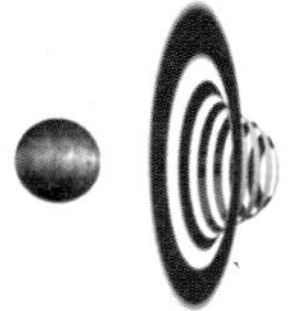

(그림 1.13) 빛이 휜다

태양 가까운 곳을 지나는 별빛은 태양 질량이 시공을 휘게 하기 때문에 굴절한다**(a)**. 따라서 지구에서 볼 때, 별의 겉보기 위치가 약간 이동하게 된다**(b)**. 이 현상은 일식이 일어날 때 관찰할 수 있다.

큰 지각적인 변화였다.

아인슈타인의 일반상대성이론은 시간과 공간을 그 속에서 사건들이 일어나는 수동적인 배경에서 우주 동역학(dynamics)의 능동적인 참여자로 변모시켰다. 이 이론은 21세기 물리학의 최전선에 아직도 남아 있는 가장 큰 문제로 우리를 이끈다. 우주는 물질로 가득 차 있고, 물질은 시공을 휘게 만들기 때문에 천체들은 서로를 향해서 이끌린다. 아인슈타인은 그의 방정식들이 시간의 흐름에 따라서 변화하지 않는 정적(靜的)인 우주를 기술하는 해(解)를 가지고 있지 않다는 사실을 발견했다. 그러나 그는 그를 비롯해서 대다수의 사람들이 믿고 있던 영원한 우주라는 개념을 포기하는 대신 우주상수(cosmological constant)라고 불리는 항(項)을 추가함으로써 자신의 방정식들을 조작했다. 우주상수는 시공을 반대방향으로 휘게 하기 때문에 천체들은 서로 멀어지게 된다. 이 반발력이 물질 사이에서 작용하는 인력을 상쇄시키기 때문에, 그는 우주상수의 도입을 통해서 정적인 우주를 위한 해를 얻을 수 있었다. 이것은 이론물리학에서 달성될 수 있었던 가장 위대한 가능성들 중에서 하나가 상실된 안타까운 순간이었다. 만약 아인슈타인이 최초의 방정식들을 고수했다면, 그는 우주가 팽창하거나 수축할 수밖에 없다는 것을 예측할 수 있었을 것이다. 그러나, 실제로는, 우주가 시간에 의존한다(time-dependent universe)는 가능성은 1920년대에 윌슨 천문대의 100인치 망원경에 의해서 관측이 이루어질 때까지 진지하게 연구되지 못했다.

이 관측은 은하계 이외의 다른 은하들이 우리로부터 멀리 떨어져 있을수록 빠른 속도로 멀어진다는 사실을 보여주었다. 우주는 팽창하고 있었고, 두 은하 사이의 거리는 시간이 흐름에 따라서 점점 더 멀어지고 있었던 것이다(그림 1.14, 22쪽 참조). 이 발견은 정적인 우주를 위한 해를 만들기 위한 우주상수의 필요성을 제거시켰다. 후일 아인슈타인은 우주상수의 도입을 일생일대의 실수였다고 말했다. 그러나 오늘날 우주상수가 실수가 아니었을지도 모른다는 가능성이 나타나고 있다. 제3장에서 다루어지겠지만, 최근의 관측결과는 실제로 작은 우주상수가 있을 수 있다는 사실을 시사하고 있다.

(그림 1.14)
은하들에 대한 관측을 통해서 우주가 팽창하고 있다는 사실을 알 수 있다. 거의 모든 은하쌍 사이의 거리는 계속 증가한다.

일반상대성이론은 우주의 기원과 운명에 대한 논의를 완전히 바꾸어놓았다. 정적인 우주는 그 이전부터 영원히 존재했을 수도 있지만, 과거의 어느 한 시점에 지금과 같은 형태로 태어났을 수도 있다. 그러나 만약 현재 은하들이 서로 멀어지고 있다면, 그 사실은 은하들이 과거에는 지금보다 더 가깝게 밀집해 있었음을 뜻한다. 약 150억 년 전에 은하들은 한 덩어리로 뭉쳐져 있었을 것이고, 그 밀도는 엄청나게 높았을 것이다. 이것이야말로 가톨릭 사제인 조르주 르메트르가 "원시원자(primeval atom)"라고 부른 상태이다. 그는 오늘날 우리가 빅뱅(big bang)이라고 부르는 우주의 기원을 최초로 연구한 인물이다.

아인슈타인은 빅뱅 이론을 한 번도 진지하게 받아들이지 않았던 것 같다. 그는 은하들의 움직임을 시간에 따라 추적하면 균일하게 팽창하는 우주라는 단순한 모형이 붕괴할 것이라고 생각한 것 같다. 따라서 은하들의 작은 측속도(sideways velocity)가 은하들이 서로 멀어지게 만들었다는 것이다. 그는 우주가 과거에 수축국면에 있었고, 현재의 팽창국면으로 갑자기 전환하면서 지극히 적절한 밀도를 가지게 되었다고 생각했다. 그러나 오늘날 우리

윌슨 산 천문대에 있는 100인치 천체망원경

는 초기 우주에서 일어난 핵반응이 우리가 관찰할 수 있는 엄청난 양의 가벼운 원소들을 생성할 수 있으려면, 그 밀도는 최소한 1세제곱 인치당 10톤, 그리고 온도는 100억도가 되어야 한다는 것을 알고 있다. 나아가서 오늘날 관찰되는 극초단파 배경복사(microwave background)는 그 밀도가 1세제곱 인치당 10^{72}톤이었을 것이라는 사실을 시사한다. 또한 오늘날 우리는 아인슈타인의 일반상대성이론에 따르면 우주가 수축국면에서 현재의 팽창국면으로 갑작스럽게 바뀌는 것을 허용하지 않는다는 사실도 알고 있다. 제2장에서 다루겠지만, 로저 펜로즈와 나는 일반상대성이론이 우주가 빅뱅으로 시작되었다는 사실을 예견한다는 것을 입증할 수 있었다. 따라서 아인슈타인의 이론은 시간이 출발점을 가지고 있었다는 것을 함축하고 있다. 물론 그 자신은 그 사실을 전혀 달가워하지 않았지만 말이다.

아인슈타인은 일반상대성이론에 의하면 질량이 큰 항성들이 수명을 다함으로써 더 이상 스스로의 중력과 균형을 이룰 만큼 충분한 열을 낼 수 없게 되면, 스스로 크기를 줄이려고 하고, 결국 시간이 정지하게 된다는 사실은 훨씬 더 받아들이기 싫어했다. 아인슈타인은 이러한 항성들이 어떤 최종 상

(그림 1.15, 맞은편)
질량이 큰 항성이 핵연료를 모두 태우면 더 이상 열을 발생시키지 않기 때문에 수축한다. 이때 주변 시공의 휨이 너무 커져서 블랙홀이 생성된다. 블랙홀에서는 빛조차도 빠져나오지 못한다. 블랙홀 안쪽에서는 시간이 정지하게 된다.

태(final state)로 안정화될 것이라고 생각했다. 그러나 오늘날 우리는 태양 질량의 두 배 이상 되는 항성들은 그러한 최종 상태에 도달하지 않는다는 것을 알고 있다. 이러한 항성들은 수축을 계속해서 결국 블랙홀(black hole)이 된다. 블랙홀이란 시공의 휘어짐이 워낙 심해서 빛조차도 빠져나올 수 없는 시공의 영역이다(그림 1.15).

펜로즈와 나는 일반상대성이론이 블랙홀 안에서는, 항성에게도 그리고 우연히 블랙홀 속으로 떨어진 불운한 우주비행사에게도, 시간이 끝에 다다를 것임을 예견했다는 것을 보여주었다. 그러나 시간의 시작과 끝은 일반상대성이론의 방정식으로 규정할 수 없는 영역일 것이다. 따라서 그 이론은 빅뱅을 통해서 무엇이 나타날지 예견할 수 없다. 어떤 사람들은 이 사실을 마음대로 우주를 출발시킬 수 있는 신의 자유를 나타내는 것으로 받아들이기도 하지만, (나를 포함해서) 다른 사람들은 우주의 탄생이 다른 시간에도 마찬가지로 적용되는 동일한 법칙에 의해서 지배될 것이라고 생각한다. 제3장에서 자세히 다루어지겠지만, 우리는 이 목표를 향해서 상당히 진전했음에도 불구하고 아직까지 우주의 기원에 대한 완전한 이해에 도달하지는 못하고 있다.

일반상대성이론이 빅뱅의 순간에 적용될 수 없는 이유는 그 이론이 20세기 초에 이루어진 또 하나의 위대한 개념적 혁명인 양자이론(quantum theory)과 모순되기 때문이다. 양자이론을 향한 첫걸음이 내디뎌진 것은 1900년이었다. 당시 베를린에서 막스 플랑크는 만약 빛이 양자(量子)라고 불리는 이산적(離散的)인 다발(discrete packet)의 형태로만 방출되거나 흡수될 수 있다면, 적열(赤熱)하는 물체의 복사(radiation)를 설명할 수 있다는 사실을 깨달았다. 아직 특허청 서기 시절이었던 1905년에 쓴 중요한 논문들 중의 한 편에서 아인슈타인은 플랑크의 양자가설이 광전효과(photoelectric effect)라고 불리는 현상을 설명할 수 있을 것임을 증명했다. 광전효과란 특정 금속에 빛을 쪼였을 때, 그 금속이 전자를 방출하는 현상을 말한다. 이것은 오늘날 우리가 사용하는 빛 검출기와 TV 카메라의 원리이다. 아인슈타인은 이 연구업적으로 노벨 물리학상을 받았다.

아인슈타인은 1920년대까지 양자개념에 대해서 연구를 계속했다. 그러나 그는 코펜하겐의 베르너 하이젠베르크, 케임브리지의 폴 디랙 그리고 취리히의 에르빈 슈뢰딩거의 연구에 크게 동요되었다. 그들은 양자역학(quantum mechanics)이라는 실재(實在)에 대한 새로운 상(像)을 수립했다. 작은 소립

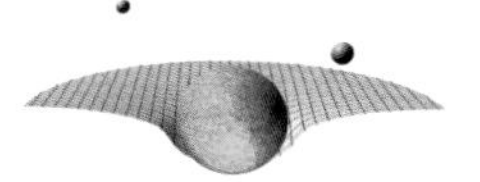

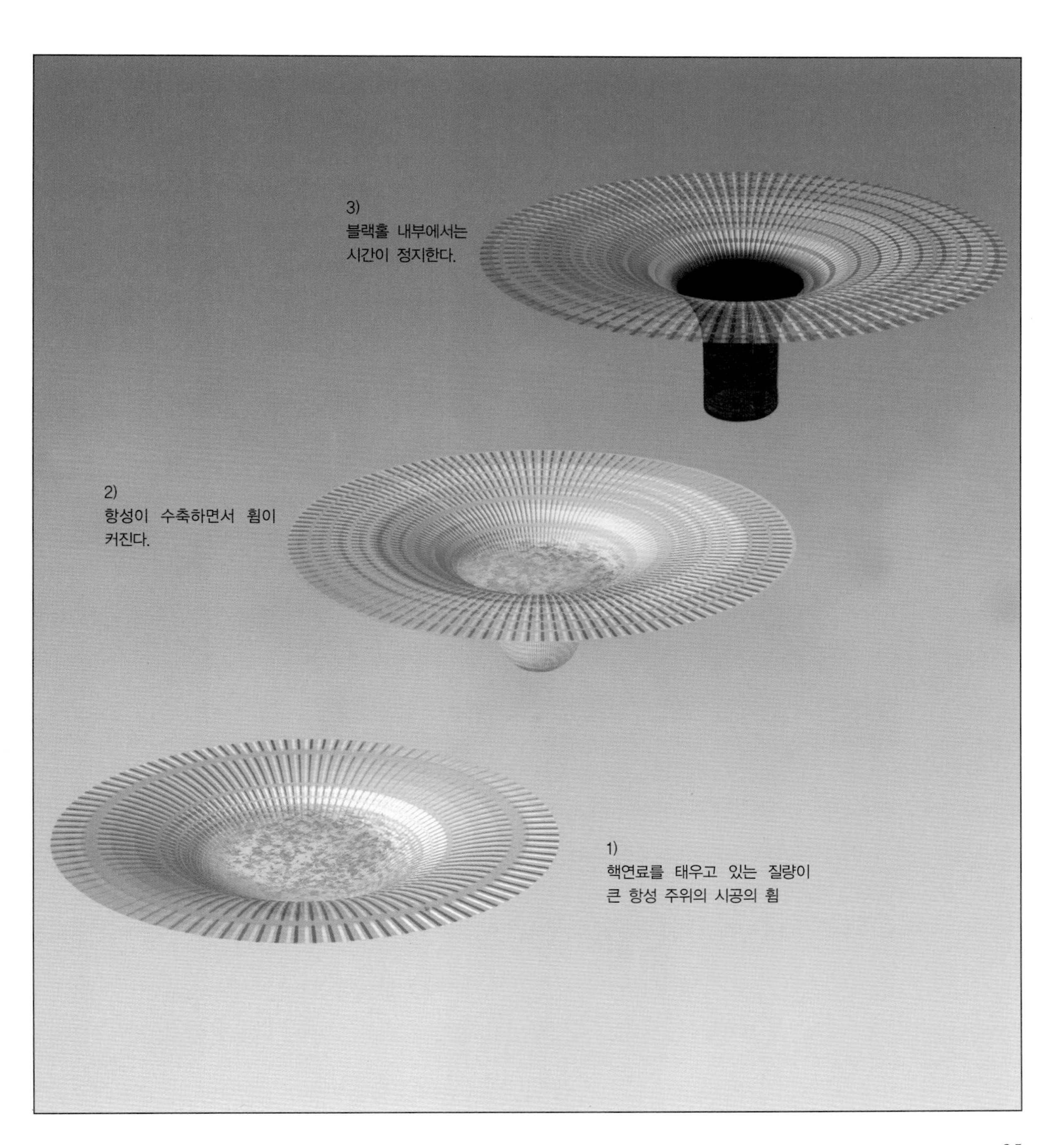
3)
블랙홀 내부에서는
시간이 정지한다.
2)
항성이 수축하면서 휨이
커진다.
1)
핵연료를 태우고 있는 질량이
큰 항성 주위의 시공의 휨

영원히 독일을 떠나서 미국에 도착한 직후의 아인슈타인. 손에 자신의 모습을 본따 만든 꼭두각시를 들고 있다.

자들은 더 이상 명확한 위치나 속도를 가지지 않게 되었고, 어떤 입자의 위치가 정확하게 결정될수록 그 속도는 그만큼 더 불확실해지며, 그 역도 마찬가지로 성립한다. 아인슈타인은 양자역학의 기본 원칙에 해당하는 불확정성 원리(uncertainty principle)에 포함되어 있는 이러한 우연적이고 예측 불가능한 요소에 경악했고, 단 한 번도 양자역학을 완전히 받아들이지 않았다. 이러한 그의 감정은 "신은 주사위 놀이를 하지 않는다(God does not play dice)"라는 그의 유명한 말에서 잘 드러난다. 그러나 대부분의 다른 과학자들은 새로운 양자법칙의 타당성을 받아들였다. 왜냐하면 그 이론이 과거에 해결되지 않았던 현상들을 훌륭하게 설명해주었고, 관찰결과와 정확하게 일치했기 때문이었다. 양자역학이 제공하는 설명들은 화학, 분자생물학, 전자공학과 같은 오늘날의 과학뿐만 아니라 지난 50년 동안 세계의 모습을 바꾸어놓은 기술의 근본 토대가 되었다.

1932년 12월, 나치 정권과 히틀러가 권력을 장악하자 아인슈타인은 독일을 떠났다. 그는 독일 시민권을 포기하고 세상을 떠나기까지 20여 년 동안 뉴저지의 프린스턴에 있는 고등학술연구소에 몸담았다.

독일에서 나치 정권은 "유대인 과학"과 유대계 독일 과학자들에 반대하는 캠페인을 벌였다. 그것은 독일이 원자폭탄을 제조할 수 없었던 이유 중의 하나였다. 아인슈타인과 상대성이론이 이 캠페인의 주된 적이었다. 「아인슈타인에 반대하는 100인의 과학자」라는 책이 출간되었다는 이야기를 들었을 때, 아인슈타인은 "왜 100명이나 되는가? 만약 내가 틀렸다면 단 한 명으로 족할 텐데"라고 말했다고 한다. 제2차 세계대전이 끝났을 때, 그는 연합국들이 세계정부를 세워서 원자폭탄을 규제해야 한다고 촉구했다. 1948년에 그는 새로 건설된 이스라엘의 대통령으로 추대되었지만, 그 제의를 받아들이지 않았다. 그는 이렇게 말한 적이 있었다. "정치는 순간이지만, 방정식은 영원하다." 아인슈타인의 일반상대성이론 방정식들은 그의 최고의 비문(碑文)이자 기념비이다. 그의 방정식들은 우주가 지속되는 한 영원히 남을 것이다.

지난 수백 년 동안 세계는 그 어느 때보다도 큰 변화를 겪었다. 그 이유는 정치적이거나 경제적인 교의에 의해서가 아니라 기초과학의 진보에 의해서 가능해진 기술의 엄청난 발전 덕분이었다. 알베르트 아인슈타인보다 이러한 진보를 더 상징적으로 보여줄 사람이 또 있을까?

제2장

시간의 형태

아인슈타인의 일반상대성이론은 시간에 형태를 부여했다.
이 형태는 어떻게 양자이론과 조화될 수 있는가?

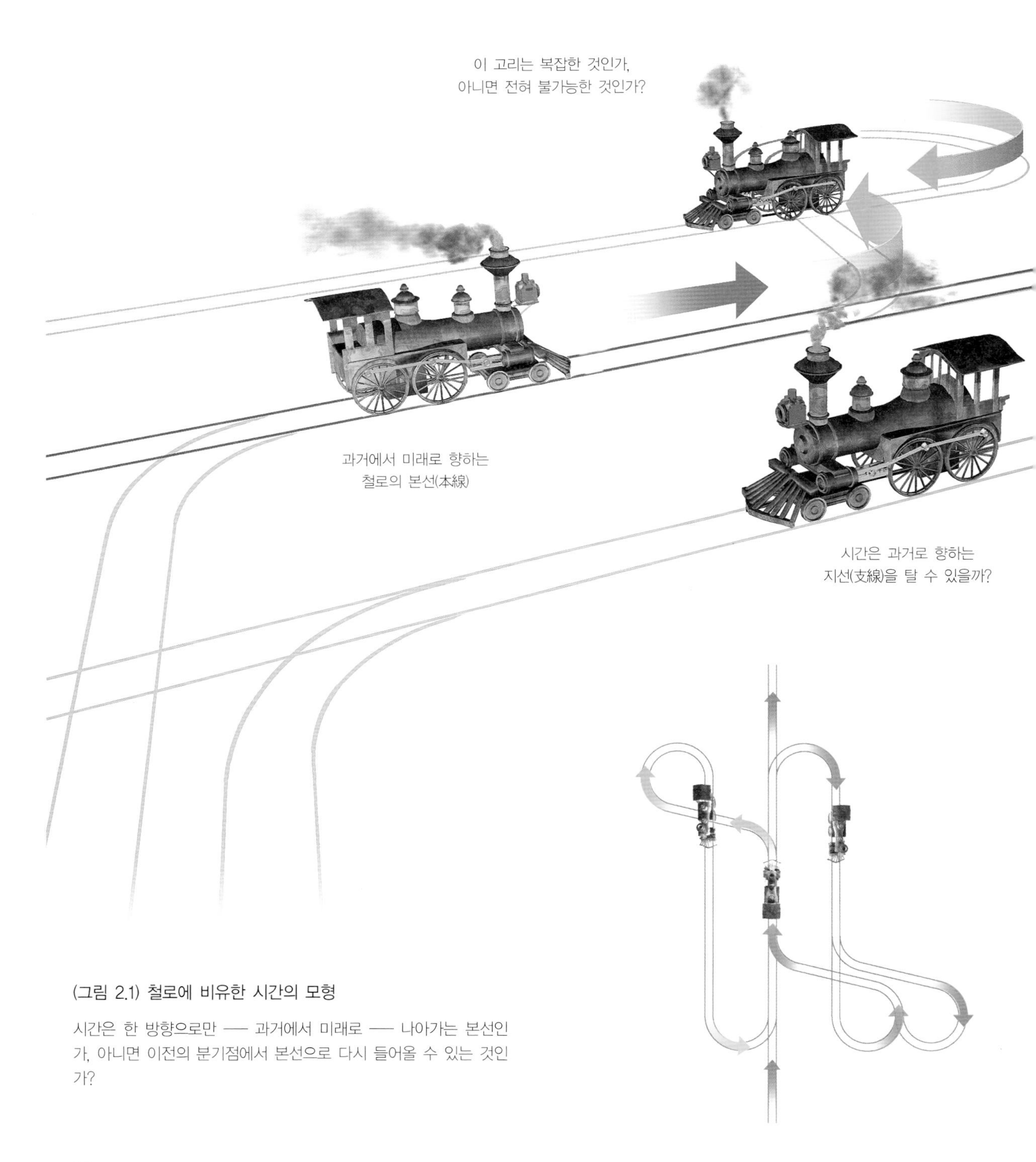
이 고리는 복잡한 것인가,
아니면 전혀 불가능한 것인가?
과거에서 미래로 향하는
철로의 본선(本線)
시간은 과거로 향하는
지선(支線)을 탈 수 있을까?

(그림 2.1) 철로에 비유한 시간의 모형

시간은 한 방향으로만 — 과거에서 미래로 — 나아가는 본선인가, 아니면 이전의 분기점에서 본선으로 다시 들어올 수 있는 것인가?

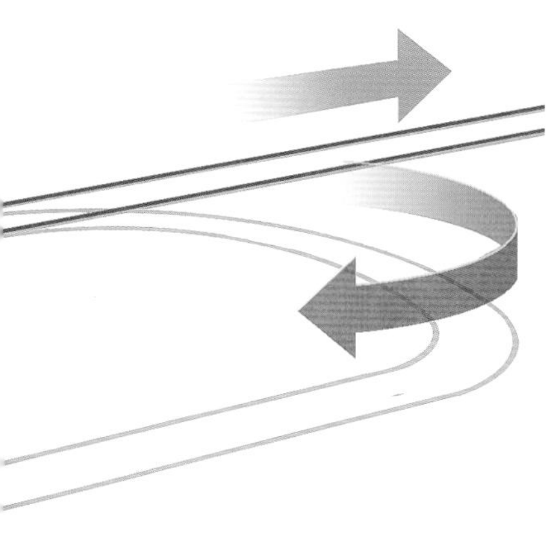

시간이란 무엇인가? 시간이란 오래 된 찬송가 가사에 나오듯이 우리들의 꿈이 끝없이 흐르는 시냇물인가? 그렇지 않으면 열차의 선로와도 같은 것인가? 어쩌면 시간은 고리와 가지들을 가지고 있어서 앞으로 계속 나아갈 수 있지만, 그 선로에서 이미 지나온 역으로 되돌아올 수 있는지도 모른다(그림 2.1).

19세기의 문필가 찰스 램은 이렇게 썼다. "시간과 공간만큼 나를 혼란시키는 것은 없다." 그러나 내게는 시간과 공간만큼 나를 괴롭히지 않는 대상도 없다. 왜냐하면 나는 그 주제를 한 번도 생각해본 적이 없기 때문이다. 대부분의 사람들은 거의 시간과 공간에 대해서, 그것이 무엇이든 간에, 걱정하지 않는다. 그러나 우리 모두는 시간이 어떤 것인지, 어떻게 시작되었는지, 그리고 우리를 어디로 데리고 가는지 궁금해한다.

시간이든 그밖의 개념을 다루든 간에 모든 견고한 과학이론들은, 내 생각에, 가장 잘 정립된 과학철학의 개념에 기초하고 있다. 그것은 칼 포퍼와 그 밖의 과학철학자들이 제기한 실증주의적 접근방식(positivist approach)이다. 이러한 사유방식에 따르면, 과학이론은 우리의 관찰을 기술하고 부호로 만드는 수학적 모형(模型)이다. 좋은 이론은 몇 가지 간단한 가정을 기초로 하여 넓은 범위의 현상들을 기술할 것이고, 검증 가능한 명확한 예측을 내놓을 것이다. 그 예견이 관찰결과와 일치하면, 설령 그 이론이 참이라는 것을 결코 증명할 수 없다고 하더라도, 그 이론은 검증을 통과해서 살아남게 될 것이다. 반면 관찰결과와 예측이 일치하지 않으면, 우리는 그 이론을 폐기하거나 수정해야 한다(최소한 이것이 과학이론의 생산과정에서 일어나는 일이라고 가정할 수 있다. 그러나 실제로 사람들은 흔히 관찰의 정확성 그리고 관찰자의 신뢰성과 도덕성에 대해서 의문을 제기한다). 나처럼 실증주의적 관점을 받아들인다면, 시간이 실제로 존재한다고 말할 수 없다. 우리가 할 수 있는 일은 시간에 대한 가장 훌륭한 수학적 모형이라고 생각하는 것을 기술하고, 그 모형에 의거한 예측이 무엇인지 이야기하는 것이다.

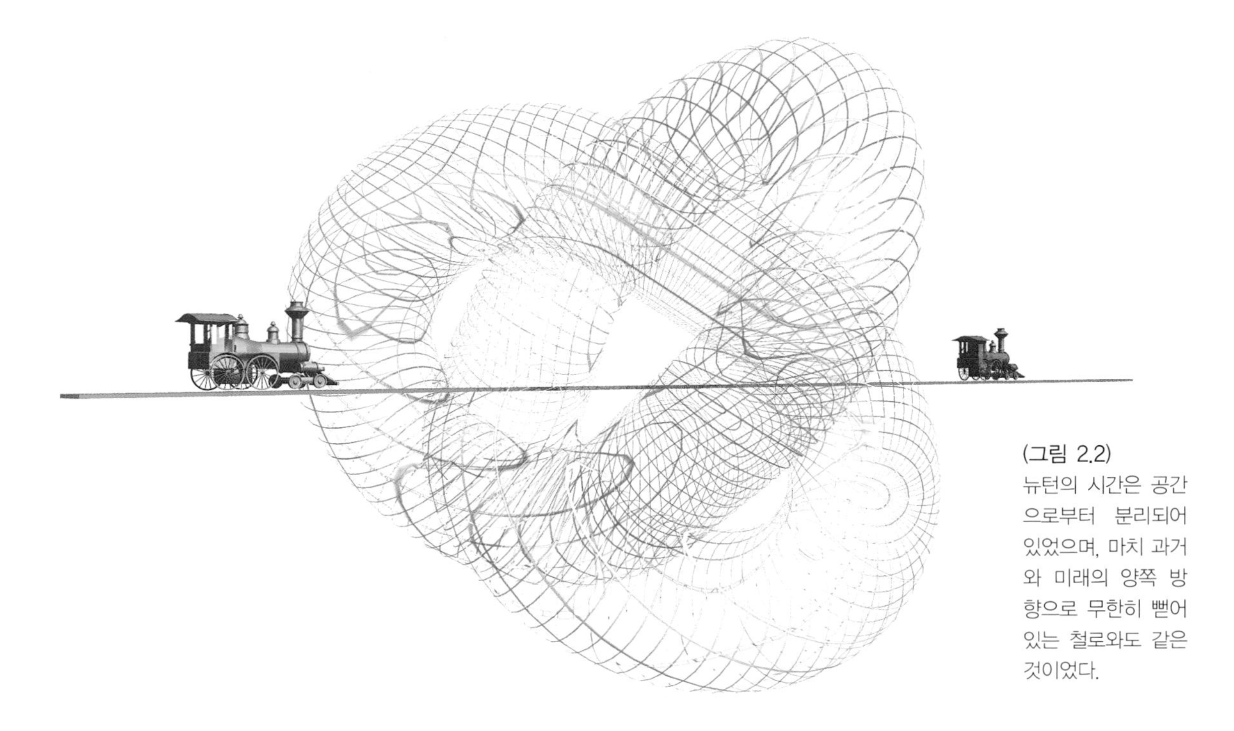

(그림 2.2)
뉴턴의 시간은 공간으로부터 분리되어 있었으며, 마치 과거와 미래의 양쪽 방향으로 무한히 뻗어 있는 철로와도 같은 것이었다.

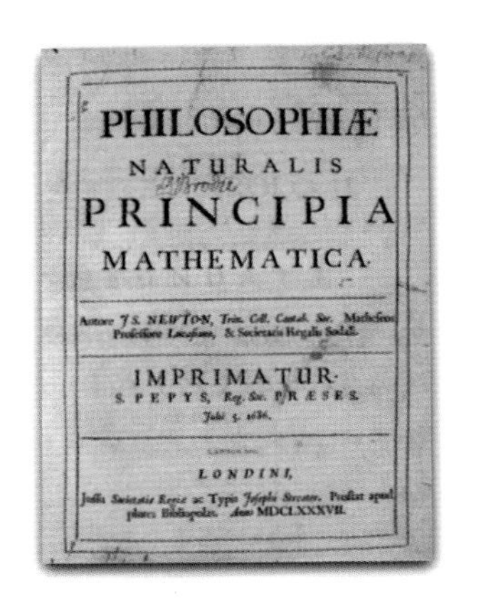

PHILOSOPHIÆ
NATURALIS
PRINCIPIA
MATHEMATICA

Autore JS. NEWTON, Trin. Coll. Cantab. Soc. Matheseos
Professore Lucasiano, & Societatis Regalis Sodali.

IMPRIMATUR
S. PEPYS, Reg. Soc. PRÆSES.
Julii 5. 1686.

LONDINI,
Jussu Societatis Regiæ ac Typis Josephi Streater. Prostat apud plures Bibliopolas. Anno MDCLXXXVII.

아이작 뉴턴은 300년 이상 이전에 시간과 공간에 대한 그의 수학적 모형을 발표했다.(사진은 그가 쓴 「프린키피아」 표지이다/옮긴이)

아이작 뉴턴은 1687년에 발간된 그의 저서 「프린키피아(*Principia Mathematica*)」에서 처음으로 시간과 공간에 대한 수학적 모형을 제시했다. 뉴턴은 케임브리지의 루카스 석좌교수였고, 지금 내가 그 자리를 이어받고 있다. 물론 그는 나처럼 전동 휠체어를 사용하지는 않았지만 말이다. 뉴턴의 모형에서 시간과 공간은 사건들이 일어나는 배경에 불과했고, 그 속에서 일어나는 사건들에 의해서 아무런 영향도 받지 않았다. 시간은 공간과 분리되어 있었고, 양쪽 방향으로 무한히 뻗어나간 단일한 선 또는 철로로 간주되었다(그림 2.2). 시간 그 자체는 과거에도 존재했고, 미래에도 무한하게 계속될 것이라는 의미에서 영원하다고 생각되었다. 반면 대다수의 사람들은 물리적 우주가 불과 수천 년 전에 거의 현재와 비슷한 상태로 창조되었다고 생각했다. 이러한 생각은 임마누엘 칸트와 같은 독일 사상가들의 우려를 불러일으켰다. 만약 실제로 우주가 창조되었다면, 창조 이전에 무한의 기다림이 있었던 까닭은 무엇인가? 만약 우주가 영원히 존재해왔다면, 왜 일어나게 될 모든 일들이 이미 일어나지 않았는가? 역사가 종말에 다다르지 않은 이유는 무엇인가? 특히 왜 우주는 삼라만상의 온도가 동일한 열평형 상태(thermal equilibrium : 어떤 계〔系〕의 모든 부분의 온도가 동일해져서, 더 이상 열의 이동이나 상변화

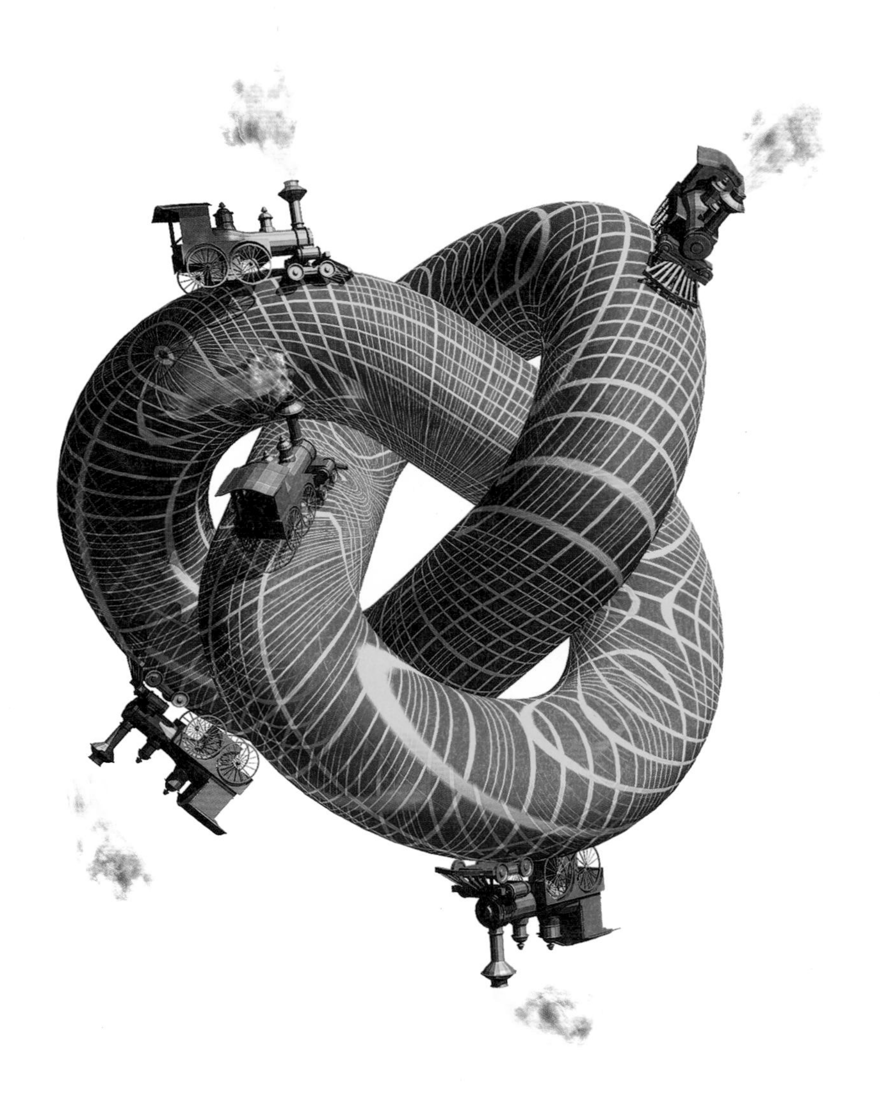

(그림 2.3) 시간의 형태와 방향

수많은 실험결과와 일치하는 아인슈타인의 상대성이론은 시간과 공간이 뗄 수 없이 서로 뒤얽혀 있다는 것을 보여준다.
시간을 포함하지 않고는 공간을 휘게 할 수 없다. 따라서 시간은 형태를 가진다. 그러나 그림에 나오는 기관차처럼 한 쪽의 방향성을 가지는 것 같다.

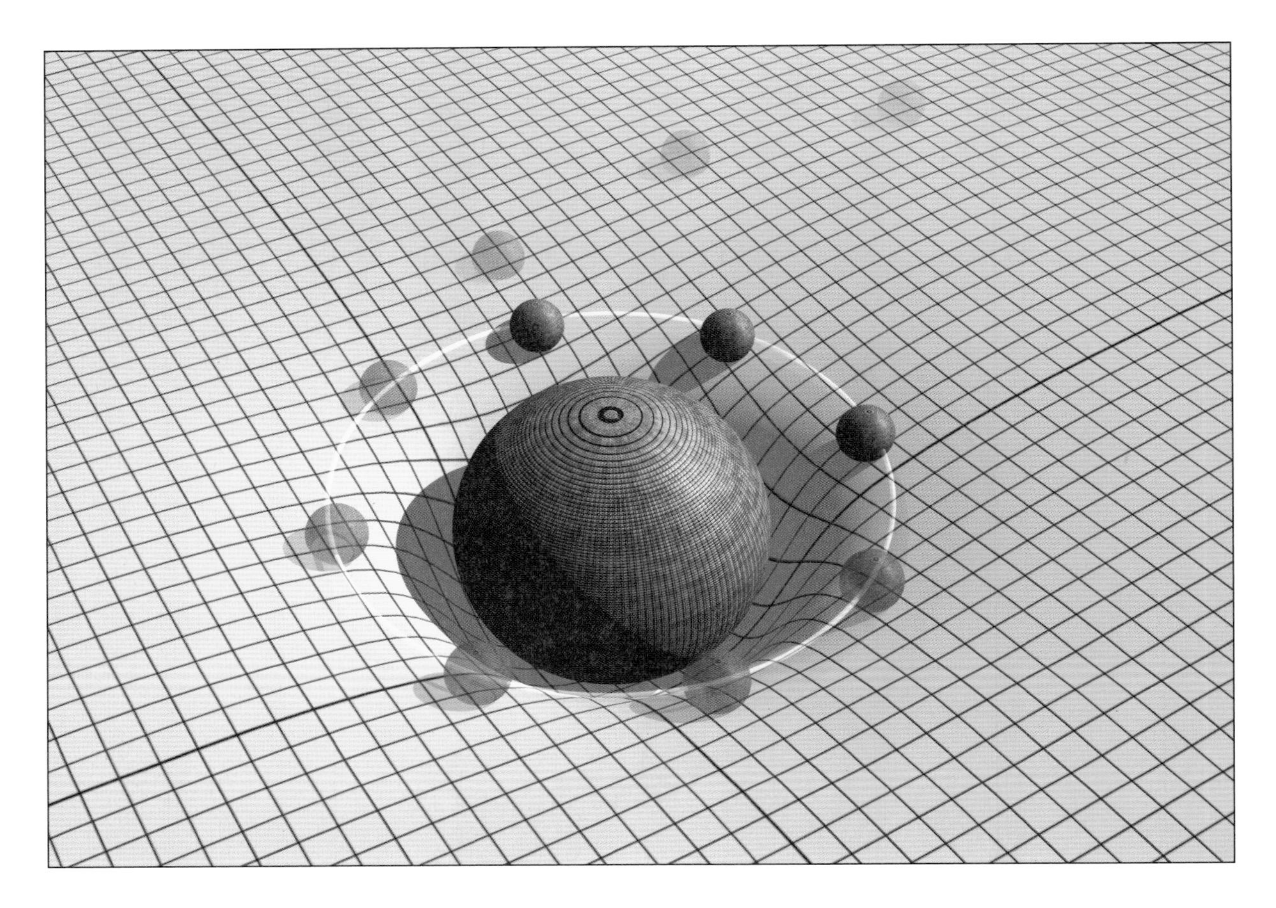

(그림 2.4) 고무판 비유

중앙에 있는 커다란 공은 항성처럼 질량이 큰 천체를 나타낸다.
공의 무게가 주위의 고무판을 휘게 한다. 고무판 위를 구르는 볼 베어링은 이 곡률에 의해서 굴절하며, 커다란 공 주위를 돌게 된다. 이것은 어떤 항성의 중력장 속에 있는 행성들이 그 항성 주위를 공전하는 것과 마찬가지이다.

가 일어나지 않는 정지된 상태/옮긴이)에 도달하지 않았는가?

칸트는 이러한 문제를 "순수이성의 이율배반(Antimony of Pure Reason : 칸트는 순수이성비판에서 네 가지 이율배반을 정식화했는데, 첫번째가 시간과 공간의 문제와 연관된다. 그러나 이 이율배반은 아인슈타인의 상대성이론에 의해서 해결된다/옮긴이)"이라고 불렀다. 그것은 논리적 모순이어서 해(解)가 없기 때문이다. 그러나 그것은 시간이 무한한 선이고 우주 속에서 일어나는 일들과 무관하다고 가정된 뉴턴의 수학적 모형이라는 맥락 속에서만 모순이었다. 이미 제1장에서 살펴보았듯이, 아인슈타인은 1915년에 완전히 새로운 수학적 모형을 제시했다. 그것이 바로 일반상대성이론이었다. 아인슈타인이 이 논문을 발표한 이후 몇 년 동안 우리는 몇 개의 장식을 덧붙였다. 그러나 시간과 공간에 대한 우리의 모형은 지금도 여전히 아인슈타인이 제안했던 모형을 기반으로 삼고 있다. 이 장과 이후의 여러 장들은 아인슈타인의 혁명적인 논문이 발표된 이후 우리들의 개념이 어떻게 발전했는지 설명

하게 될 것이다. 그것은 많은 사람들의 연구가 거둔 성공의 이야기이며, 나는 나 자신이 그 작업에 작은 기여를 하게 되었다는 사실을 무척 자랑스럽게 생각한다.

일반상대성이론은 공간의 3차원에 시간이라는 차원을 더해서 시공(space-time)이라고 불리는 것을 형성했다(33쪽 참조, 그림 2.3). 이 이론은 우주 속의 물질과 에너지의 분포가 시공을 휘고 비틀리게 만든다고, 즉 시공이 편평하지 않다고 말함으로써 중력 효과를 통합시킨다. 이러한 시공 속에 들어 있는 물체는 직선방향으로 움직이려고 시도하지만, 시공이 휘어지기 때문에 그 경로는 휘어지는 것처럼 보인다. 따라서 물체는 중력장에 의해서 영향을 받는 것처럼 움직이게 된다.

비유를 들어 설명하면, 여러분은 고무판을 상상하면 된다. 물론 이 비유를 문자 그대로 받아들이지는 말자. 고무판에 커다란 공을 올려놓는다고 생각해 보자. 이때 그 공은 태양에 해당한다. 공의 무게가 고무판을 누르기 때문에 고무판은 태양 근처에서 휘어진다. 만약 이 고무판 위에 작은 볼 베어링을 굴린다면, 그 볼 베어링은 반대방향으로 직선을 그리며 굴러가지 않고 무거운 공 주위를 회전하게 될 것이다. 그것은 태양 주위를 공전하는 행성들과 마찬가지이다(그림 2.4).

그러나 이 비유는 불완전하다. 왜냐하면 이 비유에서는 우주의 2차원 단면(고무판의 표면)만이 휘어지고, 뉴턴 이론에서와 마찬가지로, 시간은 교란되지 않은 채 그대로 남아 있기 때문이다. 그러나 수많은 실험결과와 일치하는 상대성이론에서 시간과 공간은 분리할 수 없을 정도로 밀접하게 뒤얽혀 있다. 시간을 포함시키지 않고는 공간을 휘게 할 수 없다. 따라서 시간은 형태(shape)를 가진다. 시간과 공간을 휘게 함으로써 일반상대성이론은 시간과 공간을 사건들이 일어나는 수동적인 배경에서 능동적이고 동역학적인 참여자로 변화시킨다. 시간이 우주와 독립적으로 존재하는 뉴턴 이론에서는 우주 창조 이전의 시간을 상상하는 것이 가능했다. 그 기나긴 시간 동안 신은 무엇을 하고 있었는가? 성 아우구스티누스의 말에 따르면, 신은 그런 질문을 하는 사람들을 위해서 지옥을 마련하고 있었다. 그럼에도 불구하고, 성 아우구스티누스 이외에도 수많은 사람들이 누대에 걸쳐 시간의 시초에 대해서 상상해왔다. 실제로 그의 사고는 현대적인 관점과 매우 가깝다.

다른 한편, 일반상대성이론에서 시간과 공간은 우주와 별개로 존재하지 않으며, 서로에 대해서도 독립적인 존재가 아니다. 시간과 공간은 시계 속에 들어 있는 수정 발진기의 진동수나 자〔尺〕의 길이처럼 우주 속에서 작용하는 척도로 규정된다. 우주 속에서 시간이 이런 방식으로 정의된다면, 시간에 최소

15세기의 사상가 성 아우구스티누스는 이 세계가 시작되기 전에는 시간이 존재하지 않았다고 믿었다.
12세기에 발간된 그의 「신국(*De Civitate Dei*)」에 실린 그림. 피렌체 로렌치아나 도서관.

값과 최대값이 있어야 한다는 것은 충분히 생각해볼 수 있는 일이다. 다시 말해서 시간에 시작과 끝이 있어야 한다는 것이다. 따라서 시간이 시작되기 전이나 끝난 후에 어떤 일이 있었는지 묻는 것은 아무런 의미도 없다. 왜냐하면 그런 시간은 정의되지 않기 때문이다.

일반상대성이론의 수학적 모형이 우주 그리고 시간 그 자체에 틀림없이 시작과 끝이 있다고 예측했는지 여부를 판단하는 것은 매우 중요하다. 아인슈타인을 포함해서 이론물리학자들이 가지고 있는 일반적인 편견은 시간이 양쪽 방향에서 모두 무한하다는 생각이다. 다른 한편, 우주의 창조를 둘러싸고 터무니없는 물음들이 제기되어왔다. 그런 물음들은 과학의 영역을 넘어서는 것처럼 보인다. 아인슈타인의 방정식의 해들은 그 속에서 시간이 시작과 끝을 가지는 것으로 알려져 있지만, 그것들은 수많은 대칭성을 포함하는 매우 특수한 해이다. 스스로의 중력으로 붕괴하는 실제 천체에서 압력이나 측속도는 모든 물질들이 동일한 지점으로 떨어지는 것을 막아준다. 만약 그렇게 된다면, 그 지점의 밀도는 무한대가 될 것이다. 마찬가지로 우주의 팽창과정을 시간적으로 거슬러올라가면, 우리는 우주를 구성하는 모든 물질이 밀도 무한대의 단일한 점에서 나타나지 않았다는 사실을 발견하게 될 것이다. 이러한 무한 밀도의 지점을 특이점(singularity)이라고 부르며, 이 특이점은 시간의 시작이나 끝이 될 것이다.

1963년에 예프게니 리프시츠와 이사크 할라트니코프라는 두 사람의 러시아 과학자들은 특이점을 포함하는 아인슈타인의 방정식들의 모든 해에서 물질과 속도가 매우 특수한 배열을 가진다는 것을 증명했다고 주장했다. 우주를 표현하는 해가 이처럼 특수한 배열을 가질 가능성은 실질적으로 영(0)이었다. 우주를 나타낼 수 있는 거의 모든 해는 밀도 무한대의 특이점을 회피할 것이다. 우주가 팽창해온 기간 이전에는 물질들이 수축하지만, 자신과는 충돌하지 않으며 빗겨나는 과거의 수축국면이 있었을 것이다. 그러다가 현재의 팽창국면이 되자 다시 분리되어 나왔을 것이다. 만약 이것이 사실이라면 시간은 무한한 과거에서 무한한 미래에 걸쳐 영원히 계속될 것이다.

그러나 모든 사람들이 리프시츠와 할라트니코프의 주장에 수긍한 것은 아니었다. 로저 펜로즈와 나는 해에 대한 상세한 연구가 아니라 시공의 전체 구조를 기초로 하여 다른 접근방식을 채택했다. 일반상대성이론에서 시공은 그 속에 들어 있는 질량이 큰 천체뿐만 아니라 에너지에 의해서도 휘어진다. 에너지는 항상 양(陽)이다. 따라서 에너지는 시공에 광선들의 경로를 서로를 향해서 구부러지게 만드는 곡률을 부여한다.

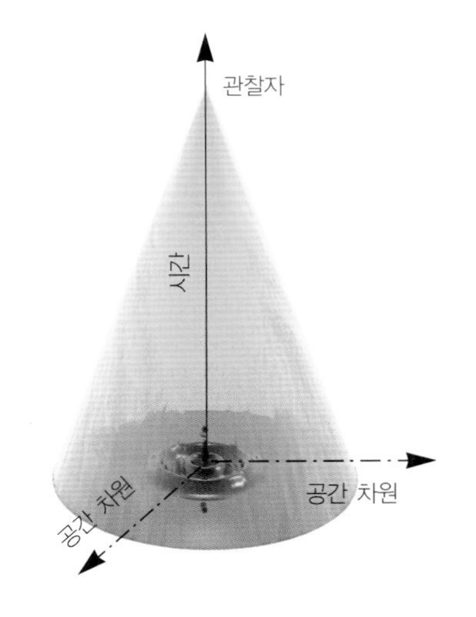

(그림 2.5) 우리의 과거 광원뿔

멀리 떨어져 있는 은하를 볼 때, 실제로 우리는 과거의 우주를 보고 있는 셈이다. 왜냐하면 빛은 유한한 공간을 지나기 때문이다. 시간을 수직축으로 공간의 세 방향을 두 개의 수평축으로 나타낸다면, 지금 꼭지점에 있는 우리에게 도달하는 빛은 원뿔에서 우리를 향해서 날아온 것이다.

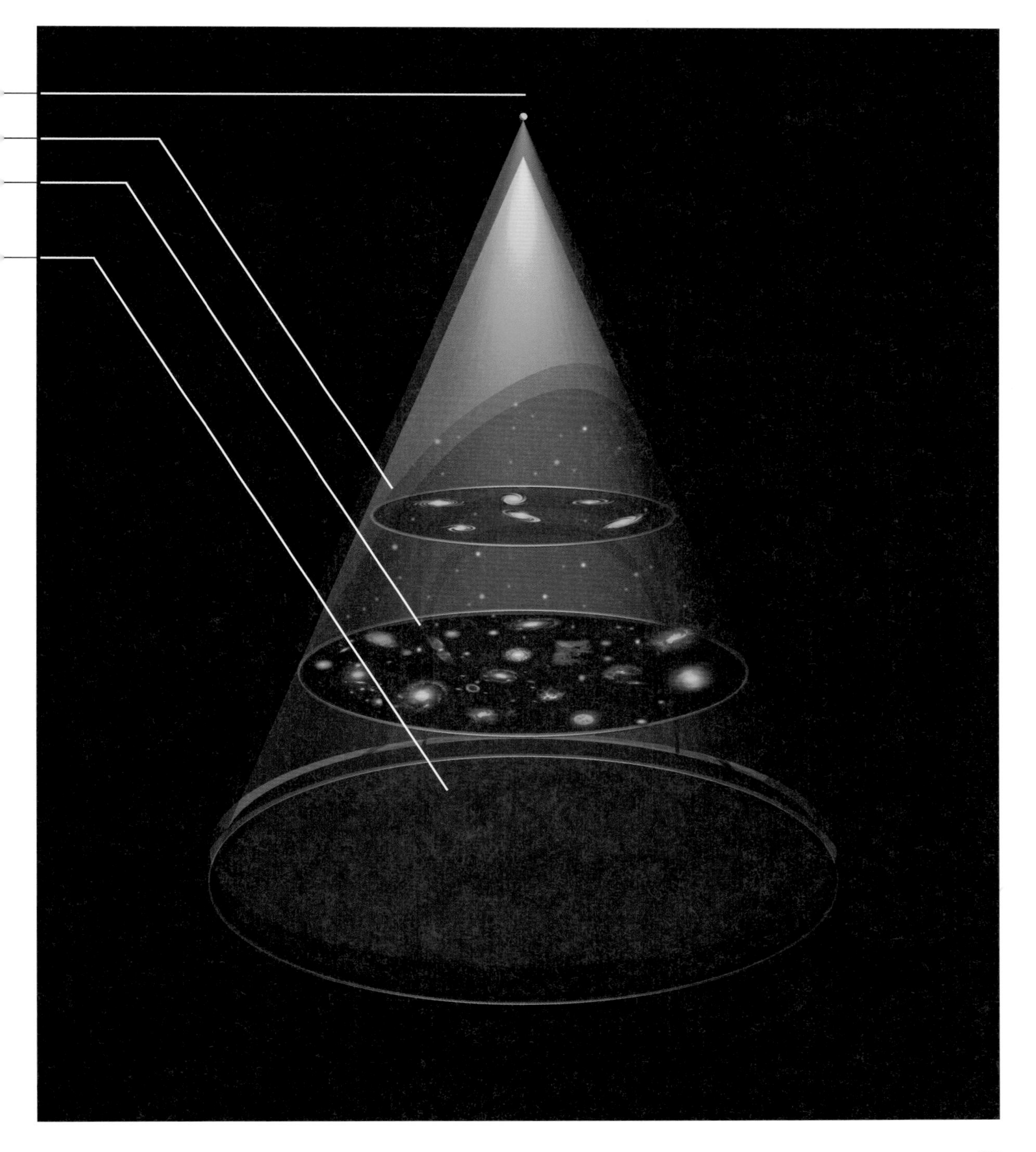

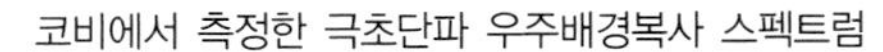

코비에서 측정한 극초단파 우주배경복사 스펙트럼

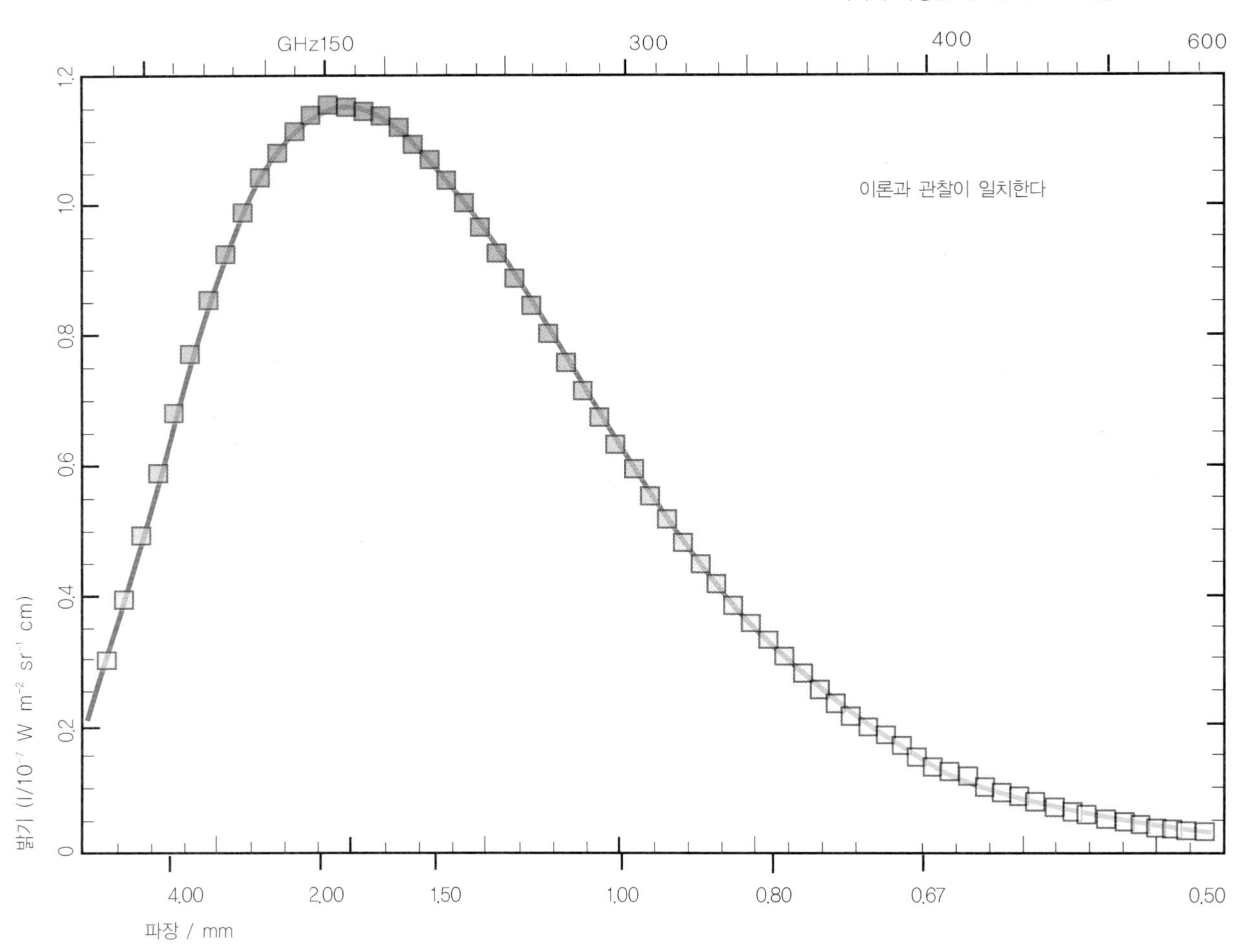

(그림 2.6)
극초단파 배경복사 스펙트럼의 측정

극초단파 우주배경복사 스펙트럼 — 진동수에 따른 세기의 분포 — 은 뜨거운 물체에서 나오는 복사와 같은 특성을 띤다. 이 복사가 열평형에 도달하려면, 물질이 그 복사를 여러 차례 소산(消散)시켜야 한다. 이 사실은 우리의 과거 광원뿔 속에 광원뿔을 안쪽으로 휘게 만들 정도로 충분한 양의 물질이 있었음을 시사한다.

그러면 이제 우리의 과거의 광원뿔(past light cone)(그림 2.5), 다시 말해서 멀리 떨어진 은하들에서 나온 광선이 시공을 통과해서 현재의 시간에 우리에게 도달한 경로를 살펴보기로 하자. 수직축이 시간이고 수평축이 공간으로 구성된 도표에서 이 경로는 꼭지점이 우리를 향해서 있는 원뿔이다. 우리가 과거를 향해 갈수록, 즉 꼭지점에서 원뿔을 따라 아래쪽으로 내려갈수록 우리는 과거의 은하들을 보게 된다. 우주가 팽창해왔기 때문에 모든 것은 과거로 갈수록 더 가깝게 접근하게 되며, 더 멀리 과거를 들여다볼수록 물질의 밀도가 높아지는 영역들을 보게 된다. 우리는 아주 먼 과거에서 우리의 과거 광원뿔을 따라서 우리에게 전파되는 희미한 극초단파 배경복사를 관찰한다. 당시 우주는 지금보다 밀도와 온도가 훨씬 더 높았다. 수신기를 극초단파의 다른 주

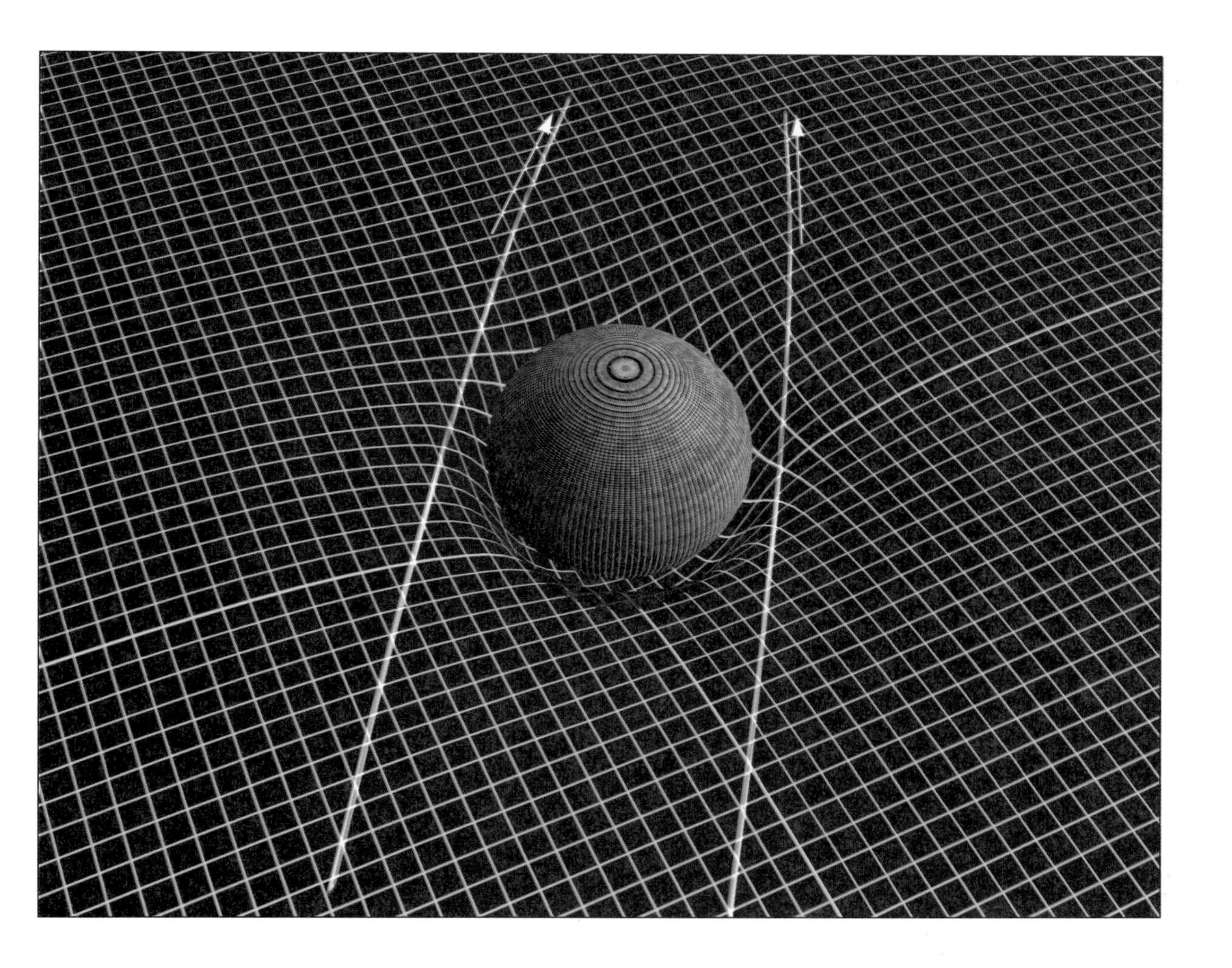

(그림 2.7) 휘어진 시공

중력은 끌어당기는 힘이 있기 때문에 물질은 항상 시공을 휘게 만든다. 따라서 광선들은 서로를 향해서 휘어진다.

파수에 맞추면, 우리는 이 복사의 스펙트럼(진동수에 따른 세기의 분포와 양의 변화)을 측정할 수 있다. 우리는 절대온도 2.7도의 물체에서 나오는 복사의 특성에 해당하는 스펙트럼을 발견했다. 이 극초단파 복사는 냉동된 피자를 해동시키기에는 적당하지 않지만, 이 스펙트럼이 절대온도 2.7도의 물체에서 나오는 복사의 스펙트럼과 정확히 일치한다는 사실은 우리에게 그 복사가 극초단파가 통하지 않는 영역에서 나오는 것이 분명함을 알려준다(그림 2.6).

따라서 우리는 과거의 광원뿔을 따라서 과거로 갈 때 우리의 과거의 광원뿔이 특정한 양(量)의 질량을 지나가야 한다는 결론을 내리게 된다. 이 질량은 시공을 휘게 만들기에 충분한 양이기 때문에 과거의 광원뿔 속에서 광선들은 서로를 향해서 휘어진다(그림 2.7).

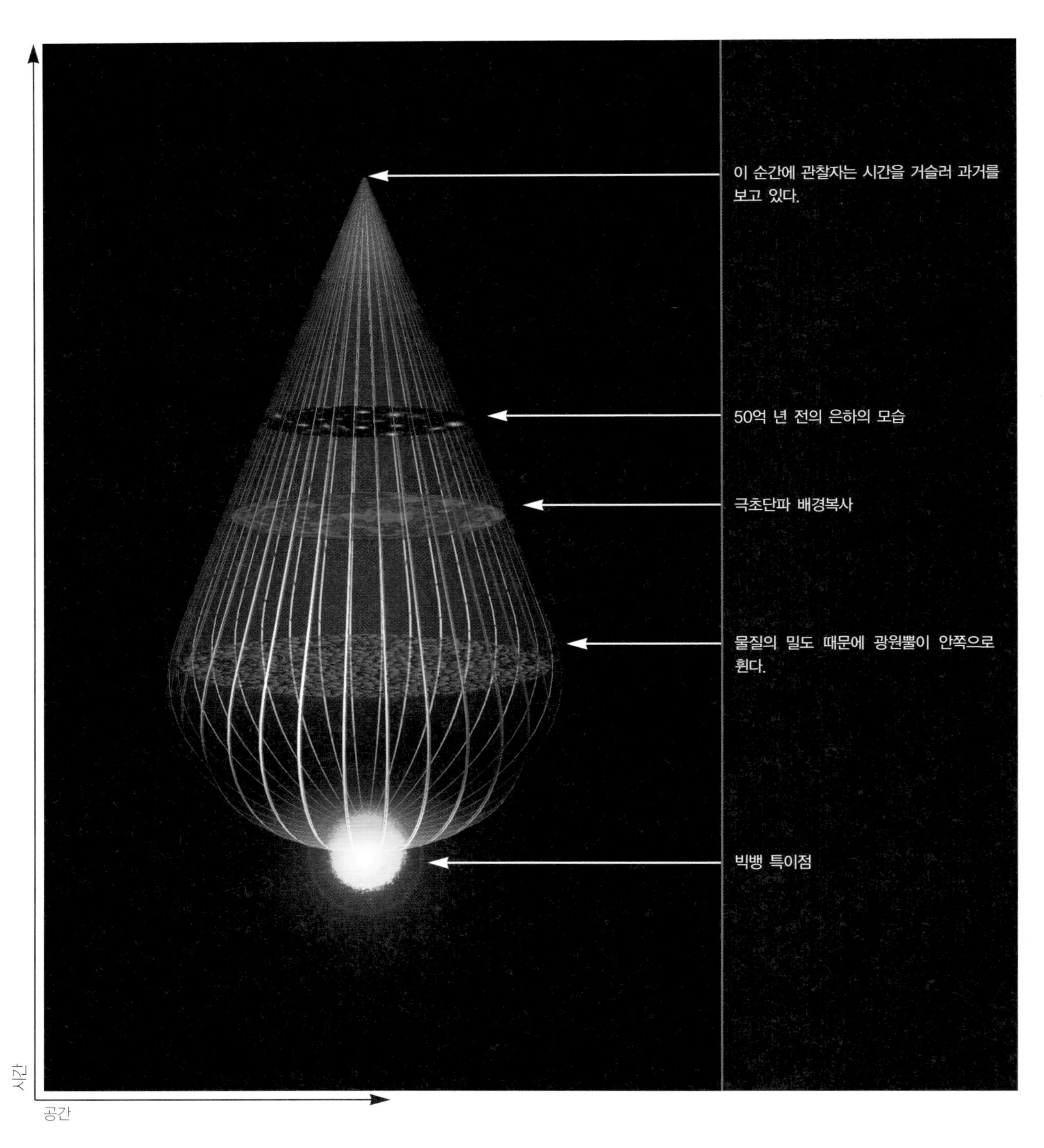

이 순간에 관찰자는 시간을 거슬러 과거를 보고 있다.
50억 년 전의 은하의 모습
극초단파 배경복사
물질의 밀도 때문에 광원뿔이 안쪽으로 휜다.
빅뱅 특이점
시간
공간

시간을 거슬러 올라가면서 우리의 과거의 광원뿔의 단면적은 최대치에 도달하고, 그런 다음 다시 줄어든다. 따라서 우리의 과거는 서양 배〔梨〕와 같은 형태를 띠게 된다(그림 2.8).

우리의 과거의 광원뿔을 따라서 점점 더 과거 방향으로 나아가면, 물질의 양(陽)의 에너지 밀도 때문에 광선들은 서로를 향해서 더욱 강하게 휜다. 광원뿔의 단면적은 무한한 시간 속에서 영(0)으로 줄어들 것이다. 이것은 우리의 과거의 광원뿔 속에 들어 있는 모든 물질이 그 경계가 영으로 줄어드는 영역 속에 갇혀 있음을 뜻한다. 그러므로 펜로즈와 내가 일반상대성이론의 수학적 모형 속에서 시간이 빅뱅이라고 불리는 출발점을 가질 수밖에 없음을 증명할 수 있었던 것은 전혀 놀라운 일이 아니다. 마찬가지 논리로 항성이나 은하들이 자체 중력으로 붕괴해서 블랙홀을 생성할 때 시간이 끝나게 된다는 것을 입증할 수 있다. 우리는 시간이 우주와 독립적인 의미를 가진다는 칸트의 암묵적인 가정을 배제함으로써 그의 순수이성의 이율배반을 모면했다. 시간이 출발점을 가진다는 것을 증명한 논문 덕분에 우리는 1968년에 중력연구재단(Gravity Research Foundation)으로부터 두번째 상을 받았고, 로저와 나는 300달러나 되는 엄청난 상금을 사이좋게 나누어가졌다. 그 해에 또 하나의 상을 받을 수 있었던 연구 성과는 그다지 오래 지속되지 못했다.

우리의 연구에 대한 반응은 무척 다양했다. 많은 물리학자들이 그 결과에 경악했지만, 신의 창조행위를 믿는 종교 지도자들은 반색을 했다. 그것이 자신들에게 과학적 근거를 준다고 생각했기 때문이다. 한편 리프시츠와 할라트니코프는 무척 난처한 입장이 되었다. 그들은 우리가 증명한 수학적 정리를 반박할 수 없었지만, 소비에트 체제하에서 자신들이 틀렸고 서방세계의 과학이 옳다는 것을 인정할 수는 없었다. 그러나 그들은 특이점에 대한 좀더 일반적인 해들을 발견함으로써 가까스로 상황을 모면했다. 그것은 그들이 과거에 찾아냈던 해들의 방식에 비추어볼 때 특이한 것은 아니었다. 이 해를 통해서 그들은, 시간의 시작과 끝인 특이점을 소비에트의 발견으로 주장할 수 있게 되었다.

(그림 2.8) 시간은 배 모양이다

만약 시간을 거슬러서 우리의 과거 광원뿔을 따라간다면, 광원뿔은 초기 우주의 물질에 의해 안쪽으로 휘어진 형상을 하고 있을 것이다. 우리가 관찰하는 전체 우주는 그 경계가 빅뱅에서 영(0)으로 줄어드는 영역 속에 들어 있다. 빅뱅은 특이점일 것이다. 특이점이란 물질의 밀도가 무한대가 되어서 고전적인 일반상대성이론이 붕괴하는 지점이다.

불확정성 원리

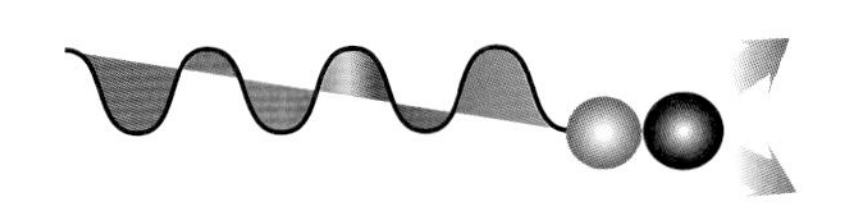

저주파 파장은 입자의 속도를 덜 교란한다.

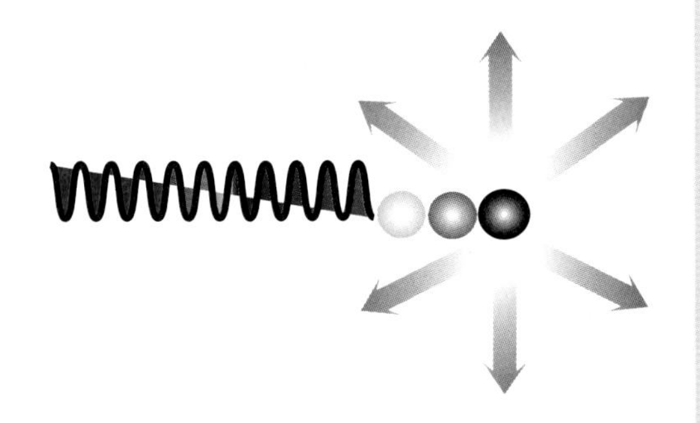

고주파 파장은 입자의 속도를 더 교란한다.

입자를 관찰하는 데에 사용하는 파장이 길수록 그 위치의 불확실성은 높아진다.

입자를 관찰하는 데에 사용하는 파장이 짧을수록 그 위치의 불확실성은 낮아진다.

1900년 막스 플랑크가 한 제안은 양자이론의 발견을 향한 중요한 한 걸음이었다. 그는 빛이 항상 양자(量子)라 불리는 작은 다발을 이루어 진행한다고 주장했다. 플랑크의 양자가설은 뜨거운 물체의 복사율에 대한 관찰결과를 분명하게 설명해주었지만, 그의 주장에 내포된 함축을 충분하게 이해하게 된 것은 1920년대 중반 이후의 일이었다. 당시 독일의 물리학자 베르너 하이젠베르크가 유명한 불확정성 원리를 정식화했다.

그는 플랑크의 가설이 어떤 입자의 위치를 정확하게 측정하려고 할수록 그 입자의 속도에 대한 측정은 불확실해지며, 그 역도 성립한다는 것을 함축한다고 지적했다.
좀더 정확하게 이야기하자면, 그는 한 입자의 위치의 불확실성과 그 운동량의 불확실성의 곱은 항상 플랑크 상수보다 커야 한다는 것을 입증했다. 플랑크 상수는 하나의 빛의 양자 속에 들어 있는 에너지 내용과 밀접하게 연관된다.

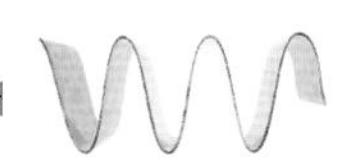

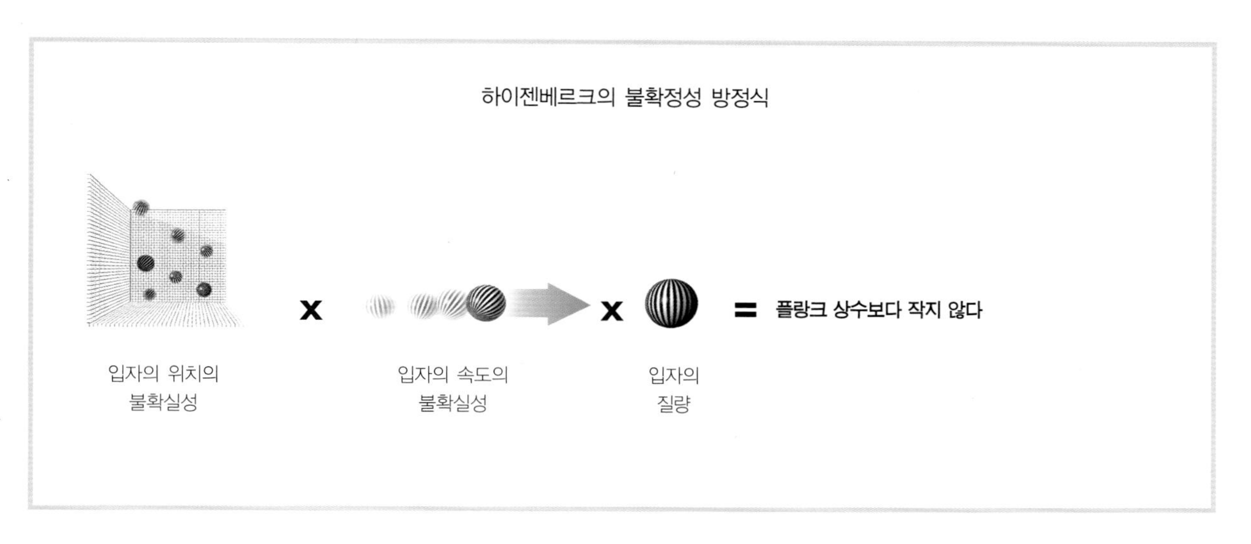

대부분의 물리학자들은 지금도 시간에 시작과 끝이 있다는 생각을 본능적으로 달가워하지 않는다. 따라서 그들은 수학적 모형이 특이점 근처의 시공에 대한 훌륭한 기술(記述)이 아닐 수 있다는 점을 지적한다. 그 이유는 중력장을 기술하는 일반상대성이론이 제1장에서 설명했듯이 고전 이론이며, 우리가 알고 있는 모든 힘들을 지배하는 양자이론의 불확정성을 포괄하지 않기 때문이다. 이러한 불일치는 우주의 대부분의 공간과 대부분의 시간에서는 전혀 문제가 되지 않는다. 왜냐하면 시공이 휘어 있는 크기가 극히 큰 데에 비해서 양자효과가 중요하게 나타나는 척도는 매우 작기 때문이다. 그러나 특이점 근처에서 두 개의 크기는 호환 가능해지며, 이때 양자중력효과는 매우 중요해진다. 따라서 펜로즈와 내가 제기한 특이점 정리가 진정한 의미에서 수립한 사실은 우리의 고전적인 시공의 영역이 양자중력이 중요해지는 영역들에 의해서 과거에 속박되어 있고, 미래에 대해서도 속박될 수 있다는 것이다. 우주의 기원과 운명을 이해하기 위해서 우리는 양자중력이론을 알아야 한다. 이것이 이 책의 대부분을 차지하는 주제이다.

원자처럼 한정된 숫자의 입자들로 이루어진 계(系)의 양자이론은 1920년대에 하이젠베르크, 슈뢰딩거, 그리고 디랙에 의해서 수립되었다(디랙도 지금 내가 앉아 있는 루카스 교수좌의 소유자였던 인물이다. 물론 그가 그 의자에 있을 때에는 전동 휠체어가 아니었다). 그러나 사람들은 양자적 개념을 맥스웰의 장(場), 즉 전기, 자기 그리고 빛을 기술하는 전자기장에 적용시킬 때 어려움에 직면하게 된다.

사람들은 맥스웰의 장이 서로 다른 파장(한 파동의 마루에서 다음 파동의

맥스웰 장

1865년에 영국의 물리학자 제임스 클러크 맥스웰은 당시까지 알려진 전기와 자기에 대한 모든 법칙들을 하나로 결합했다. 맥스웰의 이론은 한 장소에서 다른 장소로 행동을 전달할 수 있는 "장(場)"의 존재를 기반으로 삼는다. 그는 전기적, 자기적 요동을 전달하는 장이 동역학적인 실체임을 인식했다. 즉 그 장은 진동할 수 있고, 공간 속을 나아갈 수 있다.
맥스웰의 전자기 종합은 이 장들의 동역학을 규정하는 두 개의 방정식으로 압축될 수 있다. 그 자신도 이 방정식에서 첫번째 위대한 결론을 이끌어냈다. 그것은 모든 주파수의 전자기파가 동일한 고정된 속도 ── 빛의 속도 ── 로 공간 속을 이동한다는 것이다.

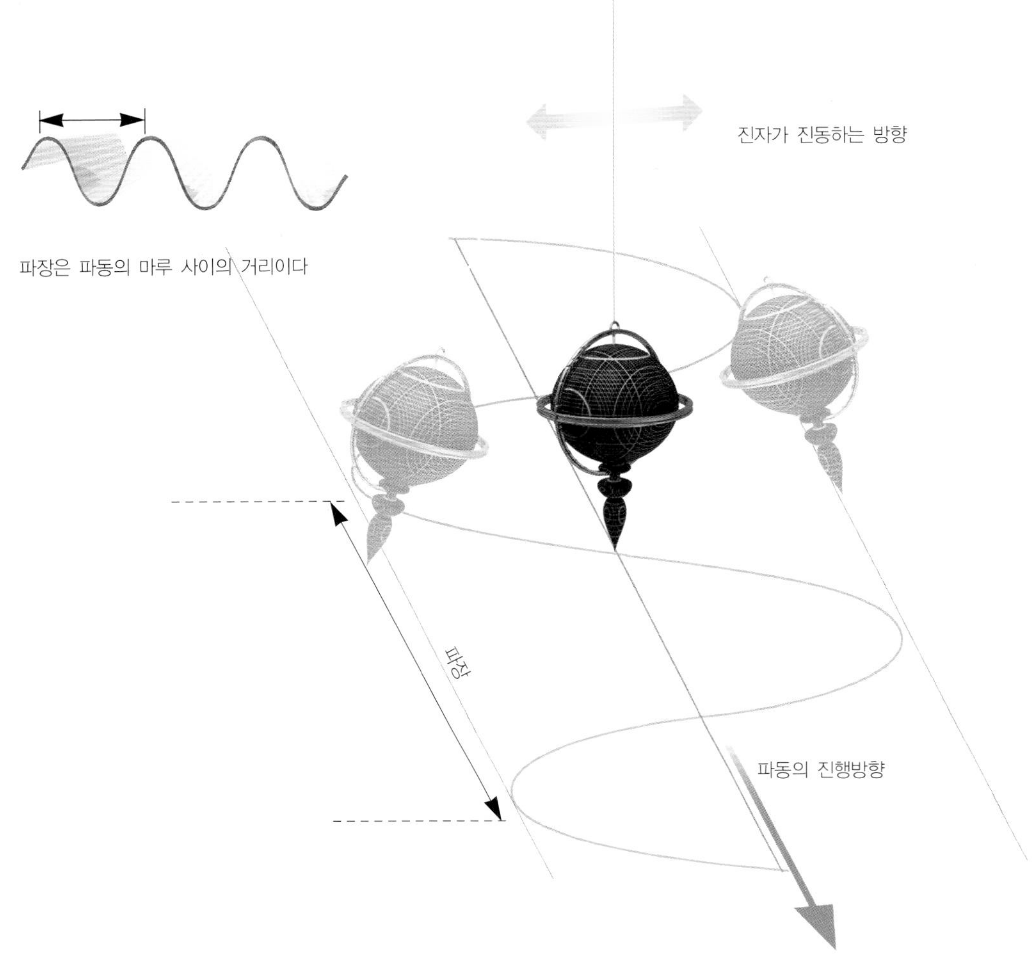

(그림 2.9)
진동하는 진자를 수반하며 진행하는 파동

전자기 복사는 파동으로 공간을 통해서 진행한다. 이때 전기장과 자기장은 마치 진자처럼 파동의 진행방향을 가로지르는 방향으로 진동한다. 이 복사는 다른 파장을 가진 장들로도 이루어질 수 있다.

마루까지의 거리)의 파동들로 이루어져 있다고 생각할 수 있다. 하나의 파동에서 이 장은 하나의 값에서 다른 값으로 마치 진자처럼 흔들린다(그림 2.9).

양자이론에 따르면 진자의 기저상태, 즉 에너지가 가장 낮은 상태는 에너지가 가장 낮은 지점, 즉 파동의 가장 아래쪽 지점과 일치하지 않는다. 그 지점은 영(0)이라는 명확한 위치와 명확한 속도를 가진다. 그런데 이것은 동시에 정확한 위치와 속도를 측정할 수 없다는 불확정성 원리에 위배된다. 운동량의 불확정성에 의해서 증폭되는 위치의 불확정성은 플랑크 상수(planck's constant)라고 알려진 특정한 양보다 커야 한다. 플랑크 상수를 직접 표기하기에는 너무 길기 때문에 이 책에서는 $\hbar$(h bar)라는 기호로 나타내기로 하겠다.

따라서 진자의 기저상태, 즉 에너지가 가장 낮은 상태는 우리가 흔히 예상하듯이 에너지가 영인 지점이 아니다. 기저상태에서도 진자나 그밖의 모든 진동하는 계들은 영점 요동(zero point fluctuation)이라고 하는 특정한 양의 에너지를 가져야 한다. 이것은 그 진자가 아래쪽을 향해서 정확히 수직방향이 아

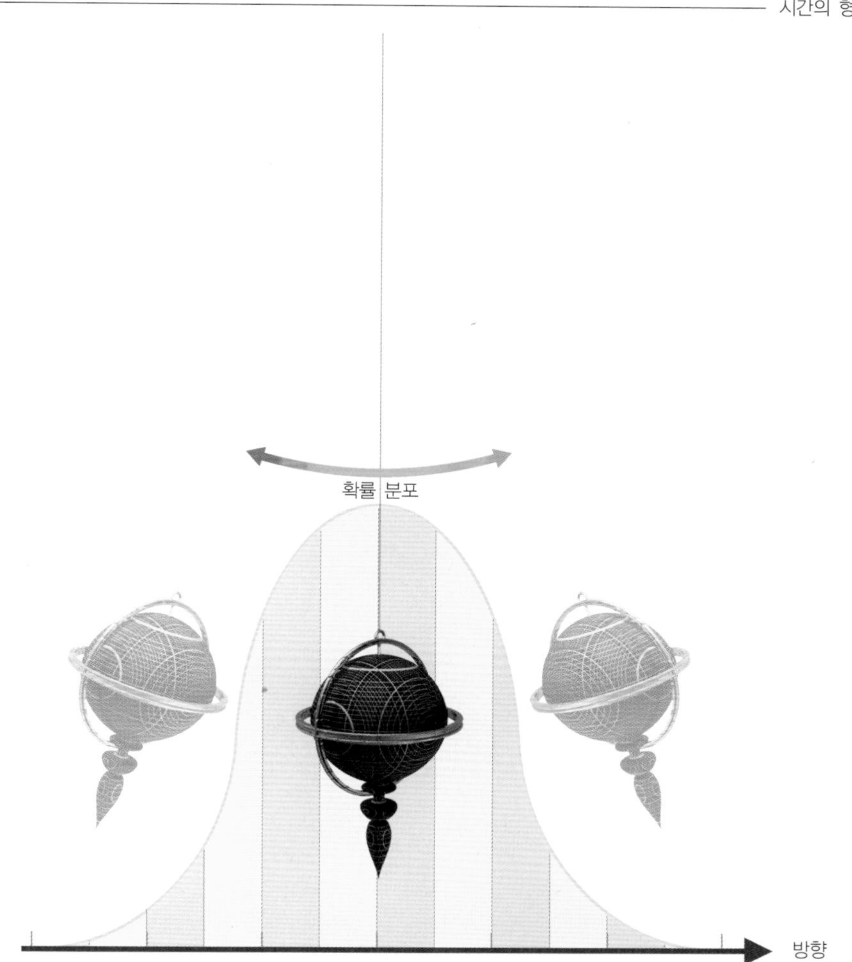

니라 수직에 대해서 아주 작은 각도에서 발견될 가능성이 있음을 뜻한다(그림 2.10). 마찬가지로 진공 또는 최저 에너지 상태에서 맥스웰 장의 파동들은 정확히 영이 아니며 작은 크기를 가질 수 있다. 진자나 파동의 진동수(진자가 1분 동안 흔들리는 횟수)가 높을수록 기저상태의 에너지는 높아진다.

맥스웰 장과 전기장에서의 기저상태 요동의 계산결과는 전자의 겉보기 질량과 전하를 무한대로 만들었다. 그것은 관찰결과와 일치하지 않는다. 그러나 1940년대에 물리학자 리처드 파인먼, 줄리언 슈윙거 그리고 도모나가 신이치로는 이러한 무한을 제거 또는 "소거(subtracting out)"하고 에너지와 전하의 관찰된 유한한 값만을 다루는 정합적인(consistent) 방법을 개발했다. 그럼에도 불구하고, 기저상태 요동은 여전히 측정 가능한 작은 효과를 일으키며, 그 효과는 실험결과와 잘 부합된다. 이와 비슷하게 무한을 제거하는 소거체계(subtraction scheme)는 양전닝과 로버트 밀스가 제기한 이론 속에 등장하는 양-밀스 이론에서도 작동한다. 양-밀스 이론은 맥스웰 이론의 확장으로 약

(그림 2.10)
확률 분포를 가지는 진자

하이젠베르크의 원리에 의하면, 진자가 영(0)의 속도에서 아래쪽을 향해서 절대적으로 수직인 지점에 놓이는 것은 불가능하다. 그 대신 양자이론은, 가장 낮은 에너지 상태에서도, 진자가 최소한의 양의 요동을 가질 것이라고 예상한다.
이것은 진자의 위치가 확률 분포에 의해서 주어질 것임을 뜻한다. 기저상태에서 가장 확률이 높은 진자의 위치는 아래쪽을 향해서 수직방향이지만, 동시에 수직방향에 대해서 약간의 각도에서 발견될 확률도 존재한다.

한 핵력과 강한 핵력이라고 하는 두 개의 서로 다른 힘들 사이에서 나타나는 상호작용을 기술한다. 그러나 기저상태 요동은 양자중력이론에서 훨씬 심각한 효과를 나타낸다. 이 경우도 각각의 파동은 기저상태 에너지를 가진다. 맥스웰 장의 파장에는 어느 정도로 짧은가에 대한 한계가 없기 때문에 시공의 모든 영역에는 무한한 숫자의 서로 다른 파장이 있을 수 있으며, 기저상태 에너지의 양도 무한해진다. 물질과 마찬가지로 에너지 밀도도 중력원(重力源)이기 때문에 이 무한한 에너지 밀도는 우주 속에 시공을 하나의 점으로 수축시킬 수 있을 만한 충분한 인력이 있다는 것을 의미하게 된다. 그러나 그런 일은 분명히 일어날 수 없다.

관찰과 이론 사이에서 나타나는 것처럼 보이는 모순을 해결하기 위해서 기저상태 요동은 중력효과를 가지지 않는다고 말하고 싶은 사람도 있을 것이다. 그러나 그런 방법은 통용되지 않는다. 카시미르 효과(Casimir effect : 1948년 네덜란드의 물리학자인 헨드릭 카시미르가 진공 속에서 두 개의 금속판을 이용하여 밝힌 효과/옮긴이)에 의해서 기저상태 요동의 에너지를 검출할 수 있기 때문이다. 두 장의 금속판을 평행한 위치로 아주 가깝게 놓아두면, 금속판이 서로에게 미치는 영향으로 금속판들 사이에 적합한 파장의 숫자가 금속판 바깥에 비해서 점차 줄어드는 효과가 나타난다. 이것은 금속판들 사이의 기저상태 요동의 에너지 밀도가, 여전히 무한하지만, 바깥의 에너지 밀도에 비해 낮아서 한정된 양이 된다는 것을 의미한다(그림 2.11). 이러한 에너지 밀도 차이에 의해서 금속판들은 서로 끌어당기는 힘을 받게 되며(특정 거리로 떨어져 있는 두 금속판은 특정 파동만을 판 사이에서 가진다. 따라서 두 장의 판 사이의 에너지는 판 바깥의 에너지보다 더 밀도가 낮아지기 때문에 판 사이의 거리가 좁아지는 힘을 받게 된다/옮긴이), 이 힘은 실험적으로 관찰 가능하다. 일반상대성이론에서는 이 힘들도 물질과 마찬가지로 중력원이기 때문에 이러한 에너지 차이의 중력 효과를 무시하는 것은 정합적이지 않을 것이다.

이 문제를 풀 수 있는 또 하나의 해결책은 아인슈타인이 우주의 정적인 모형을 얻기 위해서 도입했던 우주상수가 존재한다는 가정일 것이다. 만약 이러한 상수가 무한한 음(陰)의 값을 가진다면, 자유 공간에서 기저 에너지의 양(陽)의 값을 정확히 상쇄시킬 수 있을 것이다. 그러나 이 우주상수는 지극

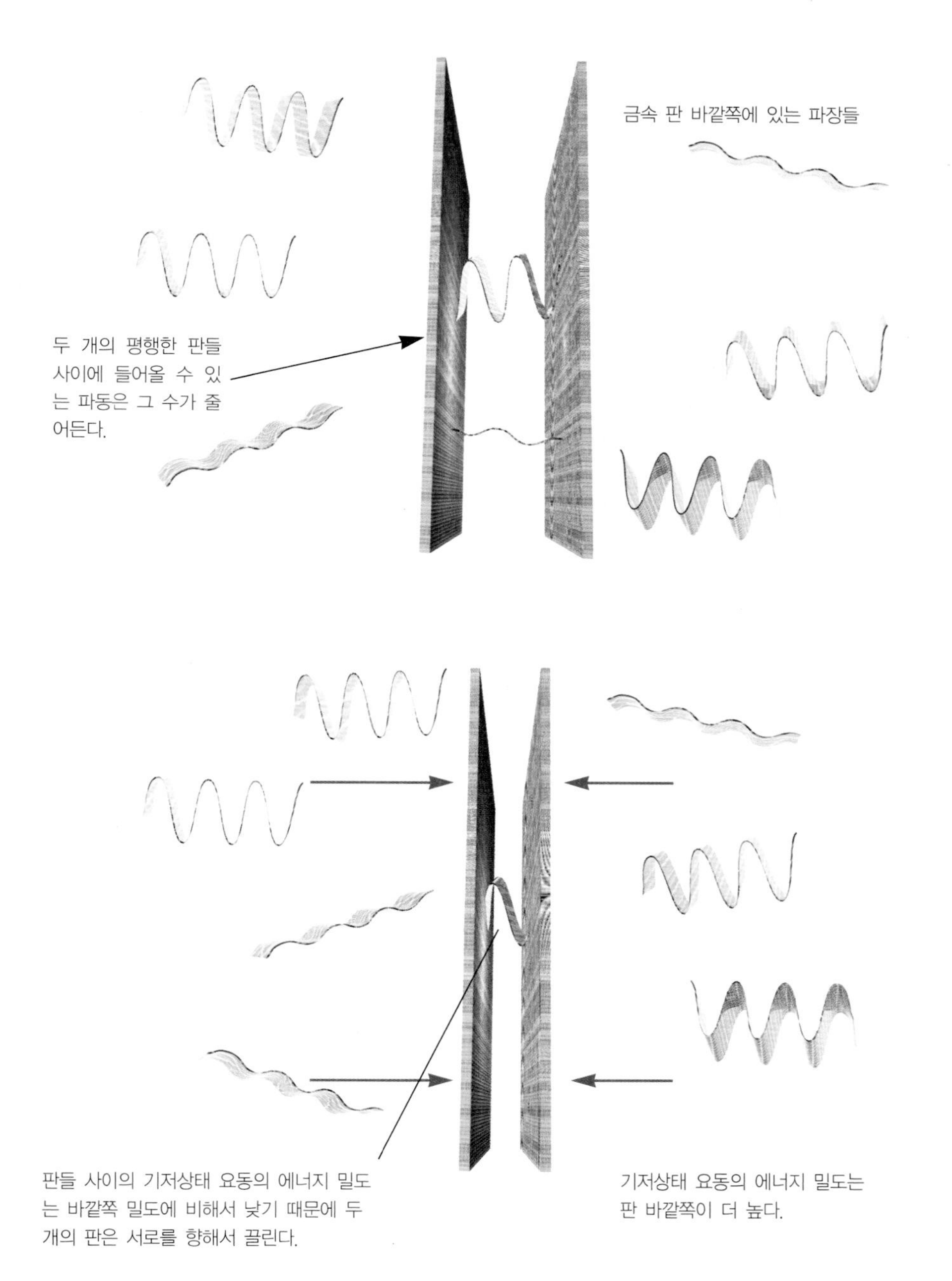
금속 판 바깥쪽에 있는 파장들
두 개의 평행한 판들 사이에 들어올 수 있는 파동은 그 수가 줄어든다.
판들 사이의 기저상태 요동의 에너지 밀도는 바깥쪽 밀도에 비해서 낮기 때문에 두 개의 판은 서로를 향해서 끌린다.
기저상태 요동의 에너지 밀도는 판 바깥쪽이 더 높다.

(그림 2.11)
카시미르 효과

기저상태 요동의 존재는 카시미르 효과에 의해서 실험적으로 확인되었다. 이것은 평행한 두 개의 금속판 사이에 작용하는 미약한 힘이다.

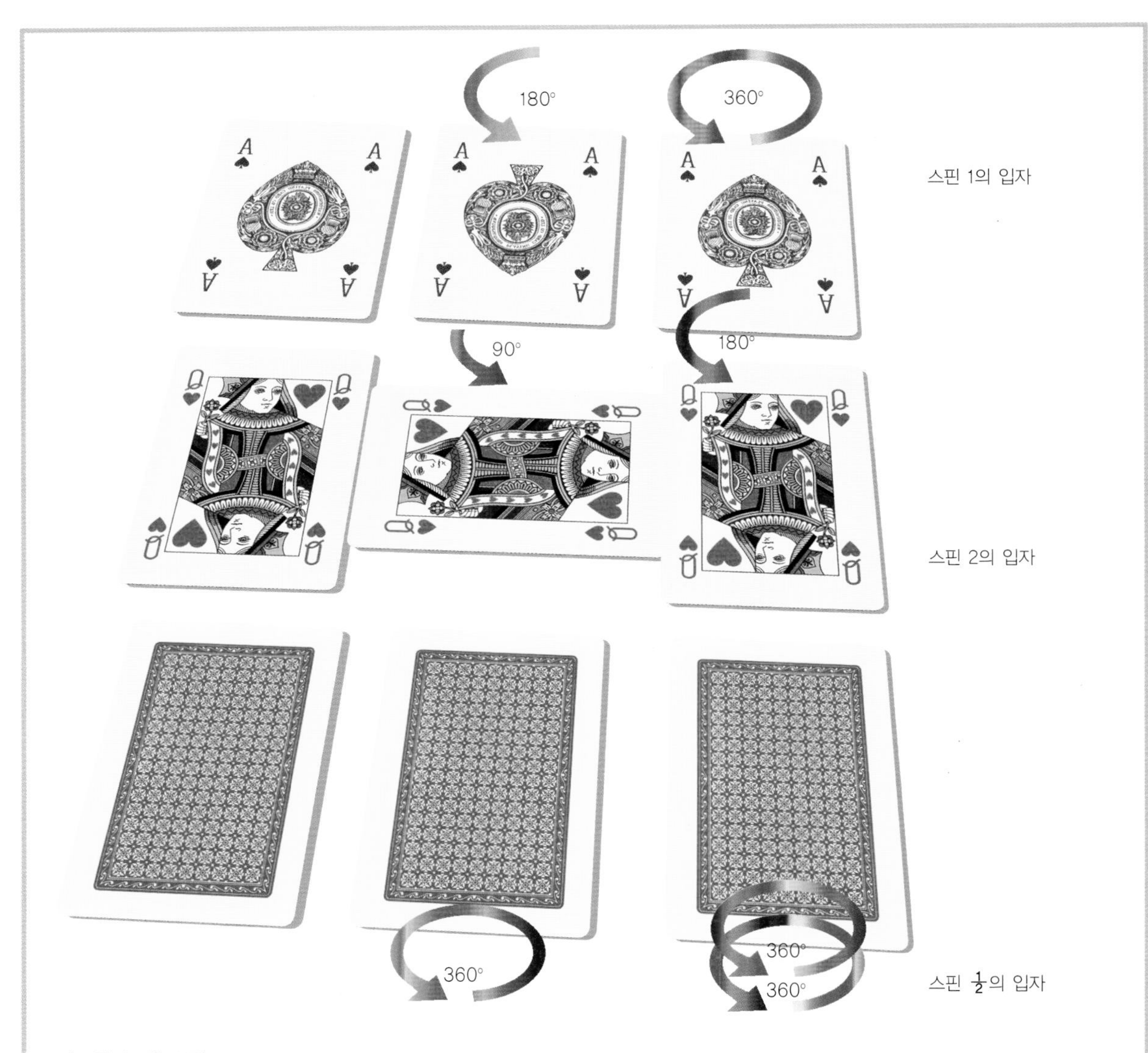

(그림 2.12) 스핀

모든 입자는 스핀이라고 불리는 특성을 가진다. 어떤 입자가 다른 방향에서 볼 때에도 똑같이 보이는 것은 그 때문이다. 가령 카드를 생각해보자. 먼저 에이스 스페이드의 경우, 이 카드를 완전히 한 바퀴, 즉 360도 회전시키면 같은 모양이 된다. 이때 이 카드는 스핀 1을 가진다고 말할 수 있다.

반면 하트 퀸은 머리가 두 개 달려 있다. 따라서 이 카드는 반 바퀴, 즉 180도를 회전시킬 때 같은 모습이 된다. 이때 이 카드는 스핀 2를 가진다고 한다. 마찬가지로 스핀 3, 또는 그 이상의 스핀을 가지는 물체를 상상할 수 있다. 그 물체는 해당 스핀 숫자로 360도를 나눈 각도만큼 회전시켰을 때 원래 모습과 같게 된다.

스핀 숫자가 높을수록 그 입자가 똑같은 모습이 되기 위해서 회전해야 하는 각도가 작아지는 셈이다. 그러나 주목할 만한 사실은 완전히 두 바퀴를 회전시켜야만 원래의 모습과 동일해지는 입자도 있다는 것이다. 이런 입자는 $\frac{1}{2}$의 스핀을 가진다고 말한다.

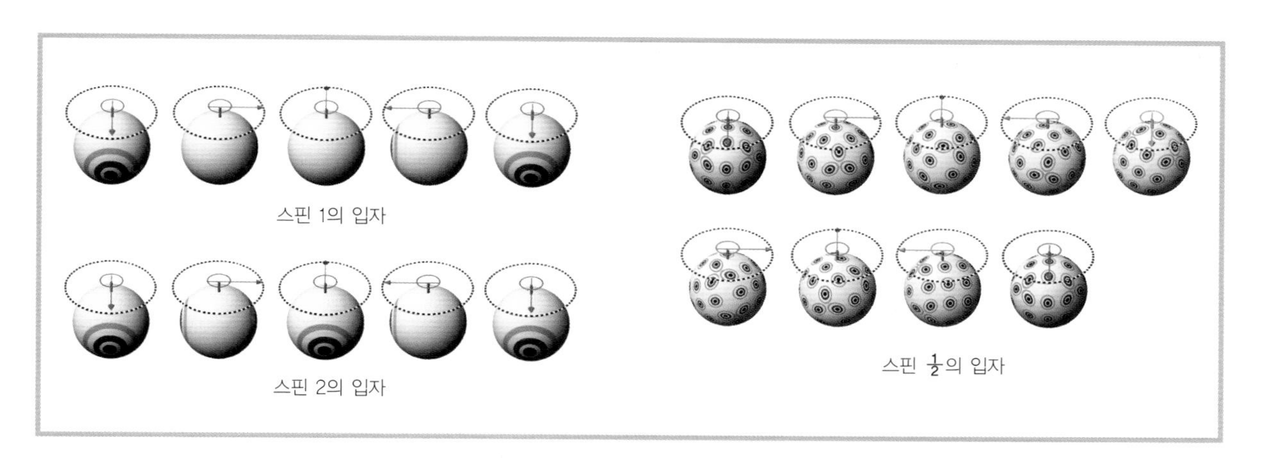

히 임시방편에 불과한 것처럼 보이기 때문에 특별한 정확도로 조정해야 할 것이다.

다행스럽게도 1970년대에 완전히 새로운 종류의 대칭성이 발견되어 기저 상태 요동에서 발생하는 무한을 상쇄시킬 수 있는 자연적이고 물리적인 메커니즘을 제공했다. 초대칭성(supersymmetry)은 다양한 방식으로 기술될 수 있는 우리의 현대 수학 모형의 특성 중 하나이다. 한 가지 방법은 시공이 우리가 경험하는 차원들 이외에 여분의 차원(extra dimension)들을 가진다고 가정하는 것이다. 이것이 바로 그라스만 차원들(Grassmann dimensions)이라고 불리는 것이다. 그런 이름이 붙은 까닭은 그 차원들이 일반적인 실수(實數)가 아닌 그라스만 변수(Grassmann variables)라는 숫자에 의해서 측정되기 때문이다. 실수는 교환이 가능하다. 그 말은 곱하기를 하는 순서를 바꾸어도 무관하다는 뜻이다. 가령 6 곱하기 4는 4 곱하기 6과 같다. 그러나 그라스만 변수는 교환이 불가능하다. x 곱하기 y는 마이너스 y 곱하기 x이다.

일반 숫자

A × B = B × A

그라스만 숫자

A × B = −B × A

초대칭성은 원래 물질 장과 양-밀스 장, 즉 일반적인 숫자와 그라스만 변수 모두가 휘어지지 않고 편평한 시공에서 무한을 제거하기 위해서 고려되었다. 그러나 그것을 휘어진 일반 숫자와 그라스만 차원으로 확장시키는 것은 지극히 자연스러운 일이었다. 그 결과 초대칭성의 양이 서로 다른 초중력(supergravity)이라고 불리는 많은 이론들이 등장하게 되었다. 초대칭의 한 가지 결과는 모든 장이나 입자들이 스핀이 $\frac{1}{2}$ 크거나 작은 "초파트너(superpartner)"를 가져야 한다는 것이다(그림 2.12).

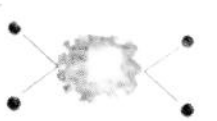

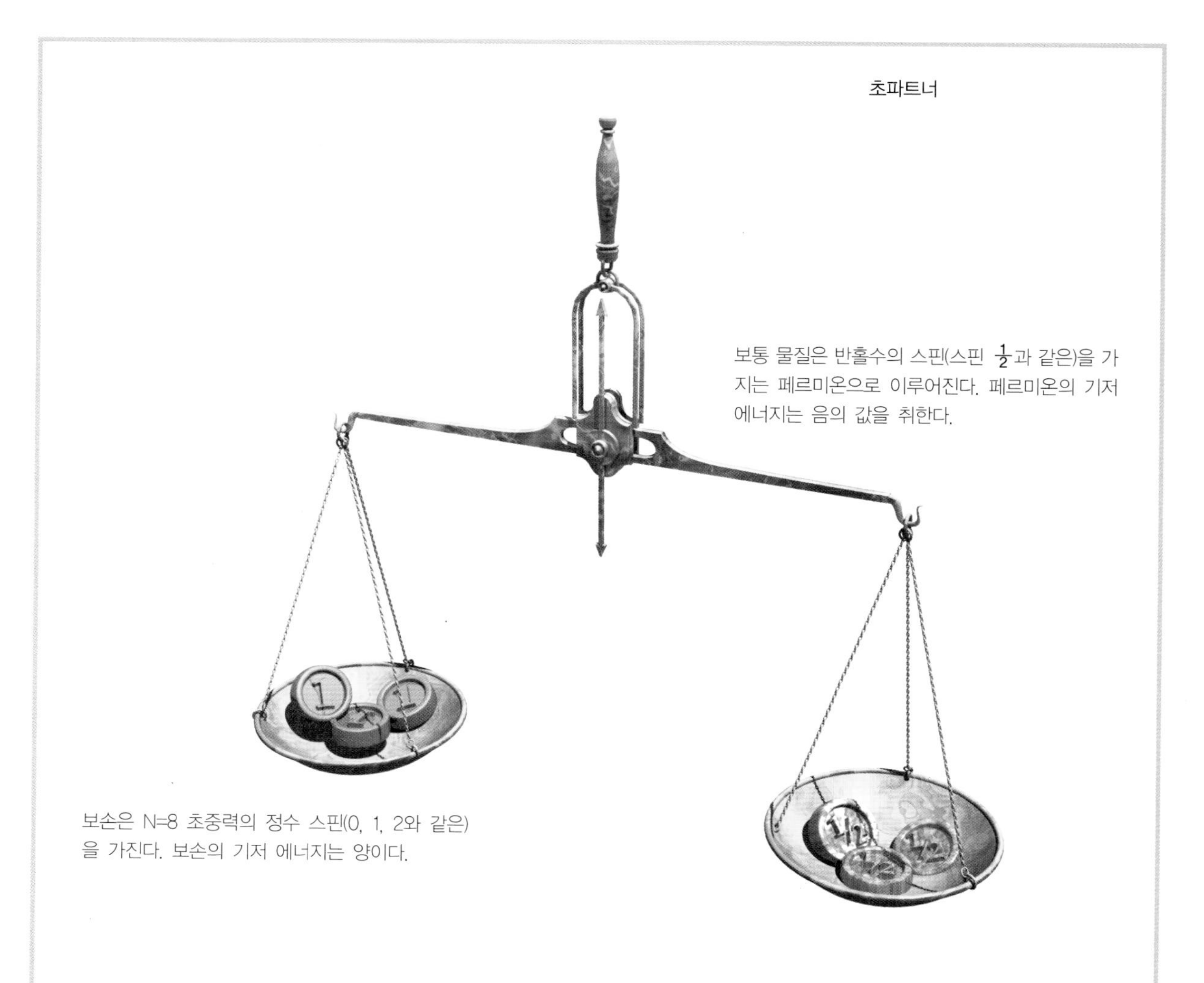

초파트너
보통 물질은 반홀수의 스핀(스핀 $\frac{1}{2}$과 같은)을 가지는 페르미온으로 이루어진다. 페르미온의 기저 에너지는 음의 값을 취한다.
보손은 N=8 초중력의 정수 스핀(0, 1, 2와 같은)을 가진다. 보손의 기저 에너지는 양이다.

(그림 2.13)
우주에서 알려진 모든 입자들은 두 그룹 중 어느 한쪽에 속한다. 그것은 페르미온(fermion)과 보손(boson)이다. 페르미온은 스핀이 반홀수(가령 스핀 $\frac{1}{2}$처럼)인 입자이며, 보통 물질을 구성한다. 이 입자들의 기저 에너지 상태는 음의 값을 취한다.
보손은 정수(0, 1, 2와 같은) 스핀을 가진 입자이며 중력이나 빛처럼 페르미온들 사이에서 힘을 발생시킨다. 이 입자의 기저 에너지는 양이다. 초중력이론은 모든 페르미온과 모든 보손이 $\frac{1}{2}$ 크거나 작은 스핀을 가지는 "초파트너"를 가진다고 가정한다. 예를 들면, 광자(光子, 보손에 속한다)는 1의 스핀을 가진다. 광자의 기저상태 에너지는 양이다. 그러나 광자의 초파트너인 포티노(photino)는 $\frac{1}{2}$의 스핀을 가지기 때문에 페르미온이 된다. 따라서 기저상태 에너지는 음이다.
이러한 초중력이론 체계에서 우리는 결국 같은 숫자의 페르미온과 보손에 도달하게 된다. 복잡한 수학적 시나리오를 간략하게 정리하면 다음과 같다. 양의 값을 가지는 보손의 기저상태 에너지와 음의 값을 가지는 페르미온의 기저상태 에너지를 통해서 기저상태 에너지는 서로 상쇄되어 가장 큰 무한을 제거한다.

입자들의 행동에 대한 모형

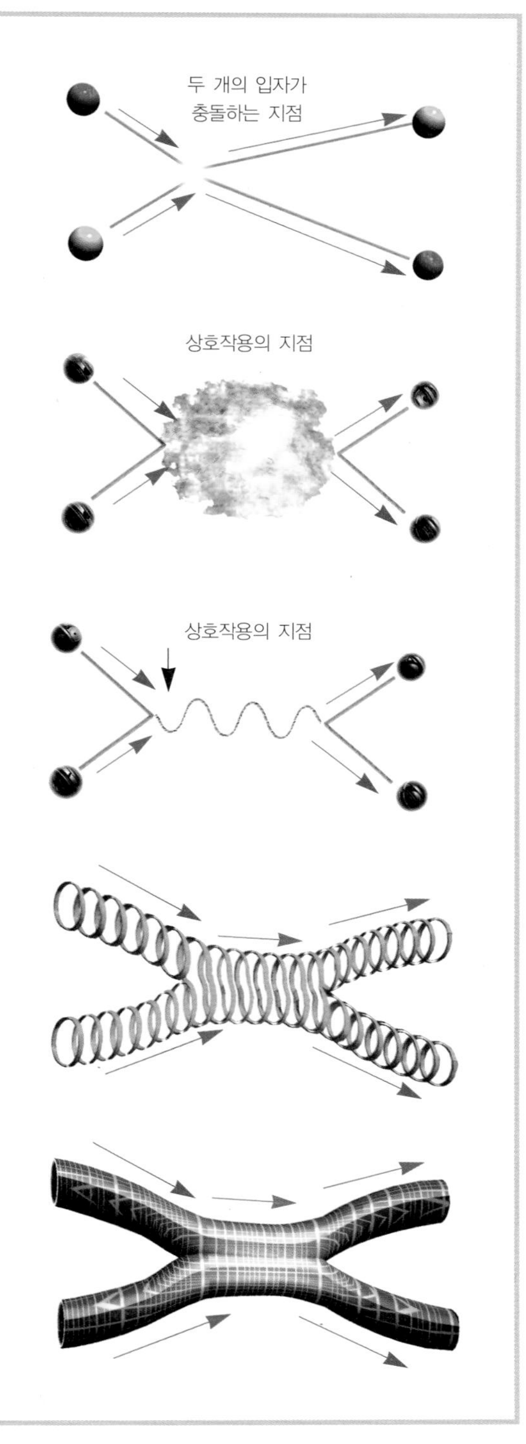

1 점 입자가 실제로 당구공처럼 이산적인 요소로 존재한다면, 그 경로가 충돌한 두 입자는 두 개의 새로운 궤적으로 빗겨나게 될 것이다.

2 이것은 두 개의 입자가 상호작용할 때 일어나는 일을 나타낸 것이다. 물론 그 효과는 훨씬 더 극적일 수 있다.

3 양자장이론은 전자나 그 반입자인 양전자와 같은 두 개의 입자가 충돌하는 모습을 보여준다. 충돌이 일어나면 두 입자는 순식간에 쌍소멸한다. 이 과정에서 엄청난 에너지와 광자가 생성된다. 그런 다음 에너지가 방출되어 또다른 전자-양전자 쌍을 만든다. 따라서 마치 입자들이 새로운 궤적으로 굴절되는 것처럼 보인다.

4 입자들이 영점이 아니라 1차원적인 끈이라면, 그 속에서 루프들이 전자와 양전자로 진동하고 서로 충돌해서 쌍소멸을 일으킨다. 이 과정에서 다른 진동 패턴을 가지는 새로운 끈이 탄생한다. 에너지가 방출되면서, 이 끈은 새로운 궤적을 따라서 지속되는 두 개의 끈으로 나누어진다.

5 이들 원래의 끈들을 이산적인 순간으로 보지 않고 시간 속의 교란되지 않은 역사로 본다면, 그 결과로 발생하는 끈은 끈 세계판(string world sheet)으로 볼 수 있다.

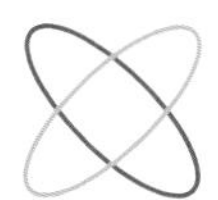

(그림 2.14, 맞은편) 끈 진동

끈이론의 기본 대상은 공간 속에서 단일한 점을 차지하는 입자가 아니라 1차원적인 끈이다. 이 끈들은 끝을 가질 수도 있지만, 서로 결합해서 닫힌 루프를 이룰 수도 있다. 바이올린의 현처럼 끈이론의 끈들은 특정한 진동 패턴, 또는 공명 진동수를 가지며, 그 파장은 끈의 양 끝과 정확히 맞는다.

그러나 바이올린 현의 서로 다른 공명 진동수는 저마다 다른 음표, 서로 다른 현의 진동수, 그리고 근본 입자로 해석되는 서로 다른 질량과 전하를 낳는다. 간략하게 이야기하자면, 현의 진동 파장이 짧을수록 입자의 질량은 커진다.

보손의 기저상태 에너지들, 정수(0, 1, 2 등) 스핀의 장들은 양이다. 반면 페르미온의 기저상태 에너지의 경우, 반홀수($\frac{1}{2}$, $\frac{3}{2}$ 등) 스핀의 장들은 음이다. 보손과 페르미온의 숫자가 같기 때문에 초중력이론에서 가장 큰 무한은 상쇄된다(그림 2.13, 50쪽 참조).

그러나 그보다는 작지만 여전히 무한인 양들(quantities)이 남아 있을 가능성은 여전히 있다. 이러한 이론들이 실제로 완전히 유한한지 여부를 계산할 만큼 인내심이 높았던 사람은 아무도 없었다. 아무리 훌륭한 연구자라도 그 계산에 족히 200년은 걸릴 것으로 추정되었다. 더구나 그가 두번째 페이지에서 실수를 저질렀는지 어떻게 알 수 있겠는가? 1985년까지도 대다수의 사람들은 대부분의 초대칭 초중력이론이 무한으로부터 자유롭게 해방될 것이라고 믿었다.

그런데 갑작스럽게 사정이 바뀌었다. 사람들은 초중력이론에서 무한을 상정하지 않을 아무런 근거가 없다고 선언했고, 이것은 그 이론들이 과학이론으로서 치명적인 결함을 가진다는 의미로 받아들여졌다. 그 대신, 초대칭 끈이론(supersymmetric string theory)이라고 불리는 이론이 중력과 양자이론을 통합시킬 유일한 방법이라는 주장이 제기되었다. 우리가 일상생활에서 사용하는 명칭과 마찬가지로 끈은 1차원적으로 확장된 물체이다. 끈은 오직 길이만을 가진다. 끈이론에서 끈은 배경시공(background spacetime) 속에서 움직인다. 이 끈 위에 나타나는 파문(ripple)이 입자로 해석된다(그림 2.14).

끈이 그라스만 차원을 가지고 그 시간과 공간이 정수 차원들을 가진다면, 이 파문들은 보손과 페르미온에 상응할 것이다. 이 경우, 양과 음의 기저상태 에너지는 서로 정확히 상쇄되어 가장 큰 무한보다 작은 종류의 무한들까지도 존재하지 않을 것이다. 초끈(superstring) 이론은 TOE(Theory of Everything), 즉 만물의 이론이라고 주장된다.

미래의 과학사가들은 이론물리학자들 사이에서 끊임없이 변화하는 견해들을 도표로 작성하는 작업에 관심을 가질 수도 있다. 지난 몇 년 동안 최고의 이론으로 군림했던 끈이론과 초중력이론은 낮은 에너지(low energy)에서만 타당한 근사이론(approximate theory)으로 격하되었다. 그런데 "낮은 에너지"에 대한 정의는 무척 힘들어서, 지금 내가 이야기하는 이 맥락에서도 낮은 에너지는 TNT 폭발에서 입자들이 가진 에너지의 1조의 1조 배보다 작은 에너지

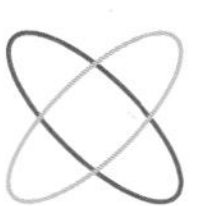

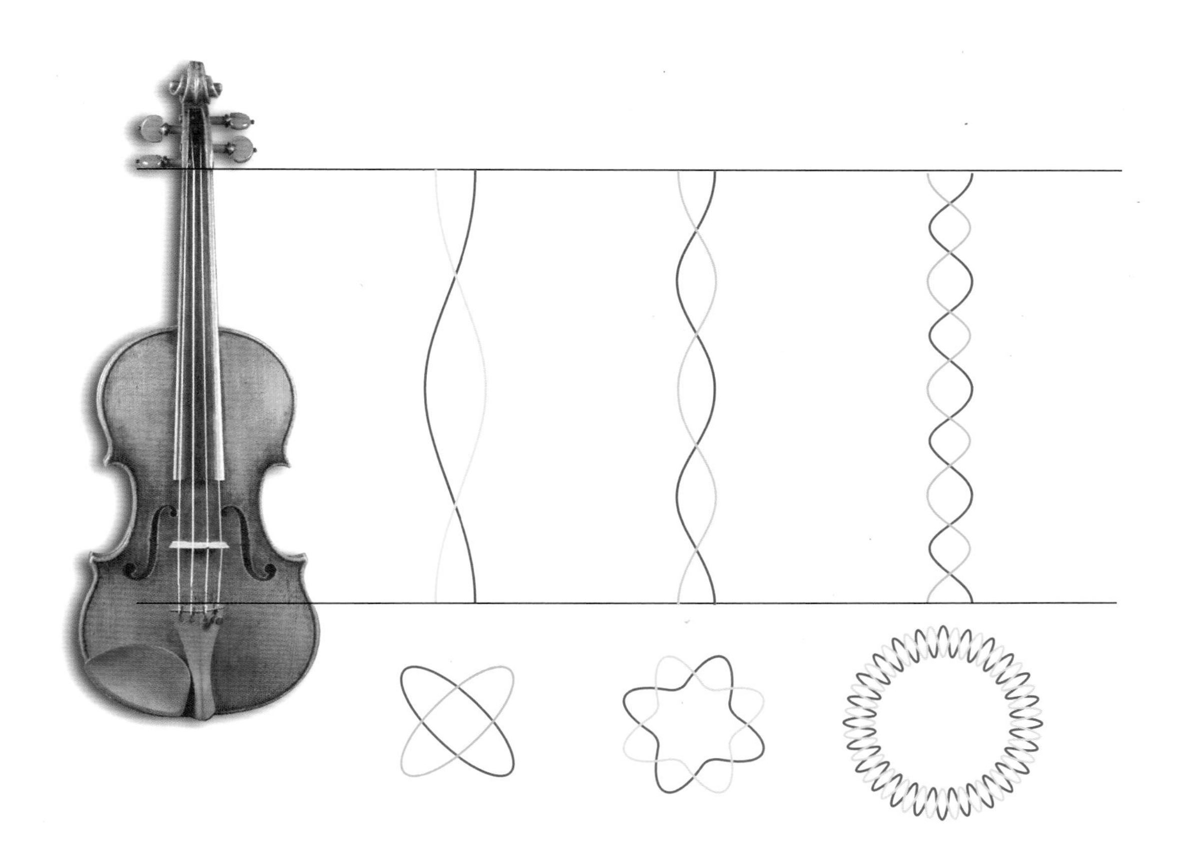

를 가진 입자들을 뜻한다. 만약 초중력이론이 낮은 에너지에서만 작동하는 근사이론에 불과하다면, 우주의 근본이론이라고 주장할 수는 없을 것이다. 오히려 그 밑에 내재하는 이론은 가능한 다섯 가지 초끈이론 중 하나로 가정된다. 그러나 다섯 가지 초끈이론 중에서 어떤 것이 우리 우주를 기술하고 있을까? 그리고 어떻게 끈들이 편평한 배경 시공 속을 움직이는 하나의 시공과 하나의 시간 차원을 가진 표면으로 표상되는 근사를 넘어 끈이론이 정식화될 수 있을까?

1985년 이후의 몇 년 동안, 끈이론이 완전한 상(像)을 주지 않는다는 사실이 점차 분명해졌다. 우선 끈이 1차원 이상으로 확장될 수 있는 폭넓은 종류

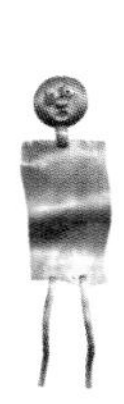

의 물체들 중에서 한 구성원에 불과하다는 사실이 밝혀졌다. 나와 마찬가지로 케임브리지 대학교의 응용수학과 이론물리학과(DAMTP)에 속해 있고 이 주제에 대해서 많은 기초 연구를 해온 폴 타운센드는 그것들에 "p-브레인(p-brane)"이라는 이름을 붙여주었다. p-브레인은 p 방향으로의 길이를 가진다. 따라서 p=1인 브레인은 끈이며, p=2인 브레인은 표면 또는 막(膜)이 된다. 이런 식으로 p의 숫자가 계속 늘어날 수 있다(그림 2.15). p값이 다른 경우보다 굳이 p=1인 끈을 더 선호할 이유는 없는 것 같다. 그 대신 우리는 모든 p-브레인이 평등하게 창조된다는 p-브레인의 민주주의 원리를 채택해야 할 것이다.

모든 p-브레인이 10차원이나 11차원에서 초중력이론 방정식의 해로서 발견될 수 있을 것이다. 10차원이나 11차원은 우리가 경험하는 시공과 비슷하게 들리지 않겠지만, 우리가 경험할 수 있는 4차원을 뺀 나머지 6차원이나 7차원이 워낙 작은 크기로 말려 있기 때문에 우리가 알아차릴 수 없다. 우리는 그 이외의 4차원, 즉 거의 편평한 차원들을 인식할 수 있을 뿐이다.

여기에서 개인적인 이야기로 내가 여분의 차원들을 믿기 싫어했다는 것을 말해두어야 할 것 같다. 그러나 나는 실증주의자이기 때문에 "여분의 차원들이 실제로 존재하는가?"라는 물음은 아무런 의미도 없다. 모든 이들은 이렇게 물을 수 있을 것이다. "여분의 차원들을 가지는 수학적 모형은 우주에 대한 훌륭한 기술을 제공하는가?" 우리는 아직까지 그 설명에 여분의 차원들을 필요로 하는 어떤 관찰도 하지 않았다. 그러나 제네바에 있는 대형 하드론 입자충돌기(Large Hadron Collider)에서는 그것들을 관찰할 수 있는 가능성이 있을지도 모른다. 그러나 나를 포함해서 많은 사람들에게 설득력 있는 설명은 여분의 차원들을 포함하는 모형을 진지하게 받아들여야 하는 이유가 그 모형

(그림 2.15) p-브레인

p-브레인은 p-차원에서 확장된 대상이다. 그 특수한 경우가 P=1인 끈과 p=2인 막이다. 그러나 p의 값이 그보다 높은 10차원이나 11차원의 시공일 수도 있다. p-차원의 일부 또는 전부가 원환(圓環)처럼 말려 있는 경우도 종종 있다.

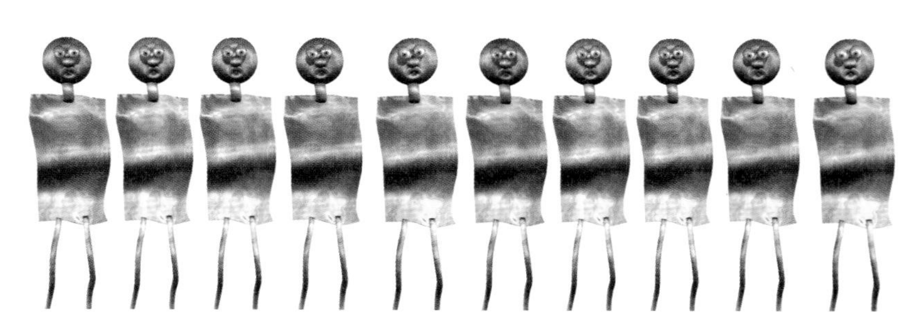

우리는 다음과 같은 사실을 자명한 진리로 받아들인다 : 모든 p-브레인은 평등하게 생성된다.

p-브레인 이론을 세운 폴 타운센드

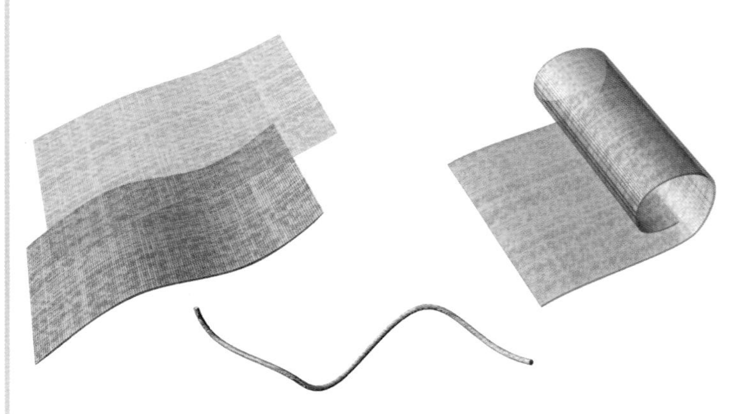

우리 우주의 공간적 구조는 한편으로 확장되었고, 다른 한편으로는 여러 차원들이 말려 있을지도 모른다. 막들은 말려 있을 때 더 잘 보인다.

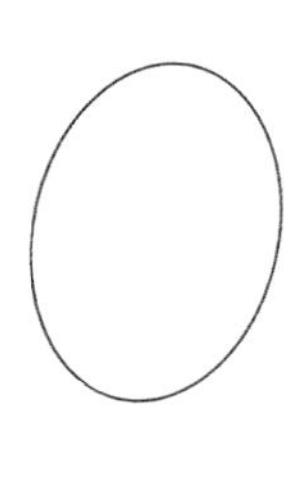

A 1-브레인, 또는 말린 끈

원환 모양으로 말려진 A 2-브레인 판

(그림 2.16) 통일된 틀?

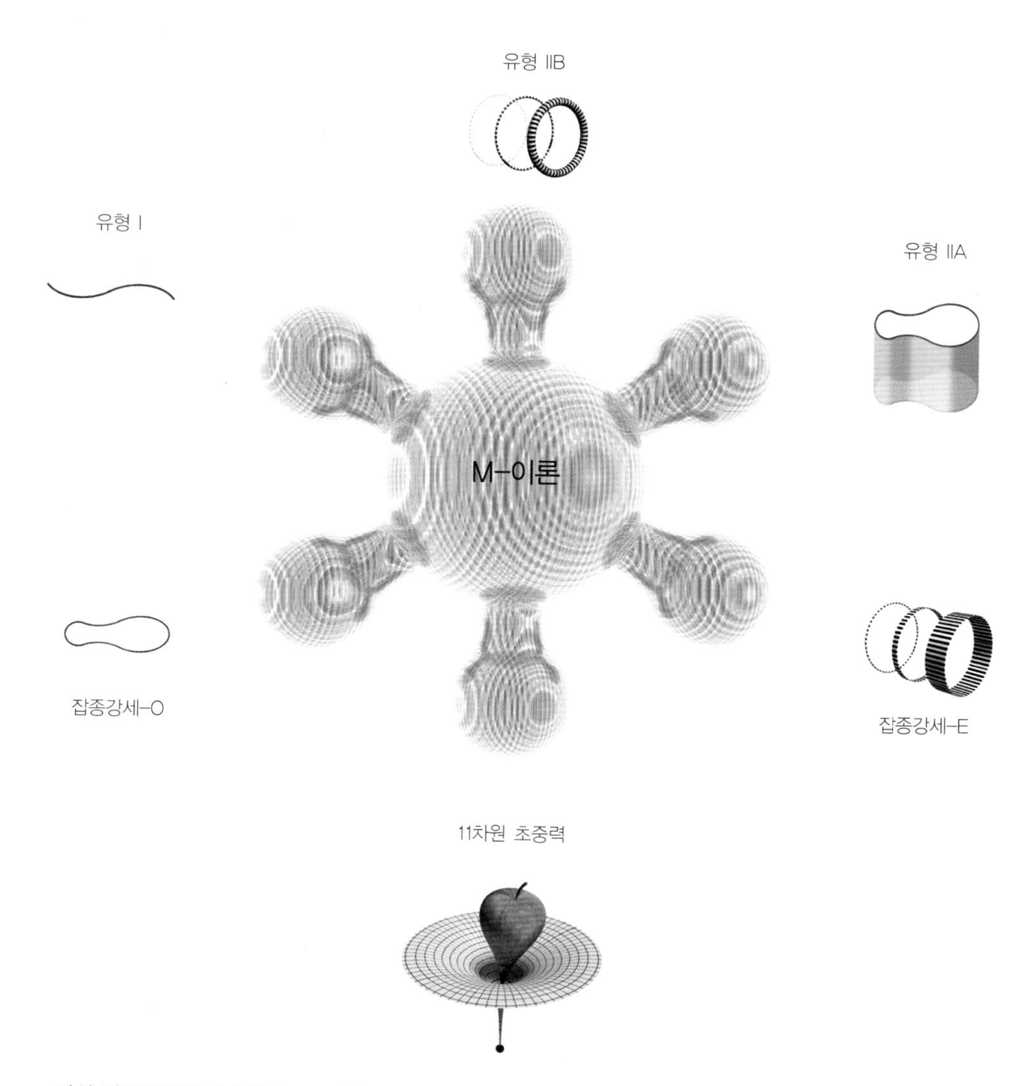

다섯 가지 끈이론과 11차원 초중력을 모두 연결시키는 이중성이라는 관계망이 존재한다. 이 이중성은 서로 다른 끈이론들이 그 밑에 내재하는 동일한 이론, 즉 M-이론의 다른 표현에 불과하다는 것을 뜻한다.

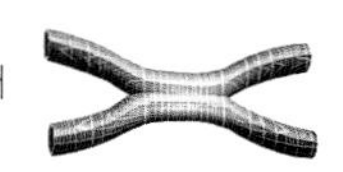

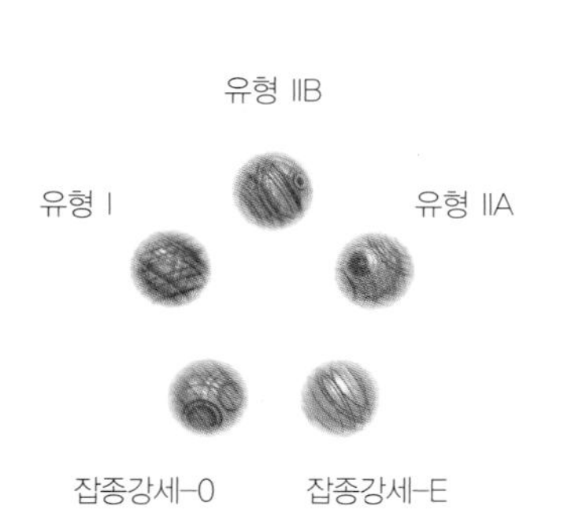

90년대 중반 이전에는 다섯 개의 끈이론이 서로 연결되지 않은 채 독립적으로 존재하는 것처럼 보였다.

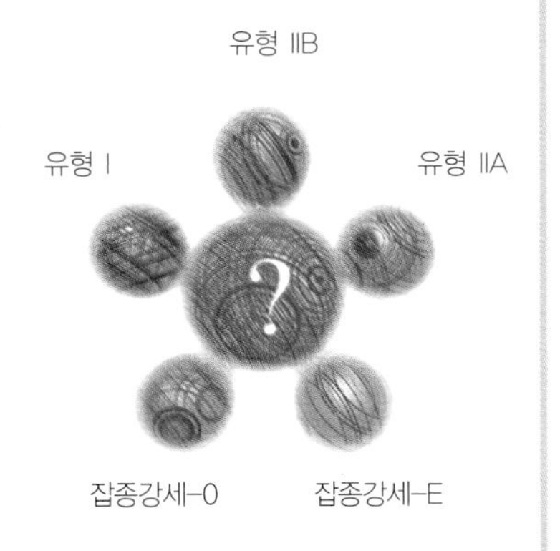

M-이론은 다섯 개의 끈이론을 단일한 이론적 틀 속으로 결합시켰다. 그러나 그 특성 중 상당부분은 아직도 충분히 밝혀지지 않았다.

들 사이에서 이중성(duality)이라고 불리는 예상치 못한 관계들의 망(web)이 존재하기 때문이라는 것이다. 이러한 이중성은 그 모형들 모두가 본질적으로 등가(等價)라는 것을 보여준다. 다시 말해서, 그 모형들은 그 밑에 내재하는 동일한 이론의 서로 다른 측면들에 불과하다는 것이다. 그리고 그 내재하는 이론에는 M-이론(M-theory)이라는 이름이 붙여졌다. 이러한 이중성의 망을 우리가 제대로 길을 잡았다는 뜻으로 받아들이지 않는 것은 신이 다윈에게 생물의 진화에 대해서 잘못된 길로 인도하려고 일부러 암석 속에 화석들을 넣어두었다고 생각하는 것과 마찬가지일 것이다.

이러한 이중성은 다섯 가지의 초끈이론이 모두 동일한 물리학을 기술하고 있으며, 그것들은 물리적으로 초중력과 등가임을 보여준다(그림 2.16). 따라서 초끈이 초중력보다 더 근본적이라고 주장하는 것은 불가능하며, 그 역도 마찬가지이다. 오히려 그것들은 보다 근원적인 동일한 이론의 다른 표현이며, 각각의 이론은 다른 종류의 상황에 대한 계산에 제각기 유용하다. 끈이론은 무한을 포함하지 않기 때문에 몇 개의 고에너지 입자들이 충돌해서 흩어질 때에 일어나는 일을 계산하는 데에 유용하다. 그러나 어떻게 많은 숫자의 입자들의 에너지가 우주를 휘게 하거나, 블랙홀처럼 갇힌 상태를 형성하는지 기술하는 데에는 그다지 능하지 못하다. 이러한 경우에는 초중력이론이 필요하다. 그것은 기본적으로 약간의 부가적인 종류의 물질을 포함하는 휘어진 시공에 대한 아인슈타인의 이론이다. 내가 앞으로 주로 사용하게 될 것이 이 이론이 제공하는 상이다.

양자이론이 시간과 공간을 어떻게 형성하는지 기술하기 위해서는 허시간

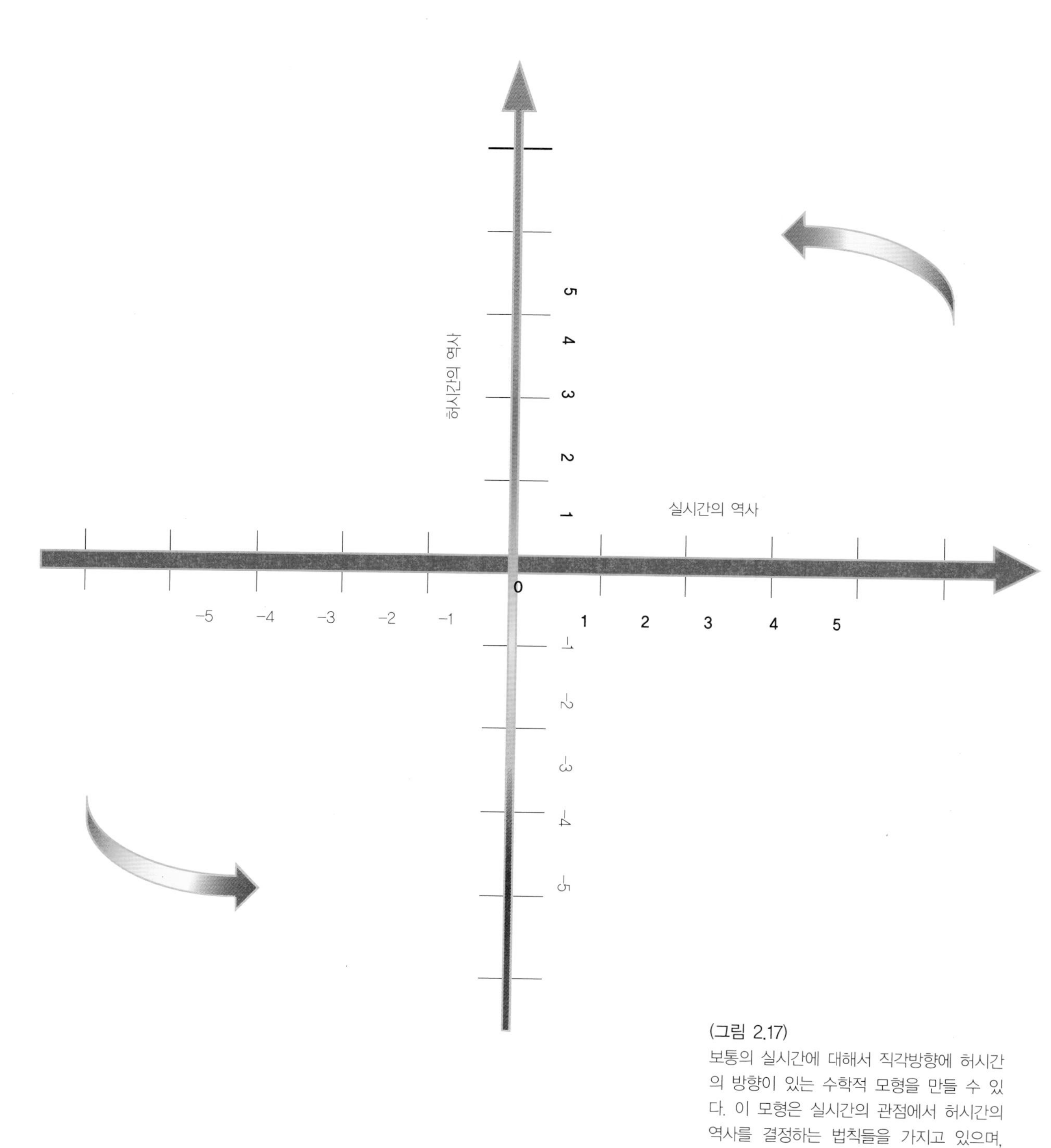

(그림 2.17)
보통의 실시간에 대해서 직각방향에 허시간의 방향이 있는 수학적 모형을 만들 수 있다. 이 모형은 실시간의 관점에서 허시간의 역사를 결정하는 법칙들을 가지고 있으며, 그 역도 성립한다.

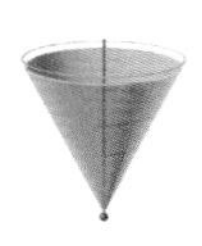

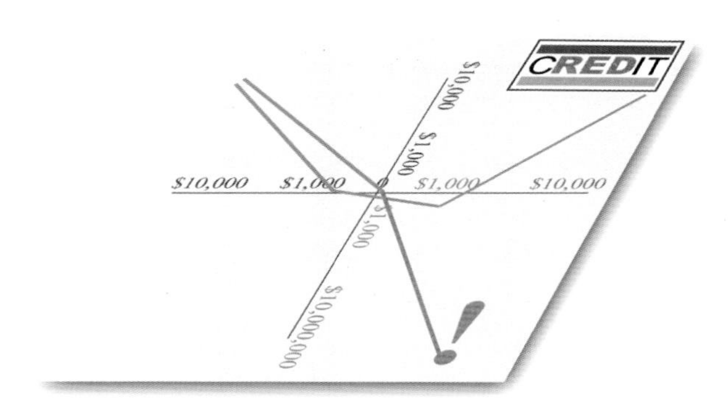

(그림 2.18)
허수는 수학적 구성물이다. 따라서 허수의 신용 카드 계산서는 있을 수 없다.

(虛時間, imaginary time)이라는 개념을 도입할 필요가 있다. 허시간은 SF 소설에나 나옴직한 이야기로 들리지만, 훌륭하게 정의된 수학적 개념이다. 그것은 허수(虛數)라고 불리는 것으로 측정되는 시간이다. 가령 왼쪽에서 오른쪽으로 뻗어가는 일직선상에 1, 2, −3.5와 같은 실수들이 배열되어 있다고 생각해보자. 이때 0은 직선의 한가운데에 위치하고, 양의 실수는 오른쪽에, 음의 실수는 왼쪽에 있다(그림 2.17).

허수는 수직선상의 위치에 상응하는 방식으로 표현될 수도 있다. 여기에서도 0은 한가운데에 위치하고, 양의 허수는 수직선상의 위쪽으로 그리고 음의 허수는 아래쪽 방향으로 구성된다. 따라서 허수는 실수(實數)에 대해서 수직 방향으로 배열된 새로운 종류의 숫자처럼 생각된다. 허수는 수학적 구성물이기 때문에 물리적인 현현(顯現)을 필요로 하지 않는다. 다시 말해서 허수의 오렌지나 허수의 신용 카드 계산서란 존재할 수 없다(그림 2.18).

이렇게 이야기하면 허수가 실세계와는 아무런 연관도 없는 수학적 게임에 불과한 것처럼 생각될 수도 있다. 그러나 실증주의 철학의 관점에 의하면, 어느 쪽이 실재(實在)인지 결정할 수 없다. 우리가 할 수 있는 일은 어떤 수학적 모형이 우리가 그 속에 살고 있는 우주를 기술하는지 발견하는 것이다. 허수를 포함하는 수학적 모형이 우리가 이미 관찰한 효과들뿐만 아니라 우리가 측정할 수는 없었지만, 그밖의 여러 가지 이유로 믿고 있던 효과들까지도 예견한다는 사실이 밝혀졌다. 그렇다면 무엇이 실재이고 무엇이 가상일까? 그러한 구분은 단지 우리들의 마음 속에만 존재하는 것은 아닐까?

아인슈타인의 고전적인(즉 양자적이 아닌) 일반상대성이론은 실시간(real time)을 공간의 3차원에 결합시켜 4차원 시공의 이론을 수립했다. 그러나 실

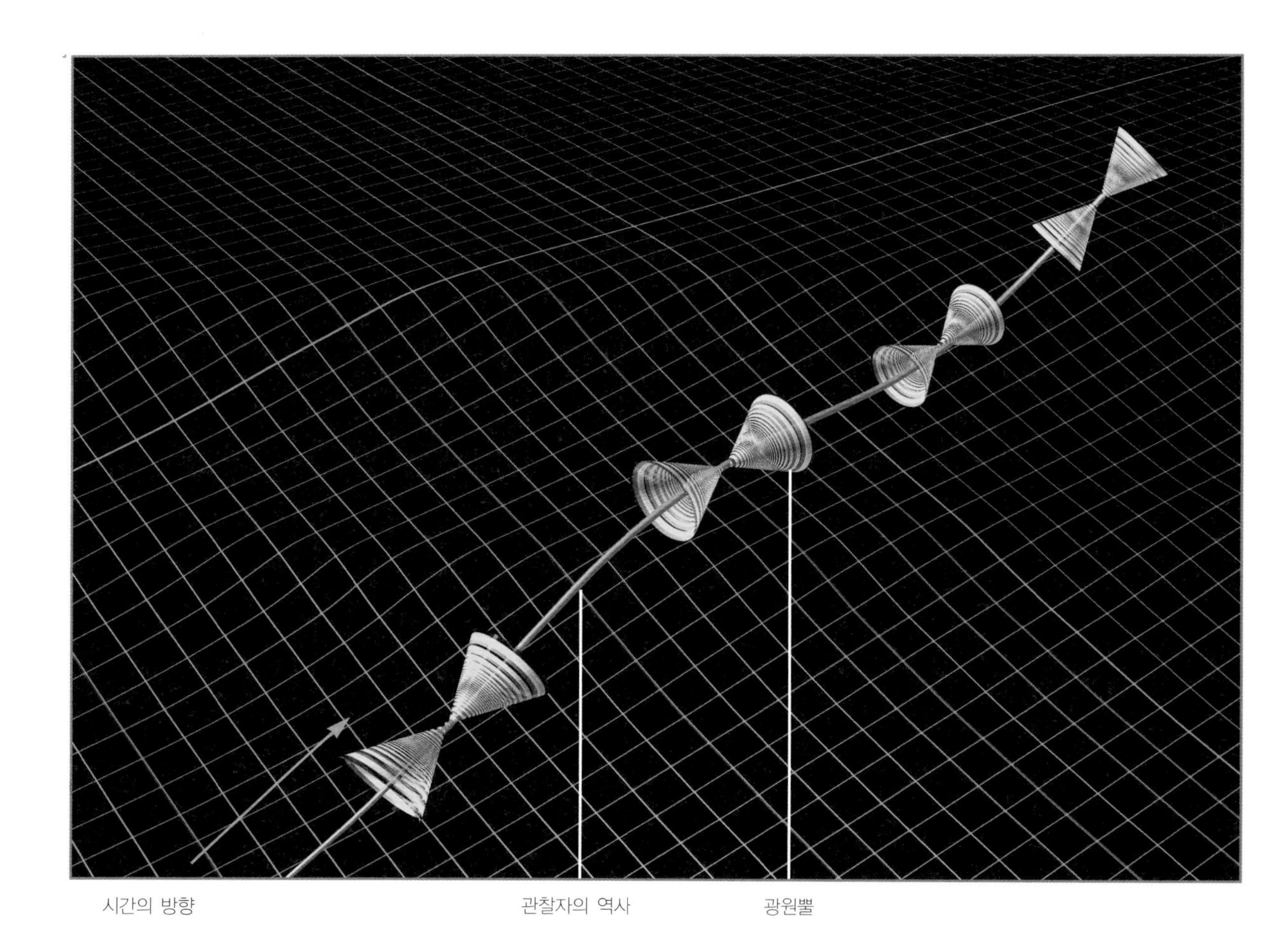

(그림 2.19)
고전적인 상대성이론의 실시간 시공에서 시간은 공간방향과 구분된다. 왜냐하면 시간은 공간방향과는 달리 관찰자의 역사를 따라서만 증가하기 때문이다. 공간방향은 그 역사를 따라서 증가하거나 감소할 수 있다. 반면 양자이론의 허시간 방향은 다른 공간방향과 마찬가지로 증가나 감소가 가능하다.

시간 방향은 세 개의 공간적 방향으로부터 구분된다. 어떤 관찰자의 세계선(worldline) 또는 역사는 항상 실시간 방향으로 증가한다(다시 말해서 항상 과거에서 미래를 향해서 이동한다). 반면 세계선이나 역사는 세 개의 공간방향 모두에서 증가하거나 감소할 수 있다. 즉 공간에서는 방향을 역전할 수 있지만, 시간에서는 그렇게 할 수 없다(그림 2.19).

반면 허시간은 실시간에 대해서 직각방향이기 때문에 네번째 공간방향인 것처럼 움직인다. 따라서 허시간은 보통의 실시간이라는 철로에 비해서 훨씬 풍부한 가능성의 범위를 가진다. 그에 비해서 실시간은 오직 시작과 끝을 가지거나 아니면 원을 그리고 돌 수 있을 뿐이다. 시간이 형태(shape)를 가지는

(그림 2.20) 허시간

구(球)를 이루는 허시간 시공에서 허시간의 방향은 남극에서의 거리로 표현될 수 있다. 북쪽을 향해서 움직이면, 남극에서 일정한 거리로 떨어져 있는 위도의 원들은 허시간에서의 우주 팽창에 따라서 차츰 커진다. 이 우주는 적도에서 최대 크기에 도달했다가 점차 줄어들어서 북극에 이르면 하나의 점이 된다. 이 우주의 크기가 양 극점에서 영(0)이 된다고 하더라도 이 점들은 특이점이 아니다. 그것은 지구의 북극과 남극 표면이 완전히 정상적인 지점인 것과 마찬가지이다. 이것은 허시간에서의 우주의 기원이 시공 속의 정상적인 점일 수 있다는 것을 의미한다.

위도로서의 허시간

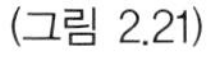

(그림 2.21)

시공 속에서의 허시간 방향은 위도가 아닌 경도에도 해당할 수 있다. 모든 경선들(經線)이 북극과 남극에서 만나기 때문에 시간은 극점에서 정지한다. 허시간의 증가는 시간을 동일한 지점에 남겨놓는다. 그것은 지구의 북극에서 서쪽을 향해서 움직일 때 시간이 변화하지 않는 것과 흡사하다.

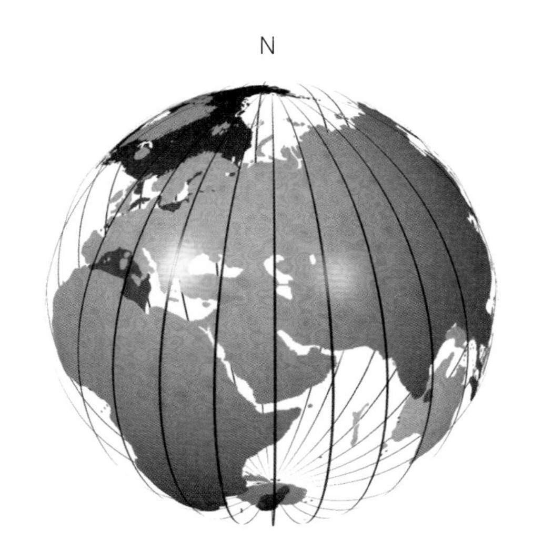

북극과 남극에서 만나는 경도로서의 허시간

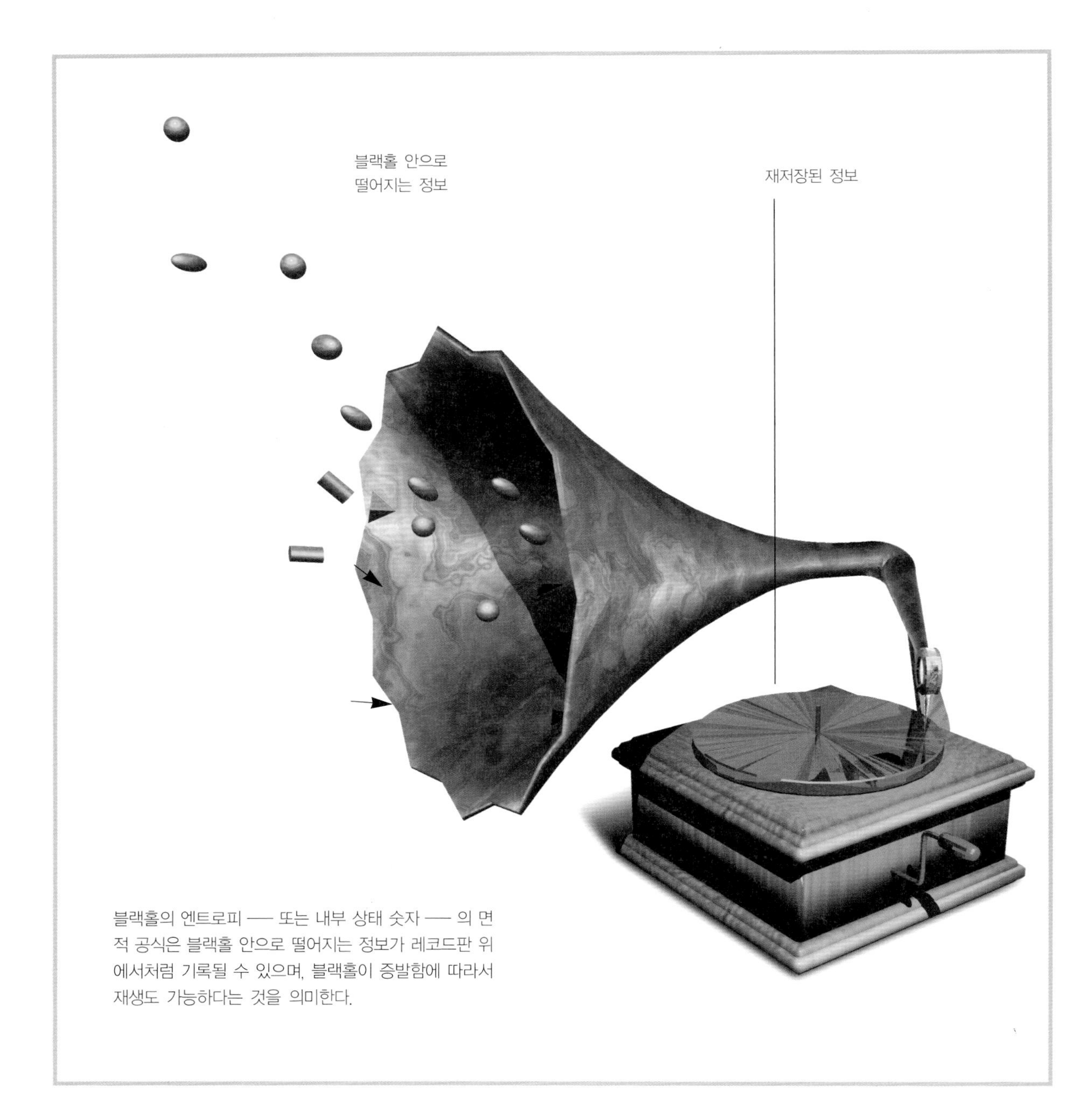

블랙홀의 엔트로피 — 또는 내부 상태 숫자 — 의 면적 공식은 블랙홀 안으로 떨어지는 정보가 레코드판 위에서처럼 기록될 수 있으며, 블랙홀이 증발함에 따라서 재생도 가능하다는 것을 의미한다.

것은 이러한 허수적인 의미에서이다.

이러한 가능성들을 살펴보기 위해서 지구표면처럼 허수로 이루어진 구형의 시공을 상상해보자. 그리고 허시간이 위도(緯度)라고 가정해보자(그림 2.20, 61쪽 참조). 그러면 허시간에서 우주는 남극에서 시작될 것이다. 여기에서 "출발점 이전에 어떤 일이 일어났는가?"라고 묻는 것은 아무런 의미도 없다. 이러한 허시간은 남극보다 더 남쪽에 더 많은 점들이 있다는 식 이상으로 정의되지 않는다. 남극은 지구표면에 대해서 정확히 직각을 이루며, 다른 지점들에서도 같은 법칙이 적용된다. 이것은 허시간에서의 우주의 출발점이 시공에 대해서 직각인 지점일 수 있으며, 동일한 법칙이 나머지 우주들의 출발점에 대해서도 적용 가능하다는 것을 시사한다(우주의 양자적 기원과 진화에 대해서는 다음 장에서 자세히 다룰 것이다).

또다른 가능한 움직임은 지구의 경도에 허시간을 적용해보면 알 수 있다. 모든 경선(經線)은 북극과 남극에서 만난다(그림 2.21, 61쪽 참조). 따라서 허시간 또는 경도의 증가가 시간을 동일한 지점에 남겨둔다는 의미에서 시간은 그곳에서 정지한다. 이것은 일반적인 시간이 블랙홀의 지평선 위에서 정지하는 것처럼 보이는 것과 매우 흡사하다. 우리는 이러한 실시간과 허시간의 정지가(둘 다 정지하거나 둘 다 정지하지 않거나 어느 한쪽이다), 내가 블랙홀에서 발견했듯이, 시공이 온도를 가진다는 의미로 인식할 수 있게 되었다. 블랙홀은 온도를 가질 뿐만 아니라 마치 엔트로피라는 양을 가진 것처럼 거동한다. 엔트로피는 블랙홀이 외부 관찰자에게는 전혀 다르게 보이지 않으면서 가질 수 있는 내적인 상태의 숫자(내부에서 형성될 수 있는 방식)에 대한 측정치이다. 이때 외부 관찰자는 블랙홀의 질량, 회전 그리고 전하만을 측정할 수 있을 뿐이다. 이 블랙홀의 엔트로피는 내가 1974년에 발견한 아주 간단한 공식에 의해서 주어진다. 이것은 양자중력과 열역학 사이에 깊은 연결이 존재한다는 것을 보여준다. 열역학이란 열을 다루는 과학(그중에는 엔트로피에 대한 연구도 포함된다)이다. 또한 이것은 양자중력이론이 홀로그래피(holography : 레이저를 이용한 입체 사진술/옮긴이)라고 불리는 것을 나타낼지도 모른다는 사실을 시사한다(그림 2.22).

시공의 한 영역의 양자상태에 대한 정보는 그 영역의 경계, 즉 2차원보다 작은 영역에 부호화되어 있을지도 모른다. 이것은 홀로그램이 2차원 표면에

$$S = \frac{Akc^3}{4\hbar G}$$

블랙홀의 엔트로피 공식

A	블랙홀의 사건 지평면 면적
$\hbar$	플랑크 상수
k	볼츠만 상수
G	뉴턴의 중력상수
c	빛의 속도
S	엔트로피

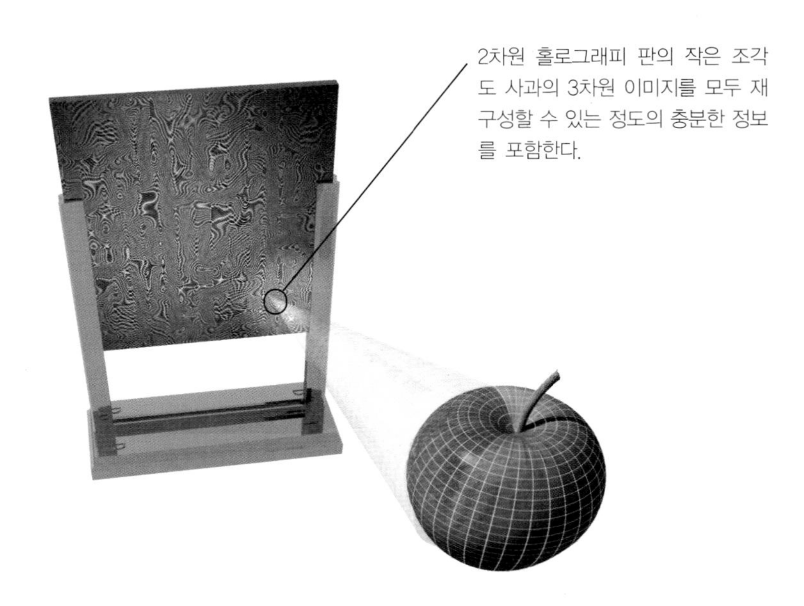
2차원 홀로그래피 판의 작은 조각도 사과의 3차원 이미지를 모두 재구성할 수 있는 정도의 충분한 정보를 포함한다.

홀로그래피 원리

블랙홀을 둘러싼 지평면의 면적은 블랙홀의 엔트로피를 측정한다는 사실을 이해하게 되면서 공간의 모든 닫힌 영역의 최대 엔트로피가 결코 외접 표면의 4분의 1 이상을 넘을 수 없다는 이론이 제기되었다. 엔트로피는 어떤 계에 포함된 총 정보에 대한 측정에 불과하기 때문에, 이 사실은 3차원 세계 속에서 일어나는 모든 현상과 연관된 정보가 마치 홀로그래피 이미지처럼 그 2차원 경계에 저장될 수 있음을 뜻한다. 어떤 의미에서 세계는 2차원인지도 모른다.

3차원 영상을 전달하는 방식과 흡사하다. 양자중력이론이 홀로그램 원리를 통합시킨다면, 우리가 블랙홀의 안쪽에 존재하는 것들을 추적할 수 있음을 의미할 수도 있다. 블랙홀에서 나오는 복사를 예견할 수 있으려면, 이러한 작업이 필수적이다. 우리가 그것을 예견할 수 없다면, 우리는 우리가 생각하는 것처럼 충분하게 미래를 예견할 수 없을 것이다. 이 문제는 제4장에서 논의된다. 홀로그래피에 대해서는 제7장에서 다루어진다. 어쩌면 우리는 3-브레인, 즉 나머지 차원들이 아주 작게 말려 있는 5차원 영역의 경계인 4차원(공간의 3차원과 시간의 1차원) 표면 위에서 살고 있는지도 모른다. 그리고 브레인 위의 세계 상태는 5차원 영역에서 일어나는 일들을 기록하는 것인지도 모른다.

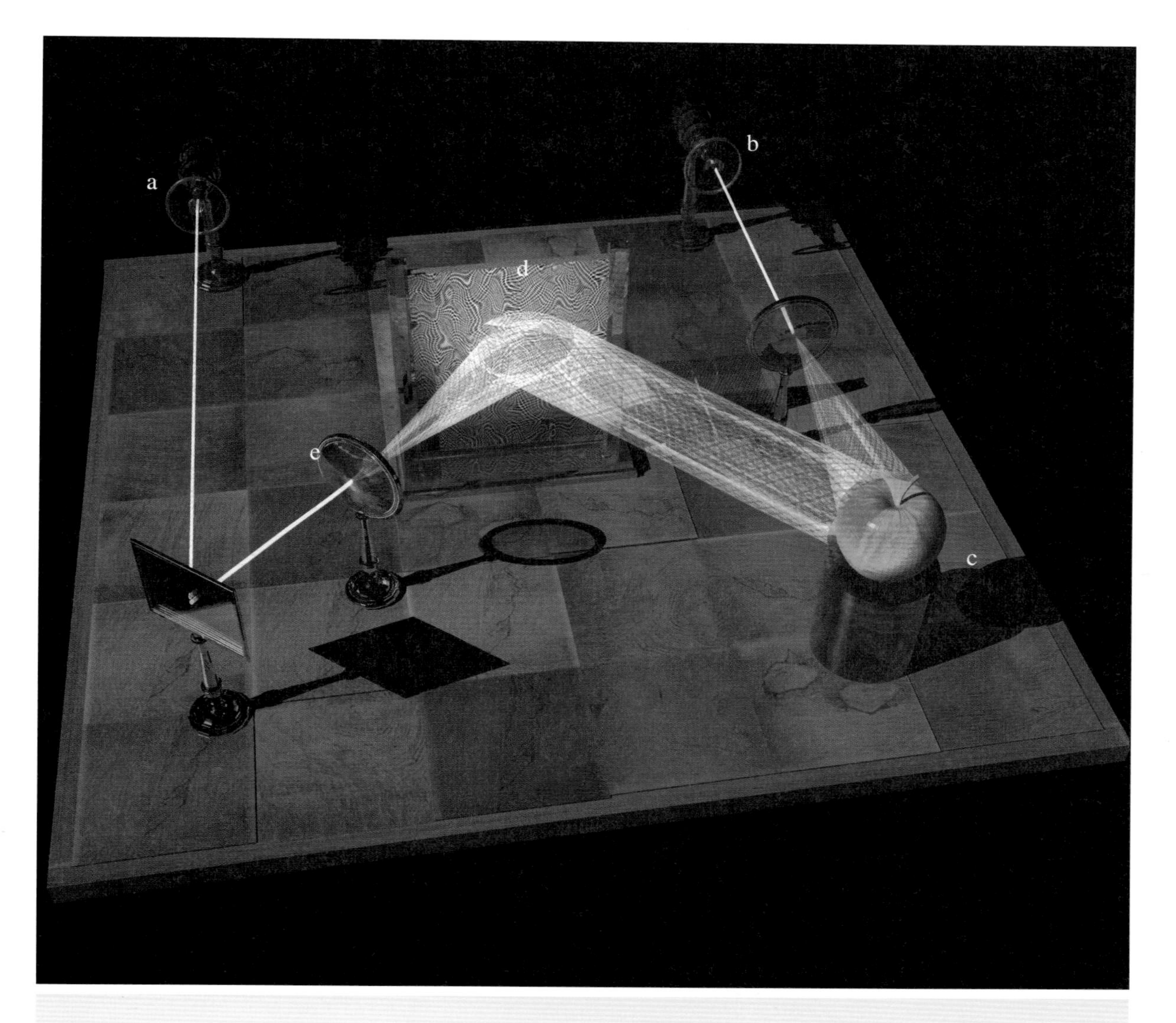

(그림 2.22)
홀로그래피는 본질적으로 파동 패턴의 간섭으로 나타나는 현상이다. 하나의 레이저에서 나온 빛이 **(a)**와 **(b)**라는 두 개의 빔으로 갈라질 때 홀로그램이 생성된다. **(b)**는 물체 **(c)**에 반사해서 감광판 **(d)**에 투사된다. 나머지 **(a)**는 렌즈 **(e)**를 통과해서 **(b)**의 반사된 빛과 충돌하면서 감광판 위에 간섭 패턴을 만들어낸다.
현상판을 통해서 레이저를 비추면 원래 물체의 완전한 3차원 영상이 나타난다. 관찰자는 이 홀로그래피 영상을 움직이면서 일반 사진에서 볼 수 없는 숨겨진 면을 모두 볼 수 있다.
왼쪽에 있는 판의 2차원 면은 일반 사진과 달리 표면의 작은 부분에도 전체 영상을 재구성하는 데에 필요한 모든 정보가 들어 있다는 주목할 만한 특성을 가진다.

제3장

호두껍질 속의 우주

우주는 여러 개의 역사를 가진다. 그리고 각각의
역사는 작은 호두에 의해서 결정된다.

나는 호두껍질 속에 갇혀
자신을 무한 공간의 제왕으로 생각할 수도 있다.
악몽만 꾸지 않는다면…

—— 셰익스피어 「햄릿」 제2막 제2장

햄릿은 우리 인간들이 물리적으로 매우 제한되어 있지만, 우리의 마음은 우주 전체를 마음대로 탐험할 수 있을 만큼 자유로워서 "스타트렉"도 감히 상상하지 못한 곳에까지 —— 악몽만이 허용하는 —— 다다를 수 있다고 생각했는지 모른다.

우주는 정말 무한한가, 아니면 아주 클 뿐인가? 우주는 영원한가, 아니면 단지 오랫동안 지속되었을 뿐인가? 우리의 유한한 마음이 어떻게 무한한 우주를 이해할 수 있는가? 우리가 그런 시도를 한다는 것조차도 우리의 가정에 불과하지 않은가? 우리도 제우스에게서 불을 훔쳐 인간들이 이용하게 한 만용의 대가로 바위에 묶여 독수리에게 영원히 간을 쪼아먹히는 형벌을 받은 신화 속의 프로메테우스와 같은 운명에 처할 위험이 있지 않은가?

이러한 신중한 이야기들에도 불구하고, 나는 우리가 우주를 이해할 수 있으며 그런 시도를 해야 한다고 믿는다. 우리는 이미, 특히 지난 수년 동안, 우주에 대한 이해에서 괄목할 만한 진전을 이루었다. 물론 아직 우리는 우주의 완벽한 상을 가지고 있지 않다. 그러나 그 상을 얻기까지의 도정이 그리 많이 남지는 않은 것 같다.

공간에 대해서 가장 확실한 것은 공간이 끝없이 계속된다는 점이다. 이 사실은 깊은 우주를 탐사할 수 있는 허블 우주망원경과 같은 현대적인 관측장비에 의해서 확인된다. 우리가 보는 것은 갖가지 형태와 크기의 수십억의 수십억 개에 달하는 은하들이다(70쪽 참조, 그림 3.1). 은하는 이루 헤아릴 수

위 : 프로메테우스. 기원전 6세기 에트루리아 화병에 그려진 그림.

왼쪽 : 우주왕복선을 발사해서 렌즈와 반사경을 수리하고 있는 허블 우주망원경. 아래쪽으로 오스트레일리아가 보인다.

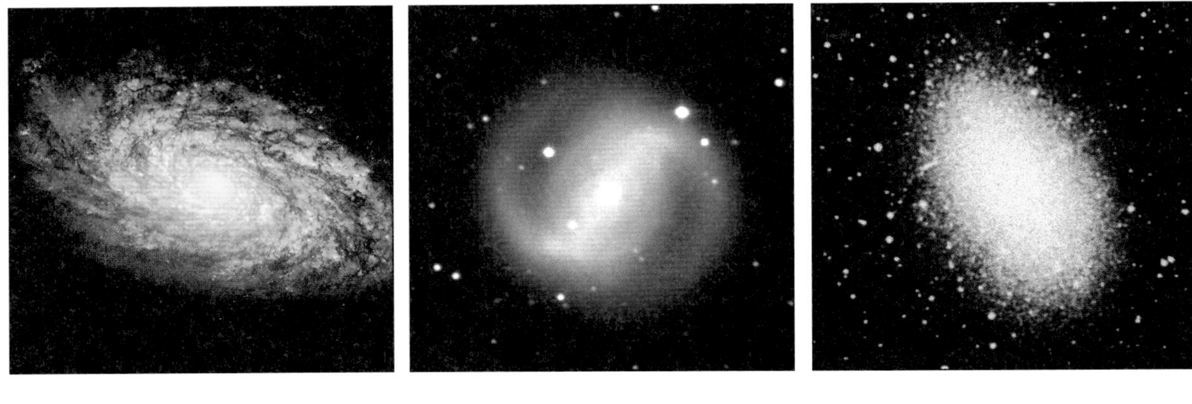

나선은하 NGC 4414　　나선은하 NGC 4314　　타원형 은하 NGC 147

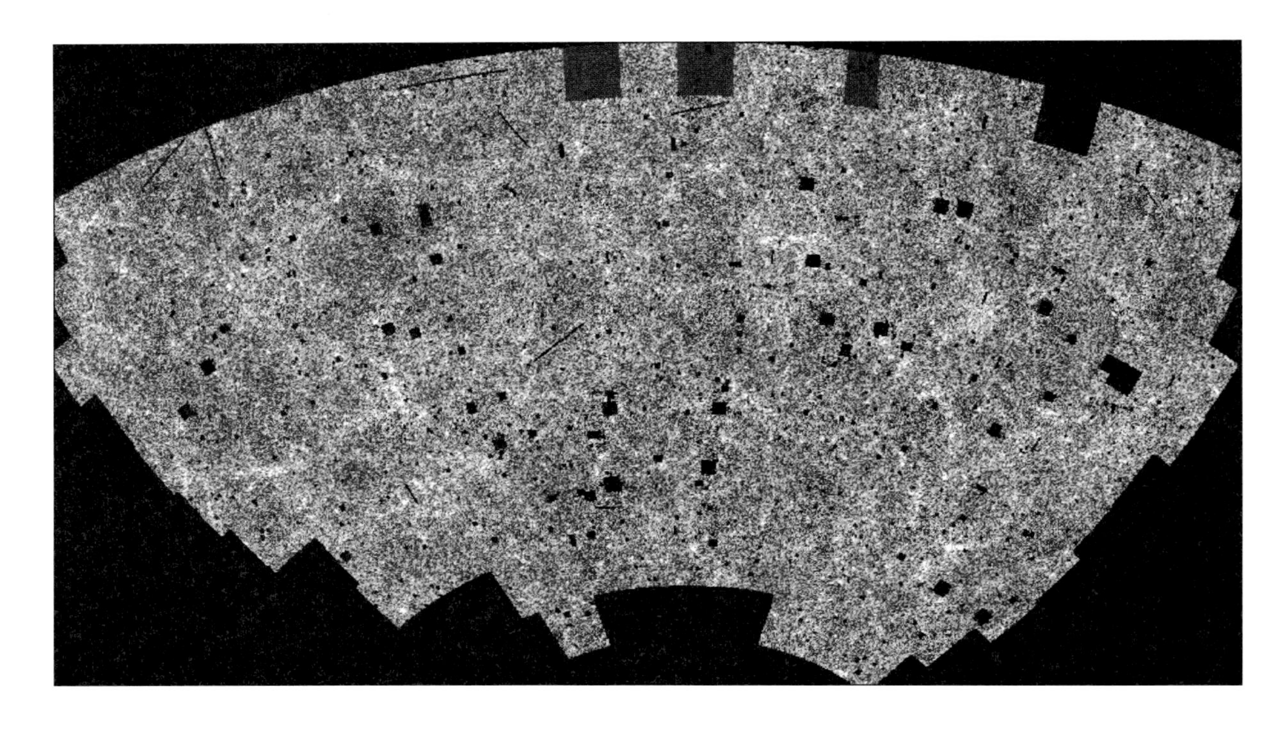

(그림 3.1) 우리는 깊은 우주에서 수십억의 수십억 개의 은하를 발견하게 된다. 은하는 그 형태와 크기가 다양하다. 은하는 타원형이거나 우리 은하계처럼 나선형이다.

(그림 3.2)
우리의 행성 지구 **(E)**는 은하계의 바깥쪽 영역에 위치한 태양 주위를 공전한다. 나선팔의 성간 먼지가 은하면 속에 들어 있는 우리의 시야를 가로막지만, 다른 은하면은 선명하게 볼 수 있다.

없는 수십억 개의 항성들로 이루어져 있고, 그 항성들은 대부분 주위를 도는 행성들을 거느리고 있다. 우리는 나선형 은하인 은하계의 바깥쪽 팔에 위치한 태양 주위를 도는 한 행성에 살고 있다. 나선팔에 있는 성간(星間) 먼지들이 은하면 속에서 우주를 바라보는 우리의 시야를 가리지만, 우리는 은하면의 옆쪽으로 원뿔의 모든 방향에서 분명한 시야를 확보하고 있기 때문에 멀리 떨어진 은하들의 위치를 플롯할 수 있다(그림 3.2). 우리는 은하들이 공간에 걸쳐 대략적으로 균일하게 배치되어 있으며, 약간의 국부적인 집중과 공동(空洞)이 포함되어 있다는 사실을 발견했다. 아주 멀리 떨어진 곳에서는 은하들의 밀도가 떨어지는 것처럼 보이지만, 그 이유는 거리가 너무 멀어서 은하들을 찾아낼 수 없기 때문으로 생각된다. 우리가 이야기할 수 있는 한, 우주는 공간상으로 영원히 펼쳐져 있다(72쪽 참조, 그림 3.3).

우주가 공간상의 모든 지점에서 동일한 것처럼 보이지만, 시간의 측면에서는 분명한 변화를 나타낸다. 이 사실은 20세기 초에 와서야 밝혀졌다. 그때까지 많은 사람들은 우주가 시간에 대해서 본질적으로 일정하다고 생각했다. 우

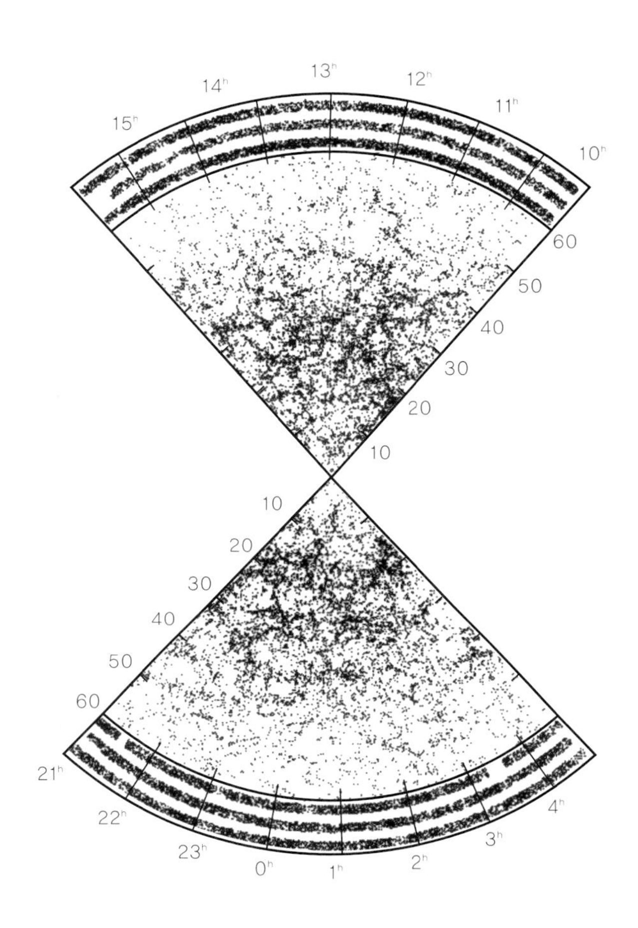

(그림 3.3)
국부적인 집중이 이루어진 일부 영역을 제외하면, 은하들은 우주공간에 거의 균일하게 분포되어 있다.

주는 무한한 시간 동안 존재해왔다고 생각할 수도 있지만, 그러한 가정은 우리를 터무니없는 결론으로 이끄는 것 같다. 만약 항성들이 무한한 시간 동안 빛과 열을 발생시켜왔다면, 우주는 그 항성들과 같은 온도로 가열되었을 것이다. 그리고 밤이 되어도 하늘 전체가 태양처럼 밝게 빛날 것이다. 우리의 시야가 닿는 모든 지점들은 항성이나 또는 항성들과 같은 온도가 될 때까지 가열된 성운에 도달하게 될 테니까 말이다(그림 3.4).

지금까지 우리가 해온 관찰, 즉 밤하늘이 검다는 관찰은 매우 중요하다. 그것은 우주가 지금 우리가 보고 있는 상태로 영원히 존재할 수 없었다는 것을 함축한다. 다시 말해서 과거에 어떤 일이 일어나서 항성들이 한정된 시간 동

안만 빛을 내게 만들었을 것이다. 그 말은 멀리 떨어진 항성에서 나오는 빛이 우리에게 도달할 만한 시간이 없었음을 뜻한다. 이것이 밤하늘이 모든 방향에서 밝게 빛나지 않는 이유를 설명해줄 것이다.

(그림 3.4)
우주가 정지해 있고 모든 방향으로 무한하다면, 우리의 시선은 모두 항성에 닿게 될 것이다. 따라서 밤하늘은 태양처럼 밝게 빛날 것이다.

만약 항성들이 그곳에 영원히 존재해왔다면, 왜 그 항성들은 수십억 년 전에 갑자기 빛을 내기 시작했는가? 항성들에게 빛을 내라는 지시를 내린 시계는 무엇인가? 이미 우리가 살펴보았듯이, 이 물음은 우주가 영원히 존재해왔다고 믿은 임마누엘 칸트와 같은 철학자들을 혼란시켰다. 그러나 대부분의 사람들에게 이러한 문제들은 우주가 불과 수천 년 전에 지금과 거의 비슷한 모습으로 창조되었다는 생각과 모순되지 않았다.

도플러 효과

우리는 도플러 효과라고 불리는 속도와 파장 사이의 관계를 일상적으로 경험한다.
머리 위를 날아가는 비행기 소리를 듣는다고 가정하자. 비행기가 접근하면 엔진 소리의 음고(音高)가 점차 높아진다. 그러나 비행기가 지나가면 음고가 낮아진다.
음고가 높아지는 것은 음파의 파장(파동의 마루와 다음 마루 사이의 거리)이 짧아지고 진동수(초당 파동의 숫자)가 증가하는 것에 해당한다.
이런 현상이 일어나는 이유는 비행기가 여러분에게 점차 가까이 접근하면서 비행기가 다음 파동을 방출할 때의 거리가 줄어들고, 파동의 마루와 마루 사이의 거리가 짧아지기 때문이다.
마찬가지로 비행기가 멀어지면 파장이 늘어나고 여러분이 듣는 소리의 음고가 낮아진다.

그러나 1920년대에 베스토 슬리퍼와 에드윈 허블의 관찰에 의해서 이러한 개념과 일치되지 않는 사실들이 나타나기 시작했다. 1923년에 허블은 성운(星雲)이라고 불리는 희미하게 빛나는 수많은 얼룩들이 실제로는 다른 은하, 즉 아주 멀리 떨어져 있지만 우리의 태양과 같은 수많은 항성들의 집합체라는 사실을 발견했다. 그 은하들이 그처럼 작고 희미하게 보이는 까닭은 너무 멀리 떨어져 있어서 거기에서 나오는 빛이 우리에게 도달하려면 수백만, 또는 수십억 년이나 걸리기 때문이다. 이것은 우주가 불과 수천 년에 탄생한 것이 아니라는 사실을 암시했다.

그러나 허블이 발견한 두번째 사실은 훨씬 더 중요한 것이었다. 천문학자들은 다른 은하에서 나오는 빛을 분석함으로써 그 은하가 우리로부터 멀어지는지, 아니면 우리에게 접근하는지 측정할 수 있었다(그림 3.5). 놀랍게도 그들은 거의 모든 은하들이 우리에게서 멀어지고 있다는 사실을 발견했다. 게

(그림 3.5)
도플러 효과는 빛의 파동에도 적용된다. 어떤 은하가 지구에 대해서 일정한 거리를 유지한다면, 스펙트럼 선은 정상적 또는 표준적인 위치로 보일 것이다. 그러나 은하가 우리로부터 멀어지면, 파동이 늘어나고 스펙트럼 선은 적색쪽을 향해서 이동하는 것처럼 보일 것이다(오른쪽). 반면 은하가 우리를 향해서 접근하면 파동이 압축되고 스펙트럼 선은 청색편이될 것이다(왼쪽).

우리의 이웃 은하, 안드로메다. 허블과 슬리퍼의 측정

1910년에서 1930년까지 슬리퍼와 허블에 의해 이루어진 발견의 연대기

1912 — 슬리퍼는 네 개의 성운에서 나오는 빛을 측정한 결과, 세 개의 성운에서 방출된 빛이 적색편이했지만 안드로메다에서 온 빛은 청색편이한다는 사실을 발견했다. 그의 해석은 안드로메다가 우리를 향해서 다가오고 있고, 나머지 성운들은 우리로부터 멀어지고 있다는 것이었다.

1912-1914 — 슬리퍼는 그외에 열두 개의 성운을 더 측정했다. 하나를 제외한 나머지 성운들은 모두 적색편이했다.

1914 — 슬리퍼가 그의 발견을 미국 천문학회에서 발표했다. 허블이 이 발표를 들었다.

1918 — 허블이 성운에 대한 연구를 시작했다.

1923 — 허블은 나선형 성운(안드로메다를 포함해서)이 다른 은하라고 결론지었다.

1914-1925 — 슬리퍼와 그밖의 연구자들이 도플러 편이에 대한 측정을 계속했다. 1925년까지 43개의 적색편이와 2개의 청색편이를 발견했다.

1929 — 허블과 밀턴 휴메이슨은 — 도플러 편이를 계속 측정한 결과 큰 척도에서 모든 은하가 서로에 대해서 후퇴하고 있다는 사실을 발견한 후 — 우주가 팽창하고 있다는 그들의 발견을 발표했다.

다가 그 은하들이 우리로부터 멀어질수록 후퇴하는 속도가 빨라졌다. 이 발견이 내포하는 극적인 함축을 알아차린 사람은 바로 허블이었다. 그것은 큰 척도에서 모든 은하는 다른 모든 은하에 대해서 멀어지고 있다는 사실이다. 우주는 팽창하고 있는 것이다(그림 3.6).

팽창하는 우주의 발견은 20세기에 이루어진 위대한 지적 혁명 중의 하나였다. 그 발견은 엄청난 놀라움을 야기했고, 우주의 기원에 대한 논의를 완전히 뒤바꾸어놓았다. 만약 은하들이 서로 멀어지고 있다면, 과거에는 분명 가깝게 밀집해 있었을 것이다. 현재의 팽창속도를 기초로 우리는 은하들이 약 100억 년이나 150억 년 전에는 아주 가깝게 뭉쳐 있었을 것이라고 추측할 수 있다. 앞 장에서 설명했듯이 로저 펜로즈와 나는 아인슈타인의 일반상대성이론이 우주와 시간 자체가 엄청난 폭발을 일으키면서 시작되었을 것이라는 점을

1930년에 100인치 윌슨 산 망원경으로 관측하고 있는 에드윈 허블

(그림 3.6) 허블의 법칙

에드윈 허블은 1920년대에 다른 은하에서 오는 빛을 분석해서 거의 모든 은하들이 우리에게서 멀어지고 있다는 사실을 발견했다. 이때 후퇴 속도 V는 지구에서의 거리 R에 비례하기 때문에 V=H×R로 나타낼 수 있다. 허블의 법칙으로 알려진 이 중요한 관찰은 우주가 허블 상수 H의 팽창률로 팽창하고 있다는 사실을 수립했다.
아래의 그래프는 은하의 적색편이에 대한 최근의 관찰결과를 나타낸 것이다. 이 그래프는 우리로부터 멀리 떨어진 거리에서도 허블 법칙이 성립한다는 것을 확인해준다.
그래프가 멀리 떨어진 거리에서 약간 위쪽으로 휘어지는 것은 팽창이 가속되고 있음을 뜻한다. 이러한 현상이 나타나는 이유는 진공 에너지 때문일 것이다.

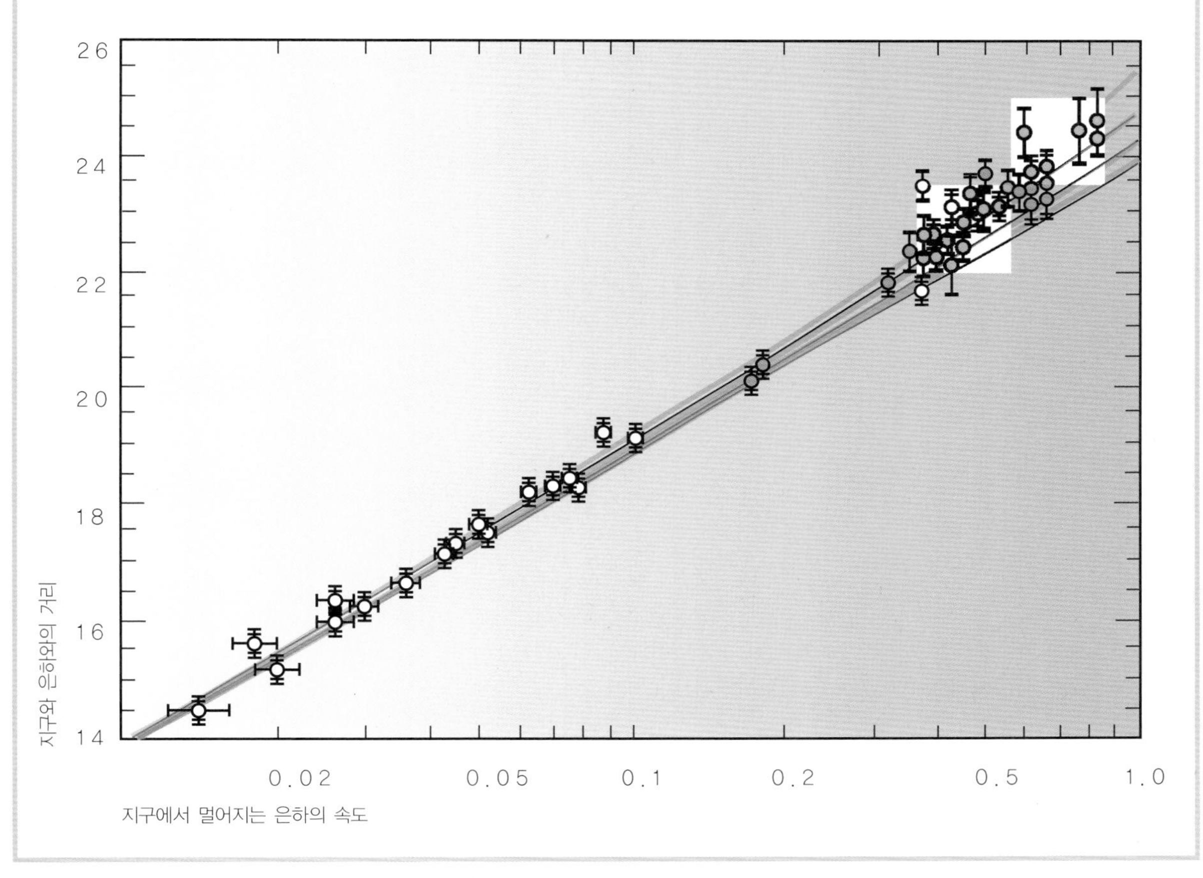

빅뱅 특이점

플랑크 시기. 아직 알려지지 않은 물리법칙

10^{-43}초 — 대통일이론(grand-unification theory, GUT) 시기, 물질/반물질의 균형이 물질쪽으로 기울어진다.

10^{-35}초 — 전약(electro-weak) 시기, 쿼크와 반쿼크가 지배한 시기.

10^{-10}초 — 하드론과 렙톤 시기, 쿼크가 결합해서 양성자, 중성자, 중간자, 중입자(바리온) 등을 형성한다.

1초 — 양성자와 중성자가 결합해서 수소, 헬륨, 리튬, 중수소의 원자핵을 형성한다.

3분 — 물질과 복사가 결합하면서 최초의 안정적인 원자가 생성된다.

30만 년 — 물질과 에너지가 분리된다. 불투명하던 우주가 투명해지면서 우주배경복사가 방출된다.

10억 년 — 물질의 덩어리가 퀘이사, 항성, 원시은하를 형성한다. 항성들이 무거운 원자핵을 합성하기 시작한다.

150억 년 — 새로운 은하들이 항성 주위로 밀집한 태양계들과 함께 생성된다. 원자들이 연결되어 생명형태의 복잡한 분자들을 형성한다.

뜨거운 빅뱅

일반상대성이론이 옳다면, 우주는 온도와 밀도가 무한대인 빅뱅 특이점에서 시작되었다. 우주가 팽창하면서 복사의 온도가 내려갔다. 빅뱅 이후 약 100분의 1초가 지난 후의 온도는 1천억 도였으며, 우주는 대부분 광자, 전자, 중성미자(극도로 가벼운 입자), 그리고 그 입자들의 반입자로 가득 차 있었으며 약간의 중성자와 양성자도 포함되어 있었다. 다음 3분 동안 우주의 온도가 약 10억 도로 낮아지면서 양성자와 중성자가 결합해서 헬륨, 수소 그리고 그밖의 가벼운 원소들의 원자핵을 형성했다.
수십만 년 후, 우주의 온도가 수천 도로 낮아지자 전자의 에너지가 낮아져서 가벼운 원자핵이 전자를 붙잡아 원자를 형성할 수 있게 되었다. 그러나 우리 몸을 이루고 있는 탄소나 산소와 같은 무거운 원소들은 수십억 년 후 항성의 중심에서 헬륨이 연소된 이후에야 발생했다.
밀도가 높고 뜨거운 초기우주의 상은 1948년에 조지 가모브가 랄프 알퍼와 함께 쓴 논문에서 처음 제기되었다. 이 논문에서 두 사람은 극도로 온도가 높은 초기단계에서 나온 복사가 지금도 퍼져 있을 것이라는 괄목할 만한 예견을 했다. 그들의 예견은 1965년에 물리학자 아르노 펜지아스와 로버트 윌슨이 극초단파 우주배경복사를 관측하면서 확인되었다.

함축하고 있다는 것을 입증할 수 있었다. 밤하늘이 검은 이유는 이렇게 설명될 수 있다. 그것은 어떤 항성도 빅뱅 이후 100억 년이나 150억 년 이상 빛을 낼 수 없기 때문이다.

우리는 어떤 사건들의 원인이 그보다 앞서 일어난 사건들이고, 다시 그 사건들의 원인은 그보다 더 앞선 사건들이라는 식의 생각에 익숙하다. 따라서 과거를 향해서 인과성의 사슬(chain of causality)이 기다랗게 뻗어 있는 셈이다. 그러나 그 사슬이 출발점을 가진다고 가정해보자. 최초의 사건이 존재한다고 가정하자. 그렇다면 그 최초의 사건을 일으킨 것은 무엇인가? 많은 과학자들은 이 문제를 다루고 싶어하지 않았다. 그들은 러시아인들처럼 우주에 시초가 존재하지 않는다고 주장하거나 우주의 기원에 대한 논의가 과학의 영역을 넘어서서 형이상학이나 종교의 문제라고 주장하는 식으로 그 문제를 회피했다. 그러나, 내 견해로는, 이것은 진정한 과학자가 취할 입장은 아닌 것 같다. 과학법칙이 우주의 시초에서 통용되지 않는다면, 다른 시기에서도 마찬가지 실패에 직면하지 않겠는가? 때로는 작동하지 않는다면 그 법칙은 법칙이 아니다. 우리는 과학을 기초로 우주의 시초를 이해하려고 시도하지 않으면 안 된다. 그것은 우리의 능력을 벗어나는 과제일 수도 있다. 그러나 최소한 그러한 시도를 해야만 한다.

펜로즈와 내가 증명했던 정리는 우주가 출발점을 가져야 한다는 것을 보여주었지만, 그 출발점의 본질에 대해서 많은 정보를 주지는 않았다. 그 정리들은 우주가 빅뱅, 즉 우주 전체와 그 속에 들어 있는 삼라만상이 밀도 무한대의 단일점 속에 압축되어 있던 하나의 점에서 시작되었다는 것을 시사한다. 이 점에서 아인슈타인의 일반상대성이론은 붕괴한다. 따라서 일반상대성이론은 우주가 어떤 방식으로 출발했는지 예상하는 데에 사용될 수 없다. 그러므로 우리는 과학의 설명력이 미치지 않는 곳에 있는 것처럼 보이는 우주의 기원 문제에 맞닥뜨리게 된다.

이렇게 결론을 내린다면 과학자들로서는 무척 불만스러울 것이다. 제1장과 제2장에서 설명했듯이 일반상대성이론이 빅뱅 근처에서 붕괴하는 까닭은 그것이 고전 이론이라고 불리는 것이기 때문이다. 일반상대성이론은 불확정성 원리를 포괄하지 않으며, 아인슈타인이 신은 주사위 놀이를 하지 않는다는 가정을 기초로 반대했던 양자이론의 우연성이라는 요소도 포함하지 않는다. 그러나 모든 증거는 신이 도박꾼이라는 것을 보여준다. 우리는 우주를 거대한 카지노와 같은 곳으로 생각할 수 있다. 그 위에서 벌어지는 모든 사건에 대해서 주사위가 굴려지거나 룰렛 바퀴가 돌아가는 셈이다(그림 3.7). 여러분은 카지노 운영이 무척 불확실한 사업이라고 생각할지도 모른다. 주사위가 구르거나 룰렛 바퀴가 돌아갈 때마다 여러분은 돈을 잃을 위험을 감수해야 하기 때문이다. 그러나 아주 많은 횟수의 도박이 계속된다면 평균적인 이득과 손실은 예측 가능한 결과로 귀결된다. 물론 특정한 1회의 내기 결과는 예측이 불가능하지만 말이다. 카지노 운영자는 평균 확률이 자신에게 유리해지게 한다. 카지노 운영자가 돈을 버는 이유는 바로 그 때문이다. 여러분이 그들에게 맞서 돈을 딸 수 있는 유일한 기회는 가진 돈을 몇 차례의 주사위 놀이나 룰렛 게임에 몽땅 거는 것이다.

(그림 3.7, 위, 그리고 그림 3.8, 맞은편) 도박사가 붉은색에 내기를 걸고 주사위를 아주 많은 횟수만큼 굴린다면 그 결과를 아주 정확하게 예측할 수 있다. 왜냐하면 매번 굴린 결과의 평균을 낼 수 있기 때문이다. 반면 특정한 주사위 굴리기의 결과는 예측할 수 없다.

우주에서도 마찬가지이다. 오늘날처럼 우주가 엄청나게 클 경우, 우주에는 많은 숫자의 주사위들이 구르고 있으며, 그 결과는 우리가 예측 가능한 평균에 도달한다. 고전적인 예측 법칙들이 대규모 계에서 작동하는 이유는 바로 그 때문이다. 그러나 빅뱅에 가까운 시점에서처럼 우주가 아주 작았을 때, 거기에는 작은 숫자의 주사위 굴리기가 일어날 뿐이기 때문에 불확정성 원리가 매우 중요해진다.

우주는 다음에 어떤 일이 일어나는지 보기 위해서 주사위 굴리기를 계속 하기 때문에, 일반적으로 생각하듯이, 단일한 역사를 가지지 않는다. 오히려 우주는 가능한 모든 역사를 가지며, 각각의 역사는 저마다 고유한 확률을 가진다. 우주의 역사 중에는, 물론 그 확률은 작을 수 있지만, 벨리즈가 올림픽 경기에서 모든 금메달을 휩쓰는 역사도 반드시 들어 있을 것이다.

우주가 복수(複數)의 역사를 가진다는 생각은 SF 소설에 나오는 이야기처럼 들릴 수도 있지만, 오늘날 과학적 사실로 받아들여지고 있다. 그 사실은 뛰어난 물리학자이자 괴짜이기도 했던 리처드 파인먼에 의해서 공식화되었다.

오늘날 우리는 아인슈타인의 일반상대성이론과 파인먼의 복수의 역사(multiple history)의 개념을 통합해서 우주 속에서 일어나는 모든 일을 기술하게 될 하나의 완전한 이론을 만들기 위해서 연구하고 있다. 이 통일이론이 완성된다면 우리는 우주가 어떻게 전개될지 계산할 수 있게 될 것이다. 물론 우리가 그 역사들이 어떻게 시작되었는지 알고 있다면 말이다. 그러나 통일이론은 그

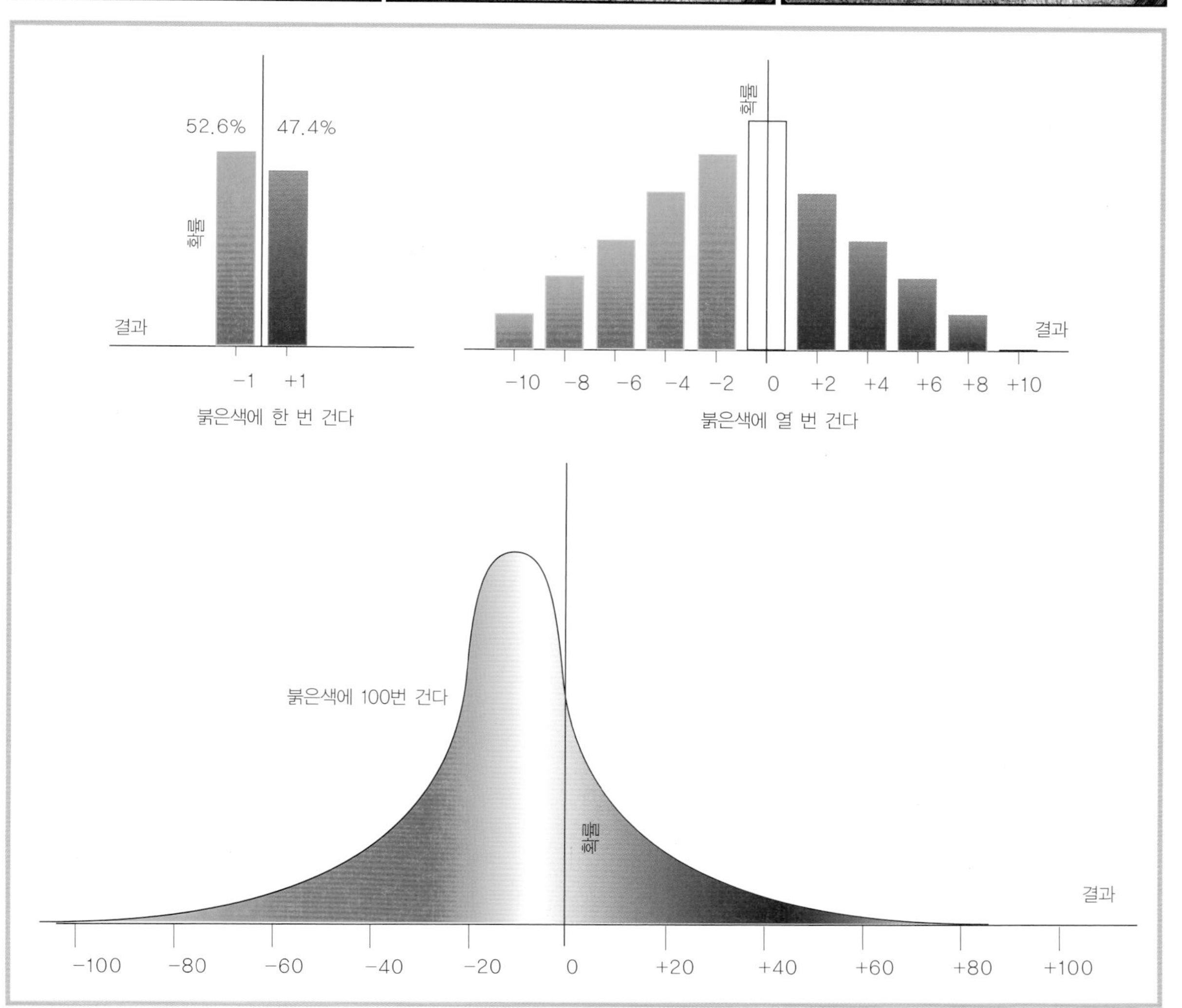
52.6%
47.4%
확률
결과
-1
+1
붉은색에 한 번 건다
확률
결과
-10
-8
-6
-4
-2
0
+2
+4
+6
+8
+10
붉은색에 열 번 건다
붉은색에 100번 건다
확률
결과
-100
-80
-60
-40
-20
0
+20
+40
+60
+80
+100

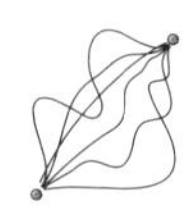

우주의 경계가 시공의 평범한 지점이라면 우리는 계속 그 전선을 확장시켜나갈 수 있을 것이다.

자체로 우리에게 우주가 어떻게 시작되었는지, 또는 그 초기조건이 무엇이었는지 이야기해줄 수는 없을 것이다. 그 이유 때문에 우리는 "경계조건(boundary condition)"이라는 것을 필요로 하게 된다. 그것은 우리에게 우주의 최전선, 즉 시간과 공간의 가장자리에서 어떤 일이 벌어지는지 이야기해주는 규칙들이다.

만약 우주의 최전선이 시간과 공간의 정상적인 지점이라면, 우리는 그 경계를 지나서 그 너머의 영역까지도 우주의 일부라고 주장할 수 있을 것이다. 반면 우주의 경계가 시간과 공간이 헝클어져 있고 밀도가 무한대인 들쭉날쭉한 가장자리라면 의미 있는 경계조건을 정의하기는 무척 힘들 것이다.

그러나 나와 내 동료인 짐 하틀은 세번째 가능성이 있다는 것을 깨달았다. 어쩌면 우주가 시간과 공간 속에서 경계를 가지지 않을 수도 있다는 것이다.

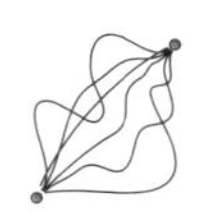

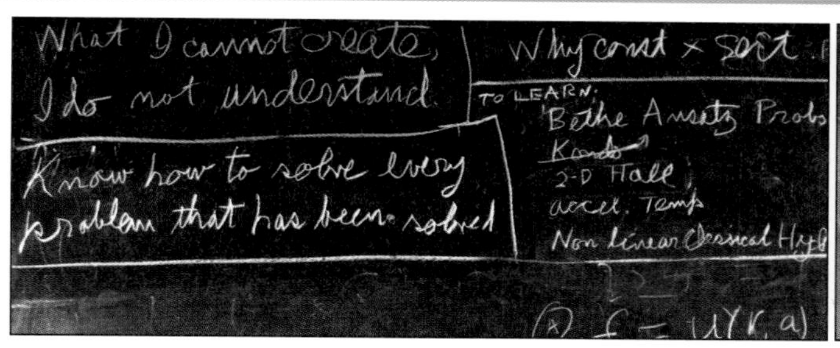

1988년 파인먼이 세상을 떠났을 당시 캘리포니아 공과대학의 칠판에 남아 있던 그의 필적.

리처드 파인먼

파인먼 이야기

1918년 뉴욕의 브루클린에서 태어난 리처드 파인먼은 1942년에 프린스턴 대학에서 존 휠러의 지도로 박사학위를 받았다. 그 직후 그는 맨해튼 프로젝트에 가담했다. 프로젝트에 참여하면서 그는 물리학자로서는 드물게 독특한 개성과 노련한 농담 솜씨로 명성을 떨치기 시작했다. 프로젝트가 진행된 로스 알라모스 연구소에서 그가 즐긴 취미활동은 1급 비밀 보안장치 풀기였으며, 원자폭탄 이론을 수립하는 데에 크게 기여했다. 세계에 대한 파인먼의 그칠줄 모르는 호기심은 그의 존재 근거였다. 그 왕성한 호기심은 그가 과학적 성공을 거둘 수 있게 해주었을 뿐 아니라 마야의 상형문자 해독을 비롯해서 숱한 놀라운 업적을 이룩하게 한 원동력이었다.

제2차 세계대전이 끝난 후 그는 양자역학에 대한 매우 강력한 새로운 접근방식을 발견했고, 그 공적으로 1965년에 노벨상을 받았다. 그는 모든 입자가 특정한 경로를 가진다는 고전적인 기본 가정에 도전했다. 입자가 한 지점에서 다른 지점으로 움직일 때 시공의 가능한 모든 경로를 취할 수 있다는 주장을 제기했다. 파인먼은 각각의 궤적에 두 개의 숫자를 연관지었다. 하나는 파동의 크기(진폭)이고, 다른 하나는 위상(골인가 마루인가)이다. 어떤 입자가 A에서 B로 이동할 확률은 A에서 B로 갈 수 있는 가능한 모든 경로와 연관된 파동들의 합을 통해서 구할 수 있다.

그럼에도 불구하고, 일상세계에서는 물체가 원래의 지점에서 최종 목적지까지 단일한 경로를 따라서 움직이는 것처럼 보인다. 이것은 파인먼의 복수(複數)의 역사개념과 부합한다. 왜냐하면 크기가 큰 물체의 경우, 각각의 경로에 진폭과 위상을 지정하는 그의 법칙에 의해서 각 경로의 진폭과 위상값을 더하면 하나를 제외한 나머지 경로들이 상쇄되기 때문이다. 따라서 거시적인 물체에 관한 한, 무한한 경로들 중에서 단 하나의 경로만이 남게 되며, 이 궤적은 뉴턴의 고전적인 운동법칙에서 나타나는 궤적과 정확히 일치한다.

얼핏 보기에는 이러한 가정이 펜로즈와 내가 증명했던, 우주가 시간상에서 출발점, 즉 경계를 가진다는 정리들과 직접적으로 모순되는 것처럼 생각될 수도 있을 것이다. 그러나 제2장에서 설명했듯이, 다른 종류의 시간, 다시 말해서 우리가 그 흐름을 느끼는 실시간의 수직방향에 위치하는 허시간이 있다. 실시간에서의 우주의 역사는 허시간에서의 역사를 결정하며, 그 역도 성립한다. 그러나 두 종류의 역사는 매우 다를 수 있다. 특히 우주는 허시간에서 시작과 끝을 가질 필요가 없다. 허시간은 공간 속에서 또다른 방향처럼 움직인다. 따라서 허시간에서의 우주의 역사는 공, 비행기 그리고 안장의 표면처럼 휘어져 있지만 2차원이 아닌 4차원인 것으로 생각될 수 있다(84쪽 참조, 그림 3.9).

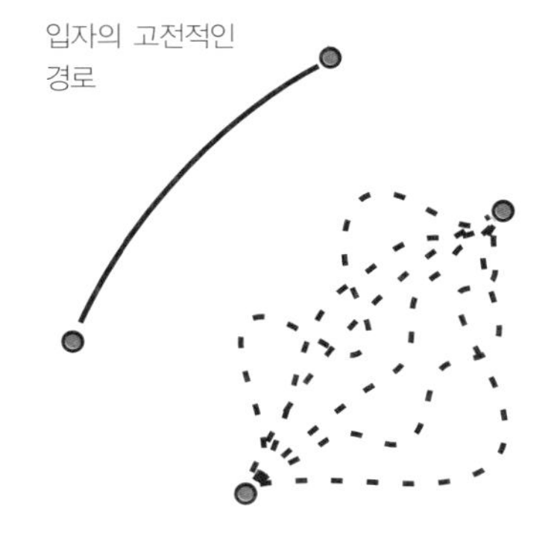

파인먼의 경로 총합에서 입자는 가능한 모든 경로를 취한다.

만약 우주의 역사가 안장이나 비행기처럼 무한으로 발산한다면, 우리는 무

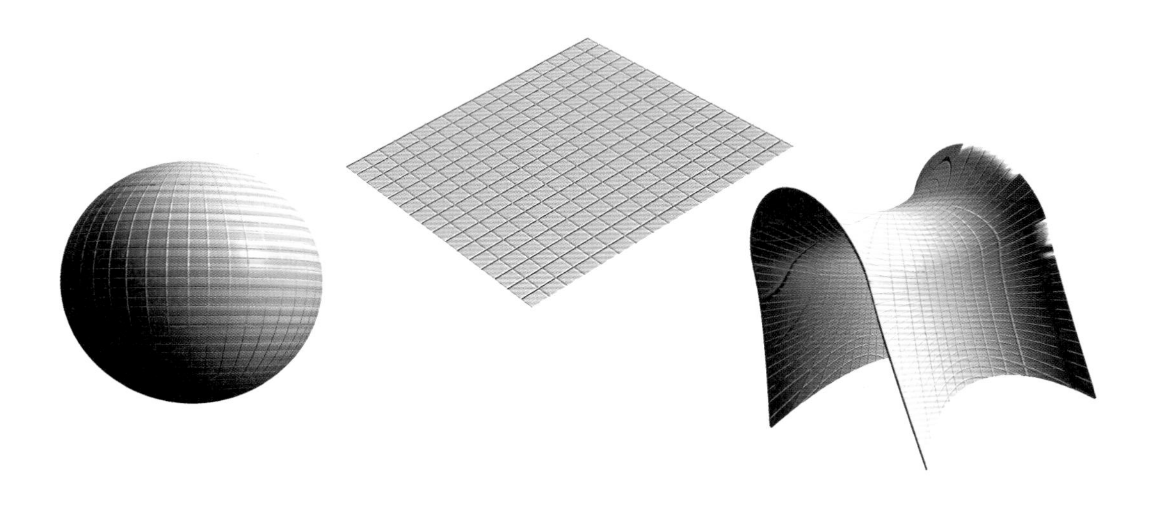

(그림 3.9) 우주의 여러 가지 역사

만약 우주의 역사가 안장처럼 무한으로 발산한다면, 무한에서의 경계조건이 무엇인지를 지정해야 한다. 그러나 허시간의 우주의 모든 역사가 지구와 같은 닫힌 표면이라면, 경계조건을 지정할 필요는 없다.

진화법칙과 초기조건

물리법칙은 초기조건이 시간이 흐르면서 어떻게 진화할지 규정한다. 예를 들면, 공중으로 돌멩이를 던지면 중력법칙은 그 돌의 이후 운동을 정확히 규정한다.

그러나 그 법칙만으로는 돌이 어디에 떨어질지 예측할 수 없다. 그 이유 때문에 돌이 우리의 손을 떠날 때의 속도와 방향에 대해서도 알아야 한다. 다시 말하자면, 우리는 돌의 운동에 대한 초기조건 ── 경계조건 ── 을 알아야만 하는 것이다.

우주론은 이 물리법칙을 사용해서 전 우주의 진화를 기술하려고 시도한다. 따라서 우리는 그 법칙들을 적용하기 위한 우주의 초기조건이 어떤 것이었는지 물어야만 한다.

초기조건은 우주의 기본 특성, 예를 들면 생물학적 생명체의 발생에 결정적인 기본 입자나 기본력의 특성에까지 심대한 영향을 주었을지도 모른다.

우주의 초기조건에 대한 한 가지 주장이 무경계조건, 즉 시간과 공간이 유한하며, 경계를 포함하지 않는 닫힌 표면을 형성하고 있다는 것이다. 이것은 크기가 유한하지만 경계가 없는 지구 표면과 흡사하다. 무경계 가설은 파인먼의 복수의 역사개념에 기반한다. 그러나 이 가설에서는 파인먼 총합에서의 한 입자의 역사가 전체 우주를 나타내는 완전한 시공으로 대체된다. 무경계조건은 우주의 가능한 모든 역사를 허시간에서 경계를 가지지 않는 시공으로 제한하는 것과 정확히 일치한다. 다시 말해서 우주의 경계조건은 경계가 없다는 것이다.

오늘날 우주론자들은 무경계 가설이 선호하는 초기구성이, 필경 약한 인류원리 주장과 함께, 우리가 관찰하는 것과 비슷한 우주를 진화시킬 가능성이 높은지 여부에 대해서 연구하고 있다.

한대인 경계조건을 지정해야 한다는 문제에 부딪히게 된다. 그러나 허시간에서의 우주의 역사가 지구표면처럼 닫힌 표면이라면 우리는 경계조건을 지정해야 하는 번거로움을 피할 수 있게 된다. 지구표면에는 어떤 경계나 가장자리도 없다. 사람들이 그런 가장자리에서 떨어졌다는 신뢰할 만한 보도는 아직까지 없다.

만약 하틀과 내가 주장했듯이 실제로 허시간에서의 우주의 역사가 닫힌 표면이라면, 그 사실은 철학, 그리고 우리가 어디에서 왔는가라는 우리 자신의 상에 대해서 근본적인 함축을 가질 것이다. 그렇다면 우주는 완전히 자기충족적(self-contained)일 것이다. 우주는 외부에서 시계장치의 태엽을 감아주고 이 세계를 운행시키는 무언가를 필요로 하지 않을 것이다. 그 대신, 우주 속의 삼라만상은 과학법칙과 우주 속에서 벌어지는 주사위 굴리기에 의해서 결정될 것이다. 이런 이야기는 무척 오만하게 들릴지도 모르지만, 나를 비롯해서 많은 과학자들이 받아들이고 있는 생각이다.

설령 우주의 경계조건이 우주에 경계가 없다는 것이라고 할지라도, 우주는 단일한 역사를 가지지 않을 것이다. 파인먼이 주장했듯이, 우주는 복수의 역사를 가질 것이다. 가능한 모든 닫힌 표면에 상응하는 허시간의 역사가 있을 것이다. 그리고 허시간에서 각각의 역사는 실시간에서의 역사를 결정할 것이다. 따라서 우리는 이 우주에 대해서 초과잉(superabundance)의 가능성들을 가지고 있다. 그렇다면 가능한 모든 우주의 집합 중에서 우리가 살고 있는 특정한 우주가 선택된 이유는 무엇인가? 여기에서 한 가지 우리가 주목해야 할 점은 가능한 우주의 역사들 중에서 많은 역사가 우리 자신의 발생을 위해서 필수적으로 거쳐야 하는 과정인 은하와 항성들이 생성되는 순서로 진행되지 않았을 것이라는 사실이다. 지능을 가진 존재가 은하나 항성 없이 진화할 수 있다고 생각

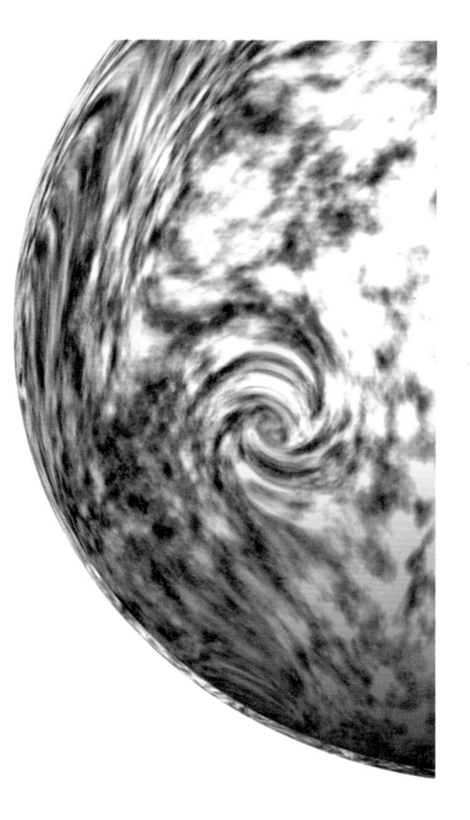

지구 표면에는 경계나 가장자리가 없다. 누군가가 추락했다는 이야기를 듣는다면 모두 엉뚱한 과장으로 간주할 것이다.

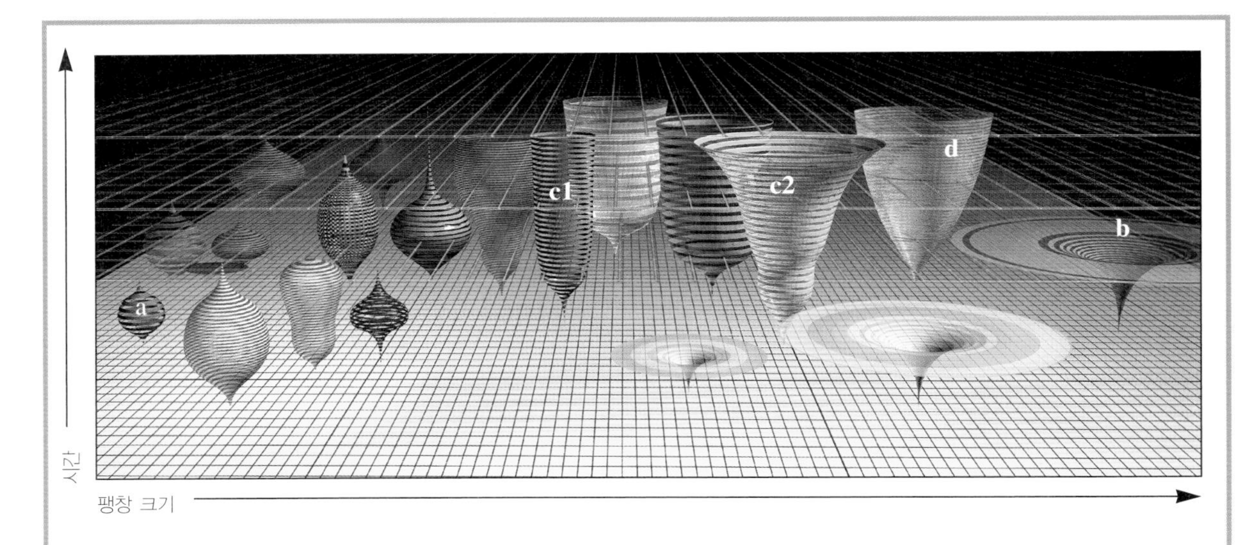

인류원리

간략하게 이야기하자면, 인류원리란 우리가 지금과 같은 모습의 우주를 보고 있는 까닭은, 최소한 부분적으로는, 우리가 존재하기 때문이라는 것이다. 그것은 자연이 완벽하며 현재 모습 이외의 다른 모습이란 절대 불가능하다는 완전히 예측적이고 통일적인 이론에 대한 꿈과는 전혀 상반된 관점이다. 인류원리에는 여러 가지 변형판들이 있다. 그중에는 알아차리기 힘들 만큼 약한 주장에서부터 터무니없게 느껴질 만큼 강한 주장까지 다양한 유형이 있다. 대부분의 과학자들은 강한 인류원리를 받아들이기 꺼려하지만, 약한 인류원리의 주장이 가지는 유용성에 대해서 왈가왈부하는 과학자는 거의 없다.

약한 인류원리는 '인류가 거주할 수 있는' 우주의 다양한 시기나 부분들에 대한 설명을 제공한다. 예를 들면, 왜 빅뱅이 하필이면 약 100억 년 전에 일어났는가라고 물으면 이 원리는 일부 항성들이 진화를 끝내서 우리의 몸을 구성하고 있는 탄소나 산소와 같은 원소를 생성하려면 그 정도의 시간이 필요하고, 그보다 더 오래 되었다면 태양이 충분한 열과 빛을 내서 우리가 생명을 유지하는 데에 필요한 에너지를 제공할 수 없기 때문이라고 대답한다.

무경계 가설의 틀에서 우주의 어떤 특성들이 가장 나타나기 쉬운지를 알아보기 위해서 우리는 파인먼의 법칙을 이용해서 우주의 각각의 역사에 숫자를 할당할 수 있을 것이다. 이러한 맥락에서 인류원리는 우주의 역사가 지적 생명체를 포함해야 한다고 요구함으로써 충족될 수 있다. 만약 우주의 서로 다른 많은 초기구성들이 우리가 관찰하는 것과 같은 우주를 생성하도록 진화할 가능성이 높다는 것을 증명할 수 있다면, 물론 우리는 인류원리에 대해서 좀더 만족할 수 있을 것이다. 이것은 우리가 살고 있는 우주의 일부의 초기조건이 세심한 배려로 선택되지 않았음이 분명하다는 것을 시사한다.

(그림 3.10, 맞은편)
그림 맨 왼쪽이 스스로 붕괴해서 닫히는 우주 **(a)**이다. 맨 오른쪽은 영원히 팽창을 계속하는 열린 우주 **(b)**이다. 자체 붕괴와 영원한 팽창의 경계에 해당하는 우주 **(c1)**과 이중 인플레이션을 일으키는 우주 **(c2)**가 지적 생명체를 포함할 가능성이 있다. 우리 우주 **(d)**는 당분간 팽창을 계속할 태세를 취하고 있다.

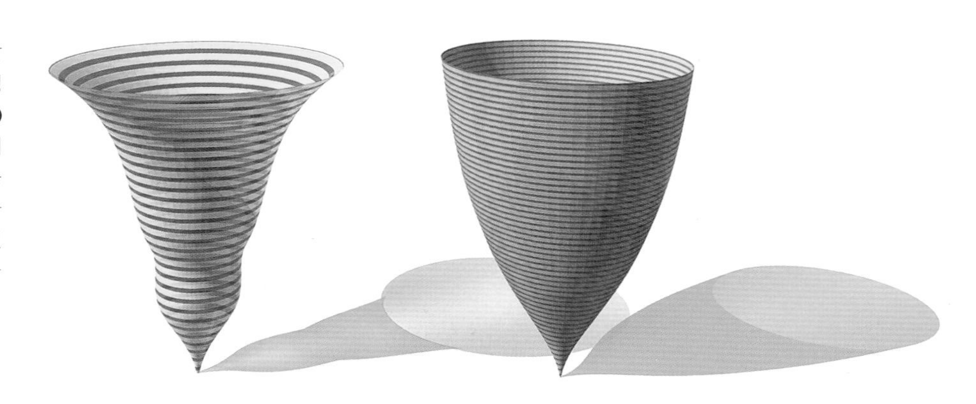

이중 인플레이션은 지적 생명체를 포함할 수 있다.

우리 우주의 인플레이션은 당분간 팽창을 계속한다.

할 수도 있지만, 그 가능성은 거의 없는 것 같다. 따라서 우리가 "왜 우주가 지금과 같은 방식으로 존재하는가?"라는 물음을 제기할 수 있는 존재라는 사실 자체가 우리가 살고 있는 역사를 한정시킨다. 그것은 우리가 속한 역사가 은하와 항성들을 가지고 있는 소수의 역사들 중에서 하나임을 함축한다.

이것이 바로 인류원리(anthropic principle)라고 부르는 것의 사례이다. 인류원리에 따르면, 우주는 필연적으로 지금 우리가 보고 있는 것과 같은 모습이 될 수밖에 없다. 만약 지금과 같은 모습이 아니었다면 이곳에서 우주를 관찰하고 있는 사람이 아무도 존재하지 않을 것이기 때문이다(그림 3.10). 많은 과학자들은 이 원리를 싫어한다. 왜냐하면 그 원리가 모호하고, 그다지 예견력이 없는 것처럼 보이기 때문이다. 그러나 인류원리는 정확한 공식화가 가능하며 우주의 기원을 다루는 데에는 없어서는 안 될 이론인 것 같다. 제2장에서 언급한 M-이론은 우주에 아주 많은 숫자의 가능한 역사를 허용한다. 이 역사들 대부분은 지적 생명체의 발생에 적합하지 않다. 거의 아무것도 없이 텅 비어 있거나, 지나치게 짧게 지속되거나, 너무 크게 휘어지거나, 또는 그밖의 다른 방식으로 지적 생명체가 탄생하기에 적절하지 않다. 그러나 리처드 파인먼의 복수의 역사개념에 따르면, 지적 생명체가 없는 역사들이 나타날 가능성이 훨씬 높다고 한다(84쪽 참조).

실제로 지적 존재를 포함하지 않는 역사가 얼마나 많이 존재할지 여부는 그다지 중요하지 않다. 우리는 지적 생명체가 발생하는 우주 역사의 부분집합에 대해서만 관심을 가지고 있기 때문이다. 물론 이러한 지적 생명

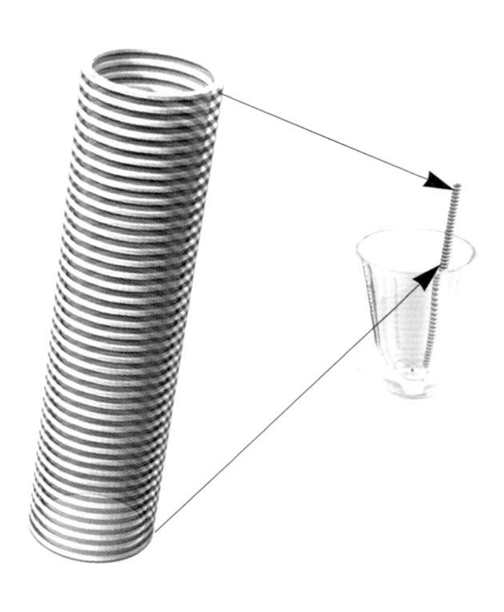

(그림 3.11)
멀리 떨어져서 보면 음료수 빨대는 1차원 선처럼 보인다.

체가 반드시 사람과 비슷해야 하는 것은 아니다. 작은 녹색 외계인이라고 해도 무방하다. 실제로 인간이 아닌 다른 존재들이 더 나을 수도 있다. 왜냐하면 인류가 보여준 지적 행동의 역사는 그다지 훌륭하지 못하기 때문이다.

인류원리가 가지는 설명력의 예로서 공간에서의 방향의 숫자를 생각해보자. 우리가 3차원 공간에 살고 있다는 것은 공통된 경험의 문제이다. 다시 말해서, 우리는 세 개의 숫자로 공간 속에서의 위치를 표현할 수 있다. 가령 경도, 위도 그리고 해발 고도가 그런 숫자에 해당한다. 그러나 왜 공간이 3차원이어야 하는가? SF 소설에서 흔히 등장하듯이 2, 4, 또는 그밖의 다른 숫자의 차원이 아닌 까닭은 무엇인가? M-이론에서 공간은 9차원, 또는 10차원이다. 그러나 방향의 6차원이나 7차원은 아주 작은 크기로 말려 있고, 나머지 3차원만이 크고 거의 편평하다(그림 3.11).

그렇다면 왜 8차원이 작게 말려 있고, 우리가 볼 수 있는 것이 2차원인 우주의 역사에 살고 있지 않은가? 2차원 동물은 음식을 소화시키는 데에 어려움을 겪을 것이다. 만약 그 동물에게 몸 전체를 관통하는 소화관이 있다면, 소화관이 그 동물을 완전히 갈라놓아서 이 불쌍한 생물은 둘로 나누어지고 말 것이다. 따라서 두 개의 편평한 방향은 지적 생명체처럼 복잡한 생물에게는 충분치 않다. 한편 4차원 또는 그 이상의 편평한 차원들이 있다면, 두 물체가

그림 3.12A

그림 3.12B

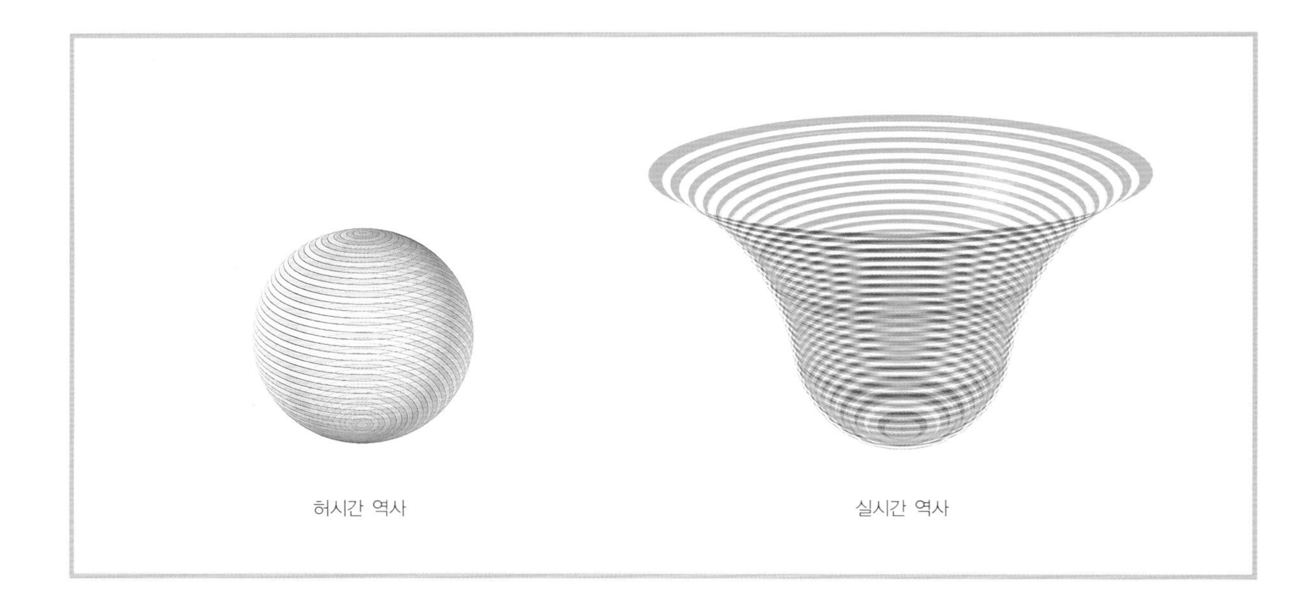

(그림 3.13)
경계가 없는 가장 단순한 허시간 역사는 구(球)이다. 이것이 인플레이션 방식으로 팽창하는 실시간 역사를 결정한다.

가까이 접근할 때 둘 사이에서 작용하는 중력이 훨씬 빨리 증가하게 될 것이다. 이것은 행성들이 태양 주위에서 안정된 궤도를 유지할 수 없다는 뜻이다. 따라서 행성들은 태양으로 빨려들어가거나(그림 3.12A) 궤도를 이탈해서 차갑고 어두운 바깥 우주로 영원히 사라지고 말 것이다(그림 3.12B).

마찬가지로 원자 주위를 도는 전자들의 궤도도 불안정해져서 우리가 알고 있는 물질은 존재하지 않게 될 것이다. 따라서 복수의 역사개념이 모든 숫자의 거의 편평한 방향들을 허용하지만, 세 개의 편평한 방향을 가진 역사들만이 지적 존재를 포함하게 될 것이다. 그리고 이러한 역사 속에서만 "왜 공간이 3차원인가"라는 물음이 나올 수 있다.

허시간에서의 가장 간단한 우주의 역사는 지구표면과 같은 둥근 구(球)이다. 그러나 그 역사는 두 개의 차원을 더 가진다(그림 3.13). 허시간의 역사는 우리가 경험하는 실시간의 우주의 역사를 결정한다. 그 속에서 우주는 공간의 모든 지점에서 동일하며, 시간 속에서 팽창한다. 이러한 관점에서 그 우주

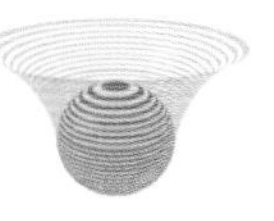

그림 3.14 물질 에너지 중력 에너지

는 우리가 살고 있는 우주와 흡사하다. 그러나 팽창속도는 아주 빠르고, 점점 더 빨라진다. 이처럼 가속되는 팽창을 인플레이션(inflation)이라고 부른다. 물가가 끊임없이 증가하는 비율로 상승하는 방식과 비슷하기 때문이다.

일반적으로 물가 인플레이션은 나쁜 것으로 받아들여지지만, 우주에서의 인플레이션은 매우 유용하다. 엄청난 팽창이 초기 우주에 존재했을 수 있는 불규칙한 구조들을 평활하게 만들어주기 때문이다. 우주가 팽창하면서, 우주는 더 많은 물질을 생성하기 위해서 중력장에서 에너지를 빌려온다. 양의 물질 에너지는 음의 중력 에너지와 정확하게 균형을 이루기 때문에 전체 에너지는 영(0)이 된다. 우주의 크기가 두 배가 되었을 때, 물질과 중력 에너지도 모두 두 배가 되었다 ── 그러나 영의 두 배 역시 영이다. 금융계도 그처럼 단순하면 얼마나 좋겠는가(그림 3.14).

허수의 우주의 역사가 완전히 둥근 구라면, 그에 상응하는 실시간의 역사는 인플레이션 방식으로 끝없이 팽창을 계속하는 우주가 될 것이다. 우주가

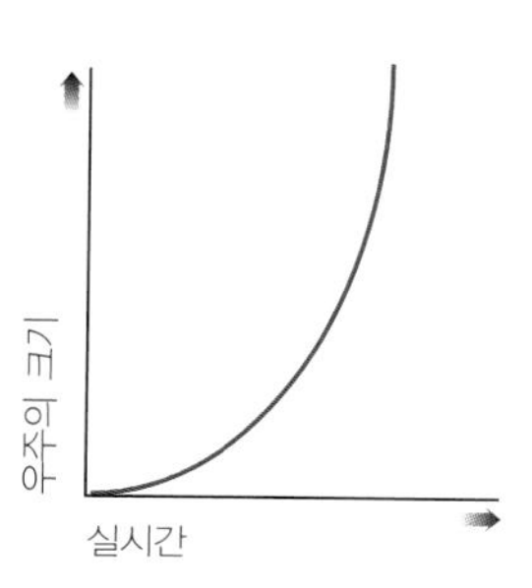

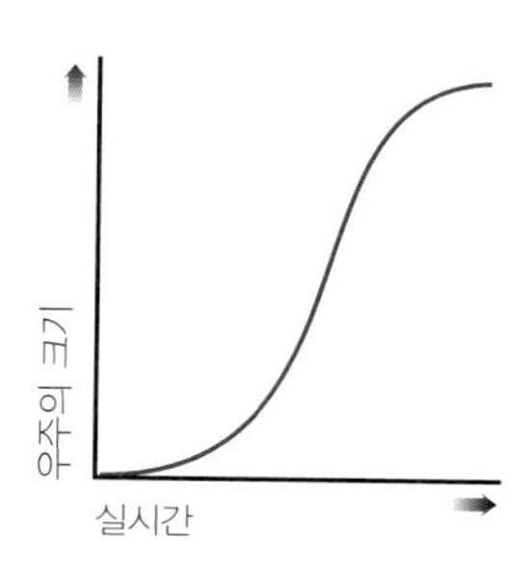

(그림 3.15) 인플레이션 우주

뜨거운 빅뱅 모형에서는 열이 초기 우주의 한 영역에서 다른 영역으로 흐를 수 있는 충분한 시간이 없었다. 그럼에도 불구하고 우리는, 어떤 방향에서든 간에, 극초단파 배경복사의 온도를 항상 일정하게 관찰한다. 이것은 우주의 초기상태가 모든 곳에서 정확히 같은 온도였음을 뜻한다.
서로 다른 초기구성이 현재 우주와 같은 것으로 진화할 수 있는 모형을 찾기 위해서, 초기우주가 급속한 팽창을 거쳤을 수 있다는 주장이 제기되었다. 이러한 급격한 팽창을 인플레이션이라고 부른다. 그 의미는 오늘날 우리가 관찰하는 것처럼 점차 팽창률이 감소하는 것이 아니라 팽창률이 증가하는 것을 뜻한다. 이러한 인플레이션 국면은 왜 우주가 모든 방향에서 똑같이 보이는가라는 문제에 대한 설명을 제공해줄 수 있다. 인플레이션을 가정하면 초기우주에서 빛이 우주의 한 영역에서 다른 영역으로 이동할 충분한 시간이 있기 때문이다.
인플레이션 방식으로 무한히 팽창을 지속하는 우주에 상응하는 허시간의 역사는 완벽하게 둥근 구이다. 그러나 우리 우주에서 인플레이션 팽창은 극히 짧은 시간이 지난 다음 속도가 느려졌고, 그 이후 은하가 생성되었다. 이것은 허시간에서 우리 우주의 역사가 남극이 약간 편평해진 구라는 의미이다.

도매 물가지수 – 인플레이션과 초(超)인플레이션

1914년 7월	1.0
1919년 1월	2.6
1919년 7월	3.4
1920년 1월	12.6
1921년 1월	14.4
1921년 7월	14.3
1922년 1월	**36.7**
1922년 7월	**100.6**
1923년 1월	**2,785.0**
1923년 7월	**194,000.0**
1923년 11월	**726,000,000,000.0**

1914년 1 독일 마르크

1923년 1만 마르크

1923년 200만 마르크

1923년 1000만 마르크

1923년 10억 마르크

인플레이션을 하는 동안에는 물질이 뭉쳐져서 은하나 항성을 형성할 수 없으며, 우리와 같은 지적 생물은 물론 어떤 생명체도 발생할 수 없다. 따라서 완전히 둥근 구체인 허시간의 우주의 역사가 복수의 역사개념에 의해서 허용된다고 하더라도, 그것들은 그리 큰 관심의 대상이 아니다. 그러나 구의 남극에서 약간 편평해지는 허시간의 역사들은 훨씬 더 연관성이 크다(그림 3.15).

이 경우, 그에 상응하는 실시간의 역사는 처음에는 가속되는 인플레이션 방식으로 팽창할 것이다. 그러나 그런 다음 팽창이 느려지기 시작하면서 은하들이 형성될 수 있을 것이다. 지적 생물체가 발생할 수 있으려면, 남극에서 일어나는 편평화가 아주 약간 일어나야 한다. 이 말은 우주가 처음에는 엄청난 속도로 팽창해야 한다는 것을 뜻한다. 통화팽창의 최고기록은 양차 대전 사이에 독일에서 일어났다. 당시 물가는 무려 10억 배나 폭등했다고 한다. 그러나 우주에서 일어났을 것이 분명한 인플레이션은 최소한 10억의 10억의 10억 배나 된다(그림 3.16).

불확정성 원리 때문에 지적인 생명을 포함하는 우주의 역사는 하나가 아닐

(그림 3.16)
인플레이션은 자연법칙일지도 모른다

독일에서는 전쟁이 끝난 후 1920년에 물가수준이 1918년에 비해서 다섯 배로 오르기까지 인플레이션이 계속되었다. 그리고 1922년 7월 이후에는 이른바 초인플레이션 국면이 시작되었다. 화폐에 대한 모든 신뢰가 무너졌고, 물가지수는 15개월 동안 점점 더 빠른 속도로 올라서 급기야는 인쇄속도를 능가하기에 이르렀다. 조폐소는 화폐가치가 하락하는 속도만큼 빨리 새로운 돈을 찍어낼 수 없었다. 1923년 말엽에는 300곳의 제지공장들이 최고 속도로 종이를 제작했고, 150군데의 조폐소가 지폐를 조달하기 위해서 밤낮으로 2000대의 인쇄기를 가동했다.

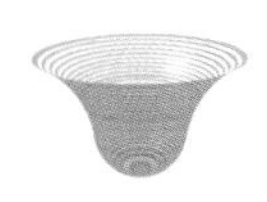

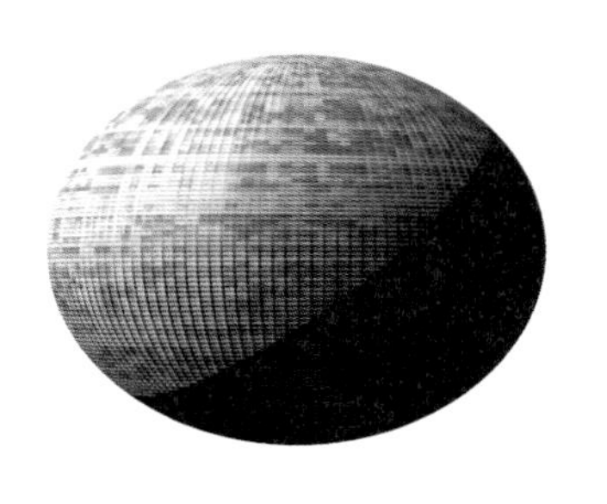
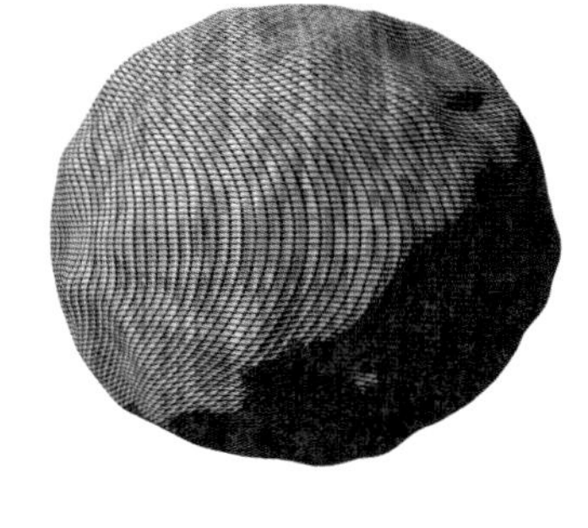

a **b** **c**

(그림 3.17)
가능한 역사와 불가능한 역사

(a)와 같은 평활한 역사가 가장 있음직하지만 실제로 이런 역사의 수는 아주 적다. 약간 불규칙한 역사인 **(b)**와 **(c)**는 덜 있음직하지만 그 수가 매우 많기 때문에 우주의 가능한 역사는 평활함으로부터 약간 일탈하게 될 것이다.

것이다. 그 대신 허시간의 역사들은 약간 변형된 구(球)들로 이루어진 전체 족(family)을 구성하게 될 것이다. 여기에서 각각의 구들은 우주가 무한은 아니지만 오랜 시간 동안 인플레이션을 일으키는 실시간에서의 역사에 상응한다. 이 대목에서 우리는 이처럼 허용 가능한 역사들 중에서 어떤 역사가 가장 가능성이 높은지 물을 수 있을 것이다. 가장 가능성이 높은 역사들은 완전히 평활하지 않고 작은 융기와 함몰을 포함하는 역사로 밝혀졌다(그림 3.17).

대부분의 가능한 역사들의 파문은 실제로는 지극히 작다. 평활도에서 나타나는 편차의 크기는 10만분의 1 정도에 불과하다. 극히 작기는 하지만, 우리는 공간의 서로 다른 방향에서 우리를 향해 오는 극초단파 속에 나 있는 지극히 작은 편차로 그것을 관찰할 수 있다. 우주배경복사 탐사위성 코비(Cosmic Background Explorer, COBE)는 1989년에 발사되어 극초단파로 하늘의 지도를 작성했다.

이 지도에서 색깔의 차이는 온도 차이를 나타낸다. 그러나 붉은색에서 푸른색에 이르는 온도 변화의 전체 범위는 1천분의 1도에 불과하다. 그렇지만 초

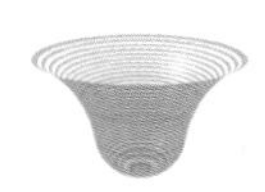

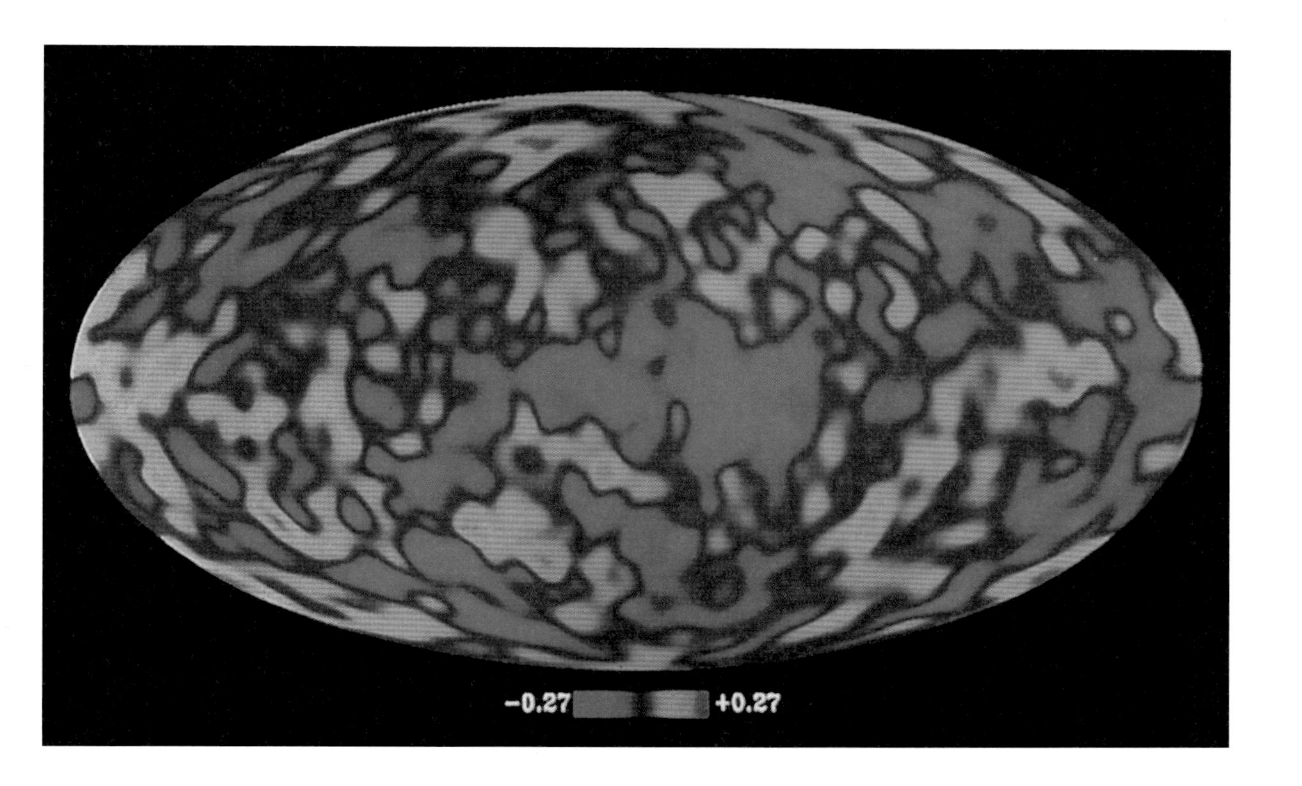

코비(COBE) 위성의 DMR 관측장비로 촬영한 전천(全天) 지도. 시간의 주름이 존재한다는 증거를 보여준다.

기 우주의 서로 다른 영역들 사이에서 나타나는 이 정도의 차이도 밀도가 더 높은 영역에서 추가적인 중력에 의해서 궁극적으로 팽창을 멈추게 하고, 자체 중력에 의해서 다시 붕괴해서 은하와 항성들을 생성하기에 충분하다. 따라서 최소한 이론적으로 코비 지도는 우주의 모든 구조에 대한 청사진인 셈이다.

지적 생물체의 등장에 적합한 대부분의 가능한 우주의 역사의 미래는 어떻게 될까? 우주 속에 존재하는 물질의 양에 따라서 여러 가지 가능성이 주어지는 것 같다. 만약 우주 속에 특정 임계량 이상의 물질이 존재한다면, 은하들 사이에서 작용하는 중력이 은하들의 팽창속도를 점차 줄어들게 해서 결국 서로 멀어지는 은하들의 움직임을 정지시킬 것이다. 그런 다음 은하들은 서로를 향해서 접근하기 시작해서 우주 전체가 하나의 점으로 수축되는 빅크런치(big crunch)에 도달하게 될 것이다. 빅크런치는 실시간에서는 우주 역사의 종말에 해당할 것이다(96쪽 참조, 그림 3.18).

만약 우주의 밀도가 임계 값보다 낮다면, 중력은 서로 멀어지는 은하들을 정지시키기에 너무 약할 것이다. 그렇게 되면 모든 항성들이 연료를 소진하고

(그림 3.18, 위)
우주가 맞이할 수 있는 종말 중 하나는 빅 크런치이다. 이때 모든 물질은 거대한 파국적인 중력 우물 속으로 빨려들어갈 것이다.

(그림 3.19, 맞은편)
모든 것이 정지하고 마지막 남은 항성들조차 연료를 모두 태우고 불이 꺼지는 길고 차가운 흐느낌.

우주는 점점 더 텅 비게 되고, 점차 차가워질 것이다. 이 경우에도, 앞의 경우에 비해서 훨씬 덜 극적이기는 하지만, 우주는 종말을 맞이하게 될 것이다. 그러나 어느 쪽이든 간에 우주는 앞으로도 수십억 년 동안 지속될 것이다(그림 3.19).

우주는 물질뿐 아니라 "진공 에너지(vacuum energy)"라고 불리는 에너지를 포함하고 있을 것이다. 이 에너지는 겉보기에 텅 빈 공간 속에도 존재하는 에너지이다. 아인슈타인의 유명한 방정식, 즉 $E=mc^2$에 의해서 이 진공 에너지는 질량을 가진다. 이 말은 그 에너지가 우주의 팽창에 대해서 중력효과를 가진다는 뜻이다. 그러나 매우 괄목할 만한 사실은 진공 에너지의 효과가 물질과는 정반대로 작용한다는 것이다. 물질은 팽창속도를 감소시키고, 궁극적으로는 팽창을 정지시켜 다시 역전시킨다. 반면 진공 에너지는 인플레이션처럼 팽창을 더욱 가속시킨다. 실제로 진공 에너지는 아인슈타인이 1917년에 그의 최초의 방정식에 덧붙인 우주상수와 똑같이 작용한다. 제1장에서 언급했듯이

그는 자신이 처음에 세운 방정식들이 정적인 우주를 표현하는 해를 허용하지 않는다는 사실을 발견하고 이 상수를 덧붙였다. 허블이 팽창하는 우주를 발견한 이후에 그의 방정식에 항을 추가해야 할 동기는 사라졌고, 아인슈타인은 우주상수의 도입이 실수였음을 인정하고 철회했다.

그러나 제2장에서 이야기했듯이 어쩌면 우주상수의 도입이 실수가 아니었을 수도 있다. 오늘날 우리는 양자이론이 시공이 양자 요동으로 가득 차 있다는 사실을 함축하고 있다는 것을 안다. 초대칭이론에서 이러한 기저상태 요동의 양의 에너지와 음의 에너지는 입자들의 서로 다른 스핀에 의해서 상쇄된다. 그러나 양과 음의 에너지들이 완전히 상쇄되어서 작고 유한한 양의 진공 에너지조차 남지 않을 것이라고 예상하기는 힘들다. 왜냐하면 우주는 초대칭 상태가 아니기 때문이다. 한 가지 놀라운 사실은 진공 에너지가 거의 영에 가깝기 때문에 얼마 전까지는 분명치 않았다는 점이다. 어쩌면 이것은 인류원리의 또 하나의 사례인지도 모르겠다. 지금의 우주보다 큰 진공 에너지

> 우주상수는
>
> 일생일대의
>
> 실수?
>
> 알베르트 아인슈타인

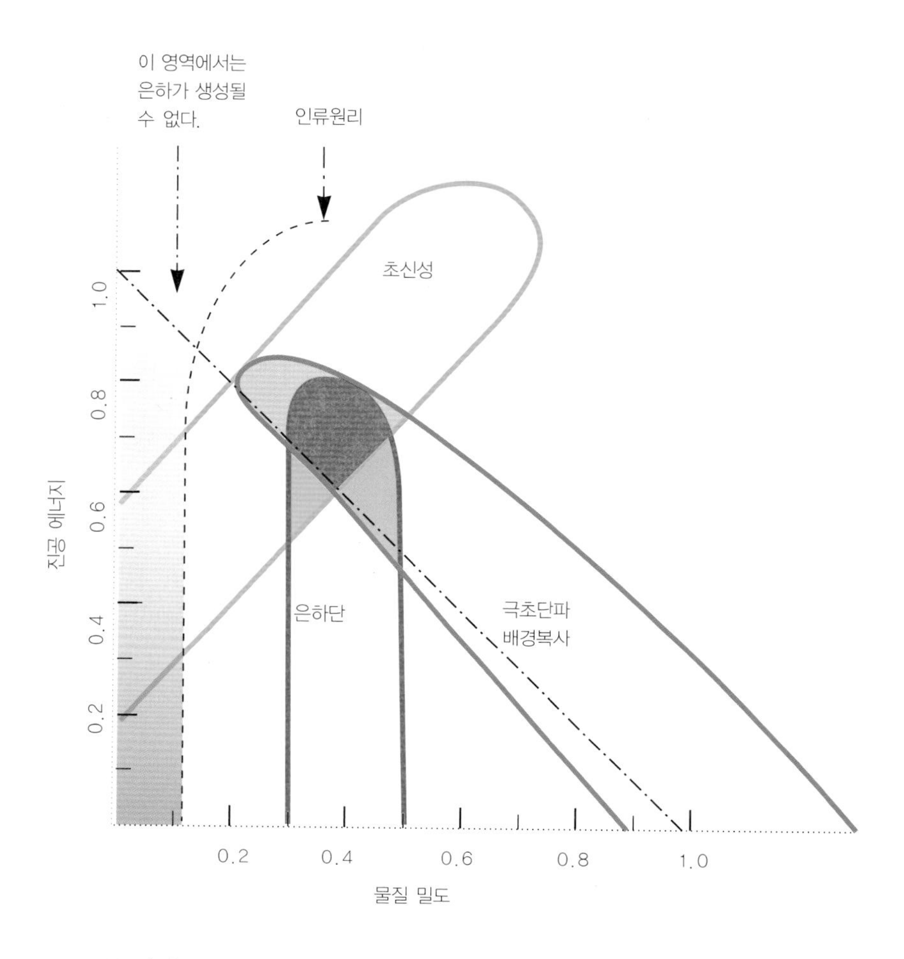

(그림 3.20)
멀리 떨어진 초신성에서 이루어진 관찰과 극초단파 우주배경복사, 그리고 우주 속의 물질의 분포를 종합하면 우주 속에 있는 진공 에너지와 물질 밀도는 대략적으로 추정이 가능하다.

를 가진 우주의 역사는 은하들을 형성하지 못했을 것이다. 따라서 “왜 진공 에너지가 그처럼 낮은가?” 라는 질문을 제기할 수 있는 존재도 포함하지 못했을 것이다.

우리는 다양한 관측을 통해서 우주 속에 있는 물질과 진공 에너지의 양을 결정하려고 노력하고 있다. 우리는 물질 밀도가 수평축이고 진공 에너지가 수직축인 도표에 그 결과를 나타낼 수 있다. 이 도표에서 점선은 지적 생명체가 발생할 수 있는 영역의 경계를 보여준다(그림 3.20).

초신성, 은하의 형성 그리고 극초단파 배경복사에 대한 관찰결과가 각기 도표 상에 나타나 있다. 다행스럽게도 이 세 영역들은 모두 공통된 교차면을 가진다. 만약 물질 밀도와 진공 에너지가 이 교차면에 위치한다면, 그것은 우주의 팽창이 오랜 감속기간을 거친 후에 다시 가속되기 시작했음을 뜻

"나는 호두껍질 속에 갇혀
자신을 무한 공간의 제왕으로 생각할 수도 있다.
악몽만 꾸지 않는다면"

— 셰익스피어 「햄릿」 제2막 제2장

한다. 인플레이션은 자연의 본성인 것 같다.

이 장에서 우리는 방대한 우주의 거동이 허시간에서의 역사라는 관점에서 이해될 수 있다는 것을 살펴보았다. 그것은 작고 조금 편평화된 구면이다. 따라서 그것은 햄릿의 호두껍질과 매우 흡사하다. 그러나 이 껍질은 실시간에서 일어나는 모든 일들을 기록한다. 따라서 햄릿의 말은 지극히 옳은 셈이다. 우리는 호두껍질 속에 갇혀 있으면서, 동시에 우리 자신을 무한한 공간의 왕으로 간주할 수 있다.

제4장
미래 예측

블랙홀 속에서 일어나는 정보손실이
어떻게 우리의 미래 예측 능력을 감소시킬 수 있는가.

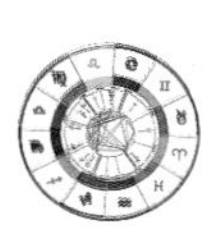

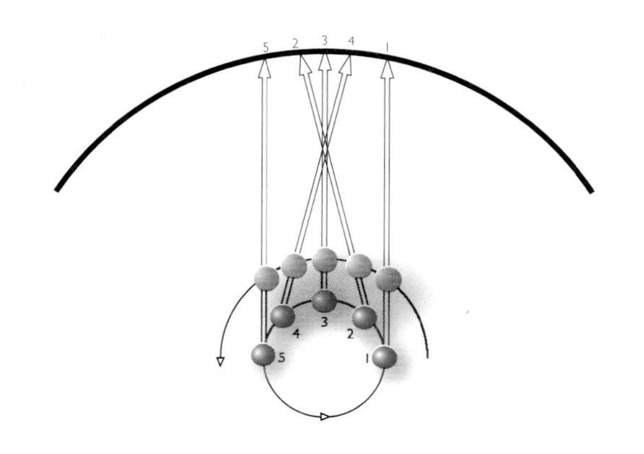

(그림 4.1)
태양 주위를 공전하는 지구 위의 관찰자(청색)가 별자리를 배경으로 화성(적색)을 보고 있다.
하늘의 행성들이 일으키는 복잡한 겉보기 운동은 뉴턴의 법칙에 의해서 설명될 수 있고, 개인의 운명에는 아무런 영향도 주지 않는다.

인류는 항상 미래를 제어하기를 원하거나, 아니면 최소한 미래에 어떤 일이 일어날지 예측하고 싶어했다. 점성술이 그처럼 큰 인기를 누린 것은 그 때문이다. 점성술은 지구에서 일어나는 모든 일들이 하늘에서 운행되는 항성들의 움직임과 연관된다고 주장한다. 만약 점성술사들이 자신들의 목을 내놓고 검증 가능한 확실한 예측을 했다면, 그것은 과학적으로 검증 가능한 가설이 되었을 것이다. 그러나 현명하게도 점성술사들은 애매모호한 예측을 했기 때문에 어떤 결과에도 적용이 가능했다. 가령 "인간관계가 빈번해질 것이다"라든가 "금전적으로 보상받을 기회가 올 것이다"라는 식의 예측은 결코 거짓임이 입증될 수 없다.

그러나 대부분의 과학자들이 점성술을 믿지 않는 실제 이유는 과학적 증거나 그 증거의 결여 때문이 아니라 점성술이 실험에 의해서 검증되어온 다른 이론들과 모순되기 때문이다. 코페르니쿠스와 갈릴레오가 행성들이 지구가 아닌 태양 주위를 돈다는 사실을 발견하고, 뉴턴이 행성들의 운동을 지배하는 법칙을 발견했을 때, 점성술은 지극히 믿기 어려운 지위로 전락하게 되었다.

지구에서 보았을 때 배경 하늘에 대한 다른 행성들의 위치가 스스로를 지적 존재라고 부르는 그리 대단치 않은 행성 위의 거대분자와 어떤 상관관계를 가지는가?(그림 4.1) 그러나 지금까지 점성술은 이 사실을 우리에게 믿게 만들었다. 이 책에 기술된 이론들 중 일부는 점성술에 비해서 실험적인 증거

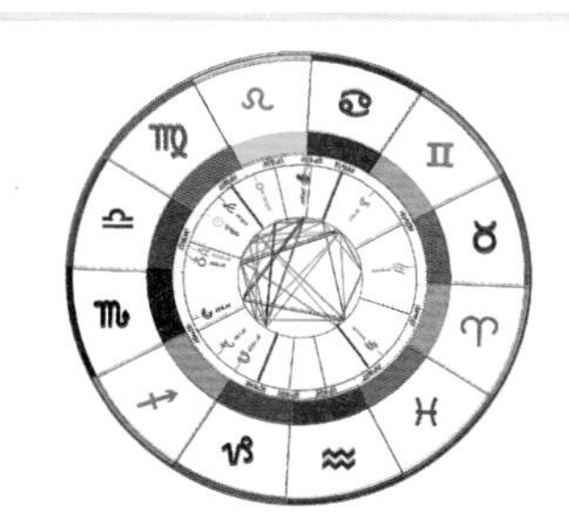

"이 달에 화성이 궁수자리에 드는 때가 당신에게는 자각을 얻을 수 있는 시간이 될 것입니다. 화성은 당신에게 다른 사람들이 옳다고 생각하는 것과 정반대의 신념으로 살아갈 것을 요구합니다.
20일에 토성이 관운(官運)과 경력을 관장하는 영역에 도달하면 당신은 책임을 지고 어려운 관계를 다루는 법을 배우게 될 것입니다.
만월이 되면, 당신은 당신의 전 인생에 대한 훌륭한 통찰력을 얻을 것이고, 그 통찰력이 당신을 송두리째 바꾸어놓을 것입니다."

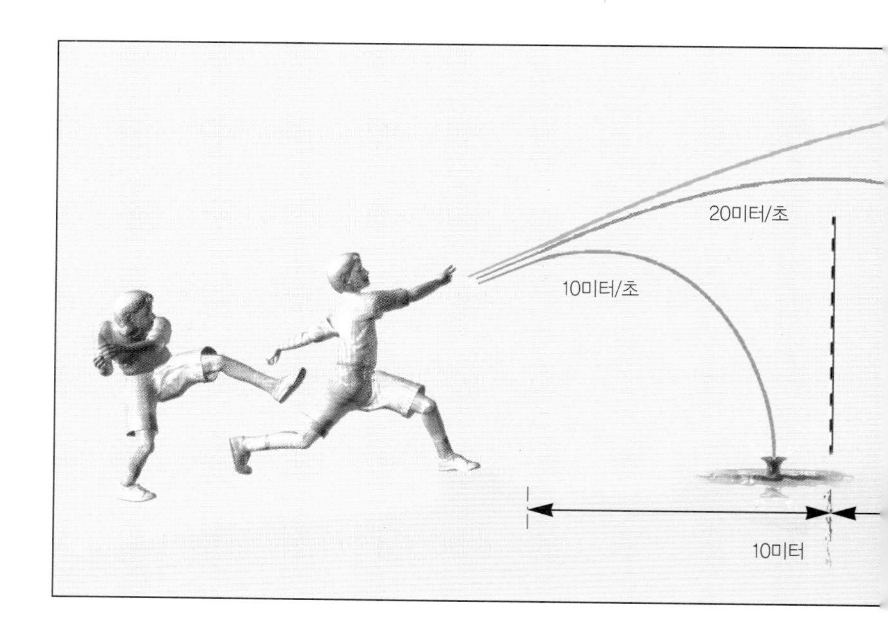

(그림 4.2)
야구공이 던져진 위치와 속도를 알면, 야구공이 어디로 갈지 예측할 수 있다.

를 더 많이 가지고 있지 않다. 그럼에도 불구하고 우리는 그 이론들을 믿는다. 그 이유는 그 이론들이 지금까지 검증을 통해서 살아남은 다른 이론들과 모순되지 않기 때문이다.

뉴턴의 법칙을 비롯한 그밖의 물리이론들이 거둔 성공은 과학적 결정론이라는 개념으로 이어졌다. 결정론은 19세기 초에 프랑스의 과학자 라플라스 후작에 의해서 제기되었다. 라플라스는 만약 우리가 주어진 시간에 우주 속에 있는 모든 입자들의 위치와 속도를 안다면, 물리법칙이 우리에게 과거나 미래의 다른 시간에 우주가 처하게 될 상태를 예측하게 해줄 것이라고 주장했다(그림 4.2).

다시 말해서, 결정론이 옳다면, 이론상 우리는 미래를 예측할 수 있어야 할 것이고 굳이 점성술이 필요하지 않을 것이다. 물론, 실제로는 뉴턴의 중력이론처럼 간단한 이론이 제공하는 방정식도 두 개 이상의 입자에 대해서는 정확한 답을 얻을 수 없다. 게다가 그 방정식들은 종종 카오스라고 부르는 특성을 가지기 때문에 특정 시간에 위치와 속도에 일어난 작은 변화가 이후 시간에 완전히 다른 결과를 낳을 수 있다. "쥐라기 공원"을 본 사람들이라면 알겠지만, 한 장소에서 일어난 작은 요동이 다른 장소에서 엄청난 변화를 일으킬 수 있다. 도쿄에서 나비 한 마리가 날개를 치면 뉴욕 센트럴 파크에서 비가 내릴 수도 있는 것이다(그림 4.3). 그런데 문제는 이러한 사건들의 순서를 그

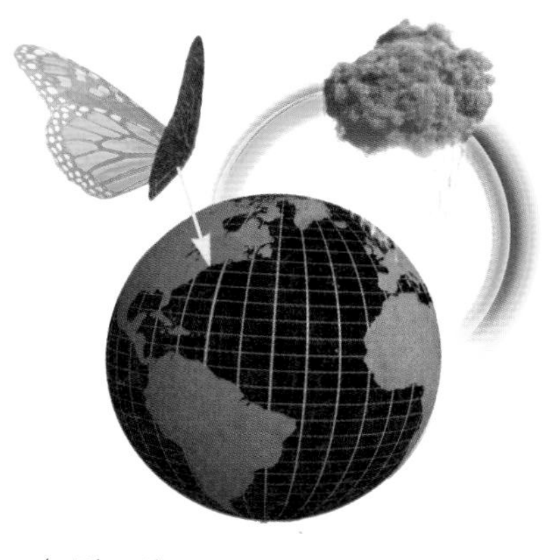

(그림 4.3)

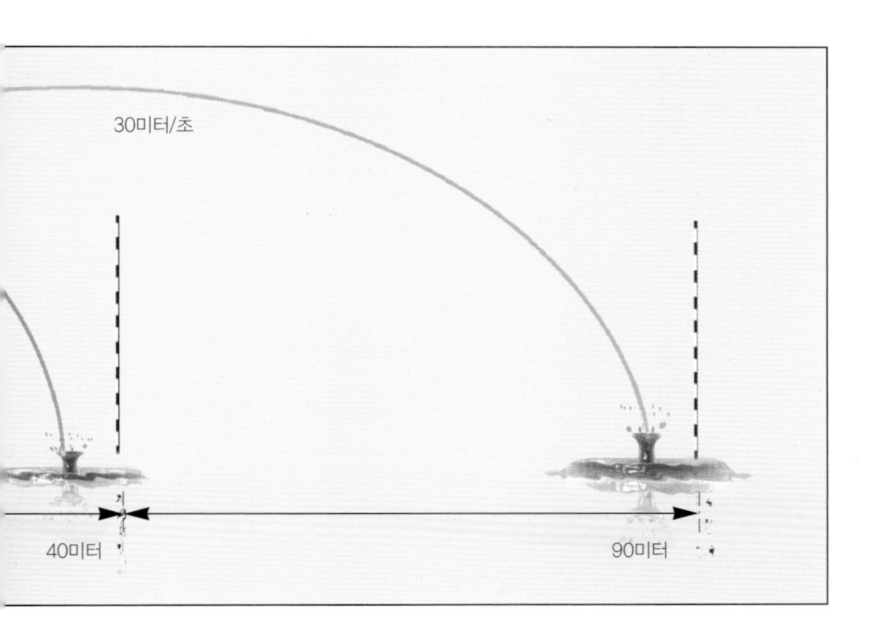

대로 재연할 수 없다는 것이다. 다음 번에 그 나비가 날개를 칠 때에는 그밖의 수많은 요인들이 달라져 있을 것이고, 그러한 변화 역시 기상에 영향을 줄 것이다. 기상예보의 신뢰도가 떨어지는 이유는 바로 그 때문이다.

따라서 이론상으로는 양자전기역학의 법칙들이 우리가 화학과 생물학에서 모든 것을 설명할 수 있도록 허용하는 것처럼 보이지만, 수학 방정식을 통해서 인간 행동을 예측하려는 시도는 그다지 큰 성공을 거두지 못하고 있다. 그렇지만 이러한 실제적인 어려움에도 불구하고, 대부분의 과학자들은, 역시 이론상이지만, 미래가 예측 가능하다는 생각으로 위안을 삼고 있다.

일견 결정론은 한 입자의 위치와 속도를 동시에 정확히 측정할 수 없다는 불확정성 원리에 의해서도 위협받는 것처럼 보인다. 우리가 그 위치를 정확하게 측정할수록, 속도에 대한 측정은 정확도가 떨어지고, 그 역의 경우도 성립한다. 라플라스식 과학적 결정론은 만약 우리가 주어진 시간에 입자의 위치와 속도를 안다면, 과거나 미래의 모든 시간에 그 입자의 위치와 속도를 결정할 수 있다고 주장한다. 그러나 만약 불확정성 원리가 주어진 시간에 위치와 속도를 동시에 정확히 알지 못하게 방해한다면, 어떻게 우리가 예측을 시작이나 할 수 있겠는가? 아무리 뛰어난 컴퓨터가 있다고 해도 형편없는 데이터를 넣는다면 형편없는 예측이 나올 것이다.

첨두(尖頭) 파동함수 ψ

Δx

위치

입자의 속도에 대한 확률분포

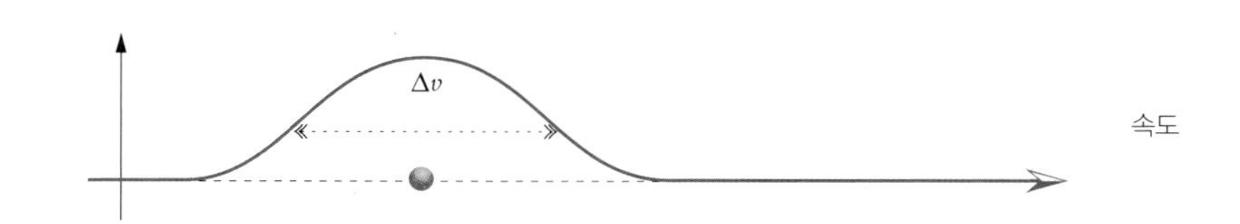

파동이 열을 이루고 있는 파동함수 ψ

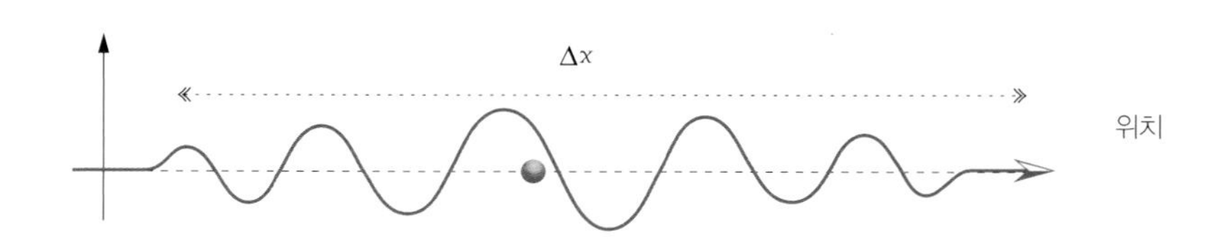

입자의 속도에 대한 확률분포

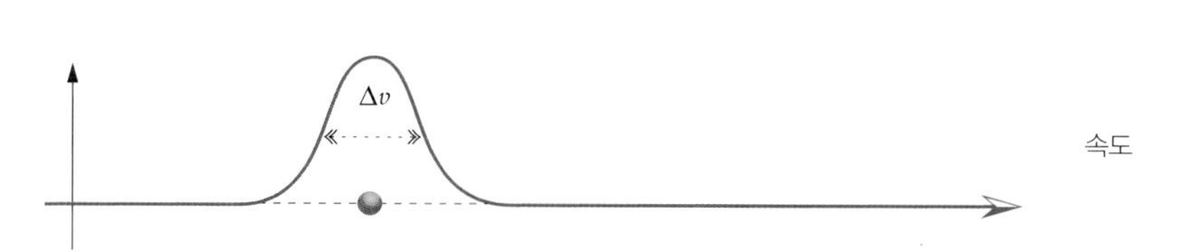

(그림 4.4)
파동함수는 Δx와 Δv가 불확정성 원리를 따르는 방식으로 입자의 속도와 위치가 달라질 확률을 결정한다.

그러나 결정론은, 불확정성 원리를 포괄한, 양자역학이라고 불리는 새로운 이론에서 수정된 형태로 복원되고 있다. 개괄적으로 이야기하자면, 양자역학을 통해서 우리는 고전적인 라플라스의 관점에서 예측할 수 있는 것의 정확히 절반을 예측할 수 있다. 양자역학에서 한 입자는 명확하게 정의된 위치나 속도를 가지지 않지만, 그 상태는 파동함수라는 것에 의해서 표현될 수 있다(그림 4.4).

파동함수란 공간상의 각 지점에 대해서 특정 입자가 그 위치에서 발견될 확률을 숫자로 나타낸 함수이다. 파동함수가 지점에 따라서 변화하는 비율은 입자들의 서로 다른 속도가 어느 정도의 확률을 가지는지 말해준다. 어떤 파동함수는 공간상의 특정 지점에서 급격하게 정점에 도달한다. 이러한 경우, 그 입자의 위치에는 적은 양의 불확실성이 있을 뿐이다. 그러나 우리는 이러한 경우에 도표 상에서 파동함수가 그 지점 근처에서 급격하게, 한쪽에서는 위쪽으로 다른 쪽에서는 아래쪽으로, 변화하는 것을 볼 수 있다. 이것은 그 속도의 확률분포가 넓은 범위에 걸쳐 확산되어 있다는 것을 뜻한다. 다시 말해

서, 속도에서의 불확실성이 큰 것이다. 다른 한편, 파동의 연속적인 행렬에 대해서 생각해보자. 이 경우에 위치에서는 불확실성이 크지만, 속도에서는 불확실성이 적다. 따라서 파동함수에 의한 입자의 기술은 명확하게 정의된 위치와 속도를 지니지 않는다. 이러한 기술은 불확정성의 원리를 만족시킨다. 오늘날 우리는 파동함수가 명확하게 정의될 수 있는 최대한이라는 사실을 알고 있다. 다시 말해서 어떤 입자가 신에게는 알려져 있지만 우리에게는 감추어진 속도와 위치를 가진다고 가정할 수도 없다는 뜻이다. 이러한 "숨겨진 변수(hidden-variable)" 이론은 관찰과 일치하지 않는 결과들을 예측한다. 신조차도 불확정성 원리에 의해서 제약받기 때문에 입자의 위치와 속도를 동시에 알 수 없다. 따라서 신이 아는 것도 파동함수가 고작인 셈이다.

파동함수가 시간에 따라서 변화하는 비율은 슈뢰딩거 방정식이라고 불리는 것에 의해서 주어진다(그림 4.5). 특정 시간의 파동함수를 안다면, 우리는 슈뢰딩거 방정식을 이용해서 과거나 미래의 다른 시간의 파동함수를 알 수 있다. 따라서 양자역학에는 여전히 결정론이 남아 있는 것이다. 물론 그 규모가

(그림 4.5)
슈뢰딩거 방정식

파동함수 ψ의 시간상의 변화는 해밀턴 연산자(Hamiltonian operator) H에 의해서 결정된다. H는 해당 물리계의 에너지와 연관된다.

(그림 4.6)
특수상대성이론의 편평한 시공에서 서로 다른 속도로 움직이는 관찰자들은 시간에 대한 측정치가 서로 다를 것이다. 그러나 슈뢰딩거 방정식을 이용해서 이 모든 시간들에 대해서 미래의 파동함수를 예측할 수 있다.

크게 축소되었지만 말이다. 우리는 위치와 속도를 동시에 예측할 수 없으며, 오직 파동함수를 예측할 수 있을 뿐이다. 파동함수는 우리가 속도나 위치 중 어느 하나를 예측할 수 있게 해주지만, 두 가지를 모두 정확하게 예측하는 것은 불가능하다. 따라서 양자역학에서의 정확한 예측력은 고전적인 라플라스의 세계관에서 가정되었던 것의 절반에 해당한다. 그럼에도 불구하고, 이러한 제한된 의미에서도, 양자역학에 결정론이 포함되어 있다고 주장하는 것은 여전히 가능하다.

그러나 파동함수를 시간에 대해서 앞쪽으로 전개시키는 데에(즉, 미래의 시간에 일어날 일을 예측하는 데에) 슈뢰딩거 방정식을 사용하는 것은 암묵적으로 시간이 모든 곳에서 영원히 평활하게 전개될 것이라는 가정을 전제로 삼고 있다. 이러한 가정은 뉴턴 물리학에서는 분명 참이다. 뉴턴 물리학에서 시간은 절대적인 것으로 가정되었다. 그것은 우주의 역사 속에 있는 모든 사건들에 시간이라고 불리는 숫자가 이름표처럼 붙여졌고, 이러한 일련의 시간 이름표들이 무한한 과거에서 무한한 미래로 평활하게 흘러간다는 의미이다. 이것이 시간에 대한 상식적 관점이고, 대부분의 사람들, 심지어는 대부분의 물리학자들도 그들의 마음 깊은 곳에 간직하고 있던 시간관이었다. 그러나 이미 살펴보았듯이, 1905년에 절대시간의 개념은 특수상대성이론에 의해서 폐기되었다. 특수상대성이론에서 시간은 더 이상 그 자체로 존재하는 독립적인 양(量)이 아니며, 시공이라는 4차원 연속체 속의 하나의 방향에 불과했다. 특수상대성이론에서 서로 다른 속도로 이동하는 관찰자들은 시공을 서로 다른

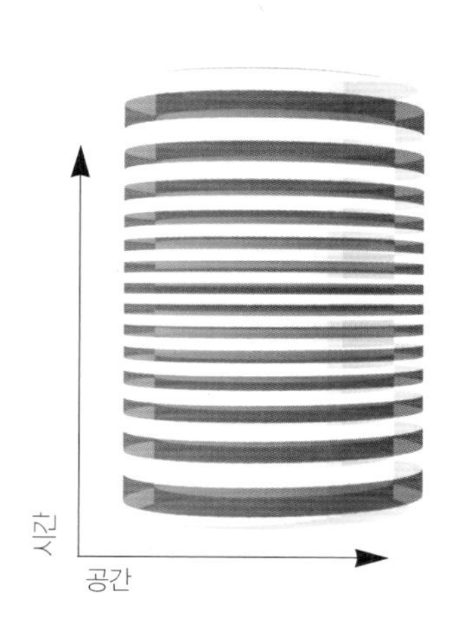

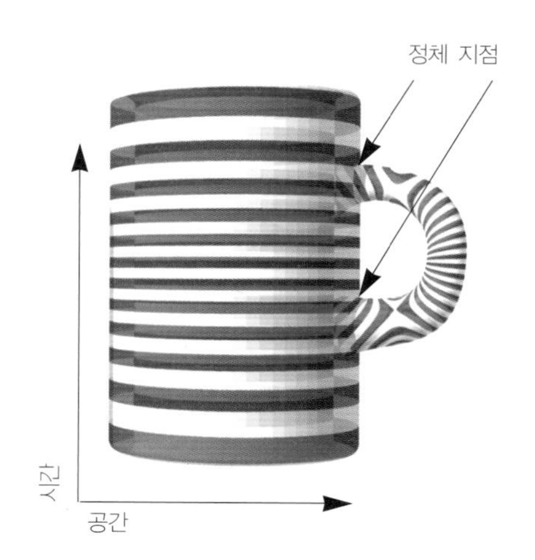

(그림 4.7) 시간이 고여 있는 지점

시간 측정은 손잡이가 주 원통에 결합하는 곳에서 필연적으로 정체지점을 가질 것이다. 이 지점에서 시간은 어느 방향으로도 증가하지 않을 것이다. 따라서 파동함수의 미래를 예견하기 위해서 슈뢰딩거 방정식을 사용할 수 없다.

경로로 통과한다. 각각의 관찰자들은 그 또는 그녀가 지나는 경로를 따라서 그 또는 그녀의 독자적인 시간 척도를 가진다. 그리고 서로 다른 관찰자들은 사건들 사이에서 서로 다른 시간 간격을 측정할 것이다(그림 4.6).

따라서 특수상대성이론에서는 우리가 사건들에 이름을 붙이는 데에 사용하는 고유한 절대시간이란 존재하지 않는다. 그러나 특수상대성이론의 시공은 편평하다. 이 말은 특수상대성이론에서 자유롭게 움직이는 모든 관찰자에 의해서 측정되는 시간은 시공 속에서 무한한 과거의 마이너스(–) 무한대에서 무한한 미래의 플러스(+) 무한대에 이르기까지 평활하게 증가한다는 뜻이다. 우리는 파동함수를 전개하기 위해서 슈뢰딩거의 방정식에서 이러한 모든 시간 척도들을 사용할 수 있다. 따라서 우리는 특수상대성이론에서도 결정론의 양자론적 변형판을 가지는 셈이다.

그러나 시공이 편평하지 않고 그 속에 있는 에너지와 물질에 의해서 비틀리고 휘어 있는 일반상대성이론에서는 사정이 다르다. 우리 태양계에서 시공의 곡률은, 최소한 거시적 척도에서는, 아주 작기 때문에 우리의 일상적인 시간관과 충돌하지 않는다. 이러한 상황에서 우리는 파동함수의 결정론적 전개를 얻기 위해서 슈뢰딩거 방정식 속에서 이러한 시간을 계속 사용할 수 있다. 그러나 일단 시공에 휨을 허용하면, 우리가 합리적인 시간 척도에서 예상하듯이, 모든 관찰자에 대해서 평활하게 증가하는 시간을 허용하지 않는 구조가 나타날 수 있는 가능성이 열린 셈이다. 가령 시공이 수직방향으로 서 있는 원통과 같다고 상상해보자(그림 4.7).

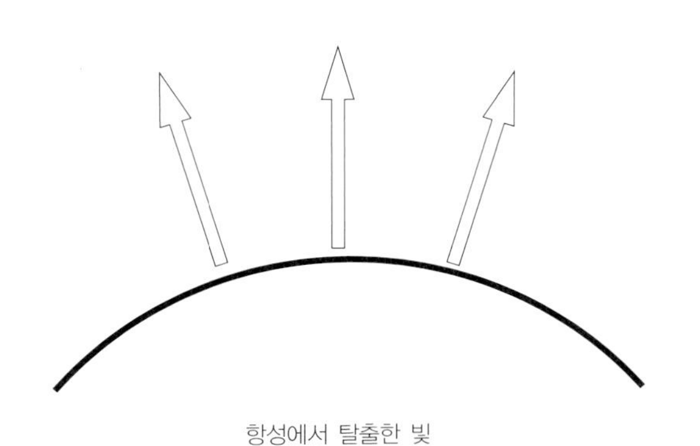

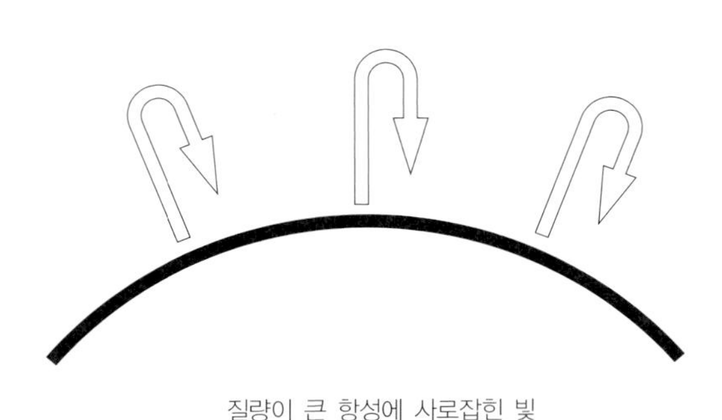

그림 4.9

그림 4.8

이때 원통의 높이는 모든 관찰자에 대해서 증가하는 시간의 크기이고, 마이너스 무한대에서 플러스 무한대까지 진행할 것이다. 그러나 시공이 손잡이(또는 "벌레구멍〔wormhole〕")가 달린 원통이고, 손잡이는 원통에서 가지를 치듯이 뻗어나왔다가 다시 원통에 연결된다고 생각해보자. 그렇게 되면 모든 시간 측정은 손잡이가 주 원통으로 결합되는 정체지점(stagnation point)을 가지게 될 것이다. 그리고 그 지점에서 시간은 정지한다. 이러한 지점들에서 시간은 어떤 관찰자에게도 증가하지 않을 것이다. 이러한 시공에서 우리는 파동함수의 결정론적 전개를 얻기 위하여 슈뢰딩거 방정식을 사용할 수 없다. 벌레구멍을 조심할 필요가 있다. 여러분은 그곳에서 무엇이 튀어나올지 절대로 알 수 없다.

블랙홀은 우리가 시간이 모든 관찰자들에게 증가하지 않는다고 생각할 수 있는 근거를 제공한다. 블랙홀에 대한 최초의 논의는 1783년에 시작되었다. 당시 케임브리지 학장이었던 존 미첼은 다음과 같은 주장을 했다. 만약 대포알과 같은 입자를 수직방향으로 하늘을 향해서 발사한다면, 상승속도는 중력에 의해서 점차 느려지고 결국 그 입자는 상승을 멈추고 다시 떨어지기 시작할 것이다(그림 4.8). 그러나 초기의 상승속도가 탈출속도라고 불리는 임계값보다 크면, 중력은 그 입자를 정지시킬 만한 충분한 힘을 가지지 못하게 된다. 따라서 그 입자는 지구를 벗어나게 될 것이다. 지구의 탈출속도는 초속 약 12킬로미터이고, 태양에서는 초속 약 100킬로미터이다.

슈바르츠실트 블랙홀

1916년에 독일의 천문학자 카를 슈바르츠실트는 구형 블랙홀을 표현하는 아인슈타인의 상대성이론의 해를 발견했다. 그의 연구는 일반상대성이론의 놀라운 함축을 밝혀냈다. 그는 항성의 질량이 충분히 작은 영역 속으로 압축되면 그 항성 표면의 중력장이 워낙 강해져서 빛조차도 빠져나올 수 없다는 것을 증명했다. 이것이 오늘날 우리가 블랙홀이라고 부르는 것이다. 블랙홀은 이른바 사건의 지평선에 의해서 한계지워진 시공의 영역이며, 그곳에서는 빛을 포함해서 그 무엇도 멀리 떨어진 관찰자에게 도달하지 못한다.

오랫동안 아인슈타인을 포함해서 대다수의 물리학자들은 이러한 물질의 극단적인 구성이 실제 우주에서 발생할 가능성에 대해서 회의적이었다. 그러나 오늘날 우리는, 그 형태나 내부구조가 아무리 복잡해도, 충분히 무거운 회전하지 않는 항성이 핵연료를 모두 태우면 반드시 완전히 구형인 슈바르츠실트 블랙홀로 붕괴한다는 사실을 이해하고 있다. 블랙홀의 사건의 지평선의 직경 (R)은 그 질량에 의해서만 결정된다. 그 공식은 다음과 같다.

$$R = \frac{2GM}{c^2}$$

이 공식에서 기호 (c)는 빛의 속도이고, (G)는 뉴턴 상수, (M)은 블랙홀의 질량이다. 가령 태양과 같은 질량을 가진 블랙홀은 직경이 겨우 3.2킬로미터밖에 되지 않는다!

이러한 탈출속도는 실제 대포알의 속도를 훨씬 능가하지만, 초속 30만 킬로미터나 되는 빛의 속도에 비한다면 아주 느린 셈이다. 따라서 빛은 아무런 어려움 없이 지구나 태양을 벗어날 수 있다. 그러나 미첼은 태양보다 질량이 훨씬 큰 항성들이 있을 수 있으며, 그런 항성들의 탈출속도는 빛의 속도를 넘어설 것이라고 주장했다(그림 4.9). 우리는 그런 항성들을 볼 수 없다. 왜냐하면 그 항성의 중력이 모든 빛이 항성을 벗어나지 못하도록 잡아끌기 때문이다. 그것은 미첼이 어두운 항성(dark star)이라고 불렀고, 오늘날 우리들이 블랙홀이라고 부르는 천체이다.

어두운 항성에 대한 미첼의 생각은 뉴턴 물리학에 기반한 것이었다. 뉴턴 물리학에서 시간은 절대적이고 다른 사건들에 무관하게 진행하는 것으로 간주된다. 따라서 그런 항성들은 우리가 뉴턴적 관점에서 미래를 예측하는 능력에 아무런 영향도 주지 않는다고 생각되었다. 그러나 질량이 큰 천체들이 시공을 휘게 하는 일반상대성이론에서는 상황이 전혀 다르다.

그 이론이 처음 공식화된 직후인 1916년에 카를 슈바르츠실트(그는 제1차 세계대전 당시 러시아 전선에서 병에 걸려 세상을 떠났다)는 블랙홀을 나타내는 일반상대성이론의 장 방정식(field equation)의 해를 발견했다. 슈바르츠실트의 발견은 그 후 오랫동안 이해되지 못했거나 그 중요성이 제대로 인식되지 못했다. 아인슈타인 자신은 결코 블랙홀을 믿지 않았고, 이러한 그의 태도는 일반상대성이론의 오랜 옹호자들 사이에서 공유되었다. 나는 양자이론

(그림 4.10)
퀘이사 3C273. 최초로 발견된 준(準)항성 전파원으로 작은 영역에서 엄청난 양의 전파를 방출한다. 이처럼 높은 광도(光度)를 설명할 수 있는 유일한 방법은 블랙홀 안으로 물질이 떨어지는 메커니즘밖에 없다.

존 휠러

존 아키발드 휠러는 플로리다 주 잭슨빌에서 1911년에 태어났다. 그는 헬륨 원자의 빛의 산란에 대한 연구로 1933년에 홉킨스 대학에서 박사학위를 받았다. 그는 1938년에 덴마크의 물리학자 닐스 보어와 함께 핵분열 이론을 수립했다. 그 후 잠시 동안 휠러는 그의 대학원생이었던 리처드 파인먼과 함께 전기역학에 대한 연구에 몰두했다. 그러나 미국이 제2차 세계대전에 참전한 직후, 두 사람 모두 맨해튼 프로젝트에 가담했다.

질량이 큰 항성의 중력붕괴에 대한 로버트 오펜하이머의 1939년 연구에 자극을 받은 휠러는 1950년대 초에 아인슈타인의 일반상대성이론으로 관심을 돌렸다. 당시 대부분의 물리학자들은 핵물리학 연구에 집중되었고, 일반상대성이론은 물리적 세계에 실제로 연관된 것으로 간주되지 않았다. 그러나 휠러는 거의 혼자 힘으로 — 그 자신의 연구를 통해서, 그리고 프린스턴 대학에서 처음 개설된 상대성이론 강좌를 통해서 — 연구 판도를 바꾸어놓았다.

그로부터 많은 시간이 지난 1969년에 그는 물질이 붕괴한 상태를 지칭하는 '블랙홀'이라는 말을 처음 만들었다. 그렇지만 그런 천체가 실재한다고 믿은 사람은 거의 없었다. 베르너 이스라엘의 연구에 촉발되어 그는 블랙홀에 털이 없을 것이라고 가정했다. 그 뜻은 회전하지 않는 질량이 큰 모든 항성은 실제로 슈바르츠실트 해(解)에 의해서 기술될 수 있다는 의미이다.

에 따르면 블랙홀이 완전히 검지 않다는 내 발견을 주제로 강연을 하기 위해서 파리에 갔던 일을 지금도 기억하고 있다. 그 세미나는 거의 호응을 얻지 못했다. 왜냐하면 당시 파리에서는 아무도 블랙홀을 믿지 않았기 때문이었다. 게다가 블랙홀을 프랑스어로 번역한 "트루 누아(trou noir, 검은 구멍)"라는 말은 프랑스 사람들에게 묘한 성적(性的) 연상을 불러일으키기 때문에 "숨겨진 별"이라는 의미의 "아스트르 오클루(astre occlu)"라는 말로 바꾸어야 할 것이다. 그러나 어떤 암시적인 명칭도 존 아키발드 휠러에 의해서 처음 만들어진 "블랙홀"이라는 용어만큼 대중적인 상상력을 사로잡는 이름은 없을 것이다. 그런 면에서 미국의 물리학자인 휠러는 이 분야에서 많은 현대적인 연구들이 시작되도록 영감을 불어넣어준 인물이다.

1963년에 퀘이사(quasar)가 발견되면서 블랙홀에 대한 연구와 블랙홀을 직접 찾아내기 위한 관측 시도가 폭발적으로 이루어졌다(그림 4.10). 이것은 그러한 연구를 통해서 얻어진 사진이다. 우리가 믿고 있는 퀘이사가 태양 질량의 20배나 되는 항성의 역사라는 것을 생각해보라. 이러한 항성들은 오리온 성운과 같은 거대한 가스 구름 속에서 생성된다(그림 4.11). 가스 구름이 자체 중력으로 수축하면, 가스가 가열되어 핵융합반응을 시작할 수 있는 온도에 도달한다. 핵융합반응을 통해서 수소가 헬륨으로 변환되며, 이 과정에서 생성된 열로 압력이 높아지면서, 새로 태어난 항성은 자체 중력을 이길 수 있는 힘을 얻게 된다. 그리고 이 힘 덕분에 항성은 더 이상 수축하지 않게 된다. 항성은 수소를 태우면서 오랜 시간 동안 이 상태를 유지하고, 우주공간으로 빛과 열을 복사하게 될 것이다.

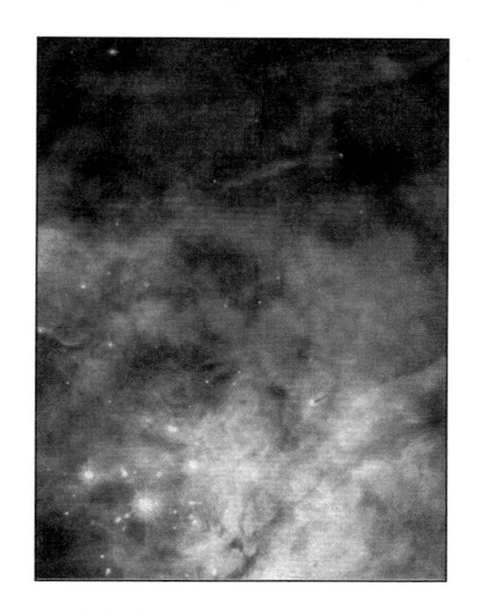

(그림 4.11)
항성은 오리온 성운과 같은 가스와 먼지 구름 속에서 생성된다.

항성의 중력장은 그 항성에서 나오는 빛의 경로에 영향을 줄 것이다. 우리는 시간이 수직축이고, 항성의 중심까지의 거리가 수평축인 도표를 만들 수 있다(114쪽 참조, 그림 4.12). 이 도표에서 항성 표면은 두 개의 수직선으로 표현된다. 이 수직선들은 중심의 양쪽으로 나온다. 우리는 시간을 초 단위로 측정하고, 거리를 광초(光秒), 즉 빛이 1초에 달리는 거리로 나타낼 수 있다. 이 단위를 사용하면, 빛의 속도는 1이다. 다시 말해서 빛의 속도는 초당 1광초를 이동하는 것이다. 이 말은 항성과 그 중력장에서 멀리 떨어진 곳에서의 광선의 경로는 도표에서 수직선에 대하여 45도 각도의 직선이 된다는 뜻이다. 그러나 항성 가까운 곳에서는 그 항성의 질량에 의해서 생성되는 시공 곡률이 광선의 경로를 변화시켜서 도표에서 수직선과의 각도가 줄어들게 된다.

질량이 큰 항성들은 우리의 태양보다 훨씬 빠른 속도로 수소를 태워 헬륨

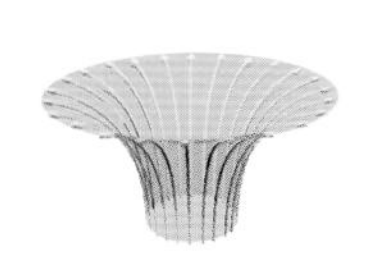

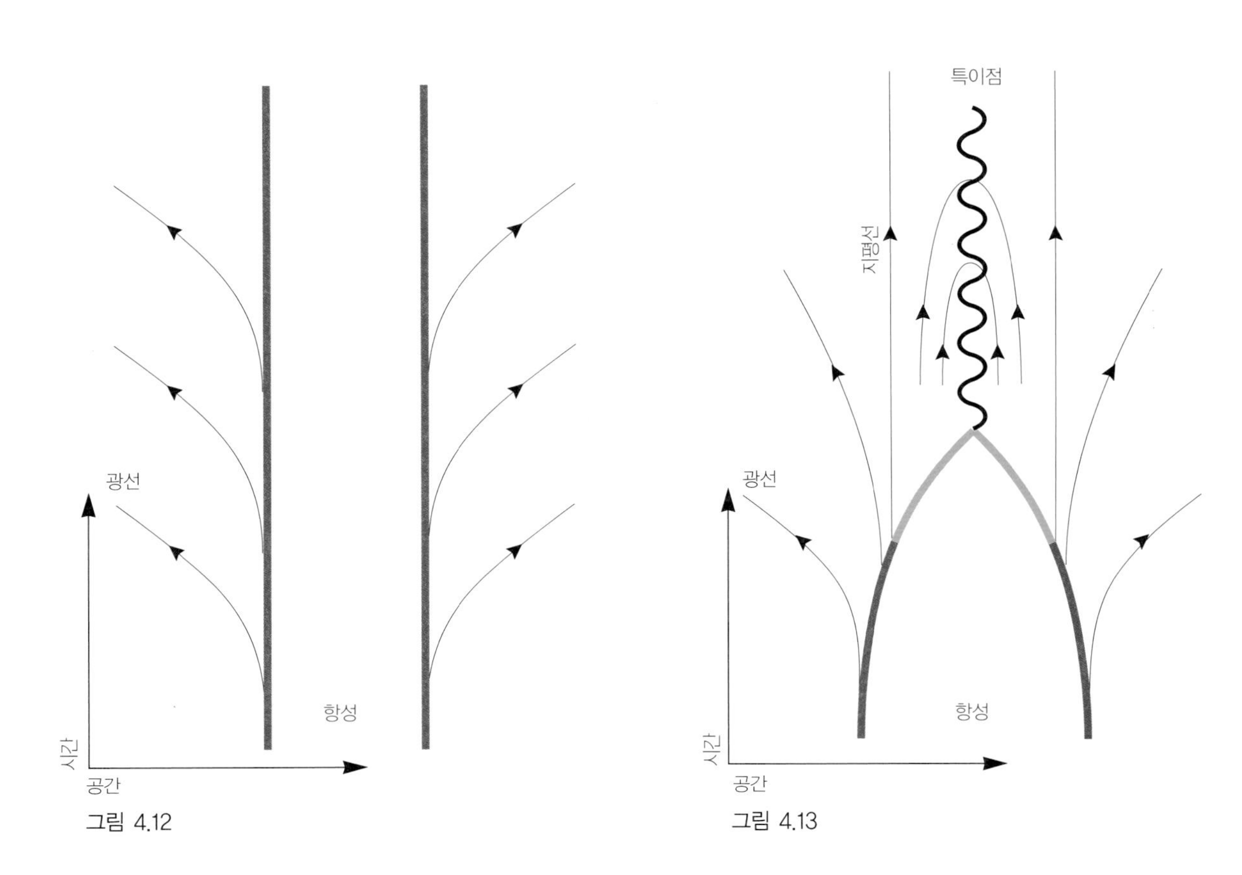

그림 4.12

그림 4.13

(그림 4.12)
붕괴하지 않은 항성 주변의 시공. 광선은 항성 표면(붉은색 수직선)에서 벗어날 수 있다. 항성 표면에서 멀리 떨어진 곳에서는 빛이 수직선에 대해서 45도 각도를 이루지만, 항성에 인접한 곳에서는 수직선에 대한 각도가 작아진다.

(그림 4.13)
항성이 붕괴하면(붉은 선이 한 점에서 만난다), 힘이 너무 커서 표면 근처의 광선은 안쪽으로 움직인다. 블랙홀이 형성되고, 이 영역에서는 빛이 빠져나가지 못하게 된다.

으로 만든다. 따라서 그런 항성들은 불과 수억 년만에 수소 연료를 모두 태운다. 그 후 이러한 항성들은 위기에 직면하게 된다. 그 항성들은 헬륨을 태워서 탄소나 산소처럼 더 무거운 원소로 만들 수도 있지만, 이러한 핵반응은 많은 에너지를 방출하지 않기 때문에 항성들은 중력에 맞서 그 항성을 지지해 주는 열과 온도 압력을 상실하게 된다. 따라서 그 항성들은 점차 수축되기 시작한다. 태양 질량의 두 배 이상인 항성들의 경우, 수축을 정지시키기에 충분한 압력을 얻을 수 없다. 결국 그 항성들은 크기가 영(0)이고 밀도가 무한대인 지점까지 붕괴해서 특이점이라고 불리는 상태가 된다(그림 4.13). 중심까지의 거리와 시간을 기초로 한 도표에서, 항성이 붕괴할수록 그 표면에서 나오는 광선의 경로는 수직선에 대해서 점점 더 작은 각도로 된다. 그리고 그 항성이 특정한 임계 반경에 도달하게 되면, 그 경로는 도표에서 완전히 수직

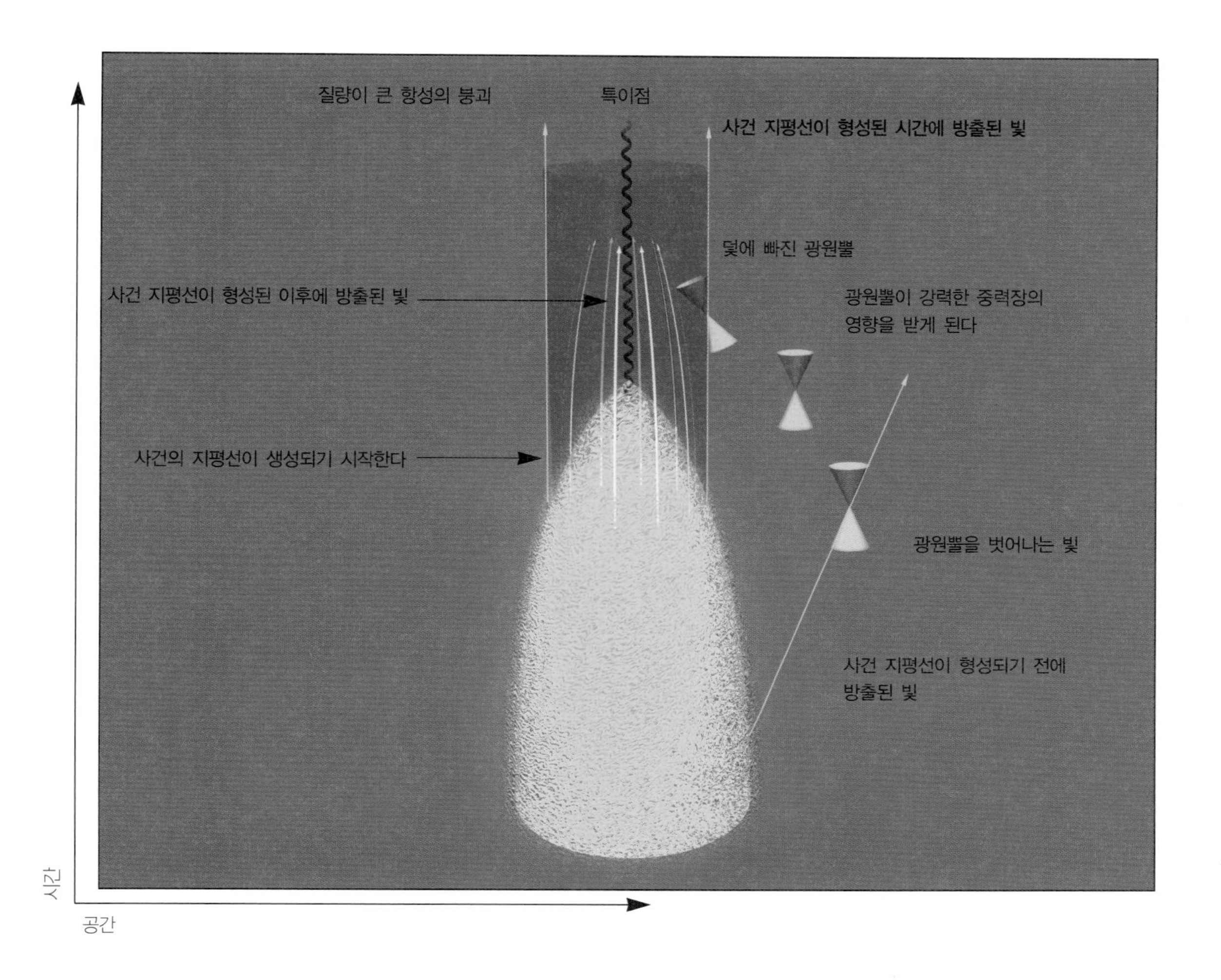

블랙홀의 바깥쪽 경계인 사건의 지평선은 블랙홀에서 벗어나지 못한 광선에 의해서 형성된다. 블랙홀에서 벗어나지 못한 광선은 중심에서 일정한 거리를 유지하면서 떠돈다.

선과 일치한다. 그것은 빛이 항성의 중심과 일정한 거리를 유지하며 결코 그 항성을 빠져나올 수 없다는 것을 뜻한다. 빛의 임계 경로는 사건의 지평선(event horizon)이라고 불리는 경계를 지나게 될 것이다. 사건의 지평선이란 빛이 빠져나올 수 있는 시공과 빠져나올 수 없는 시공을 구분짓는 경계선이다. 항성에서 나온 모든 빛은 사건의 지평선을 지난 다음에는 시공의 곡률에 의해서 안쪽으로 휘어져들어가게 된다. 그리고 그 항성은 미첼의 어두운 항성, 또는 우리가 오늘날 블랙홀이라고 부르는 것이 된다.

빛이 나올 수 없다면 블랙홀을 어떻게 찾을 수 있을까? 그 답은 블랙홀이 이웃 천체들에 대해서 과거와 똑같은 인력을 행사한다는 것이다. 만약 태양이 블랙홀이라면, 그리고 원래의 질량을 전혀 잃지 않은 채 그대로 블랙홀이 된다면, 행성들은 지금과 마찬가지로 그 주위를 공전할 것이다.

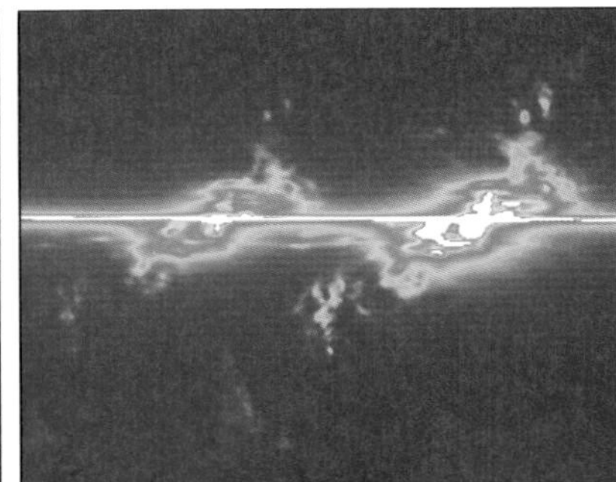

(그림 4.15) 은하 중심부에 있는 블랙홀

왼쪽 : 시야가 넓은 행성 카메라로 촬영한 은하 NGC 4151의 모습
중앙 : 이 영상을 관통하는 수평선은 4151 중심부에 있는 블랙홀에서 발생하는 빛이다.
오른쪽 : 산소 방출의 속도를 보여주는 영상. 모든 증거들은 NGC 4151에 태양 질량의 약 1억 배에 달하는 블랙홀이 존재한다는 것을 시사하고 있다.

따라서 블랙홀을 탐사하는 한 가지 방법은 질량이 크고 밀도가 높은 보이지 않는 천체 주변을 도는 물질을 찾는 것이다. 많은 숫자의 이러한 항성계들이 관찰되었다. 그중에서 가장 인상적인 것은 은하나 퀘이사의 중심부에서 발생하는 거대한 블랙홀일 것이다(그림 4.15).

지금까지 논의된 블랙홀의 특성들은 결정론에 대해서 어떤 심각한 문제도 일으키지 않는다. 블랙홀 속으로 떨어지는 우주비행사에게 시간은 정지하고, 그는 특이점과 마주치게 될 것이다. 그러나 일반상대성이론에서는 다른 장소에서 다른 시간을 측정할 수 있다. 따라서 우주비행사가 특이점에 접근할 때 그 또는 그녀의 시계를 빠르게 가게 하면 시간의 무한한 간격을 여전히 측정할 수 있을 것이다. 시간-거리 도표에서 이 새로운 시간의 항상적인 값의 외양은 특이점이 발생하는 지점 바로 아래쪽 중심부에 모두 집중될 것이다. 그러나 그 시간들은 블랙홀에서 멀리 떨어진 거의 편평한 시공에서 측정되는 일상적인 시간과 일치할 것이다(그림 4.14).

(그림 4.14)

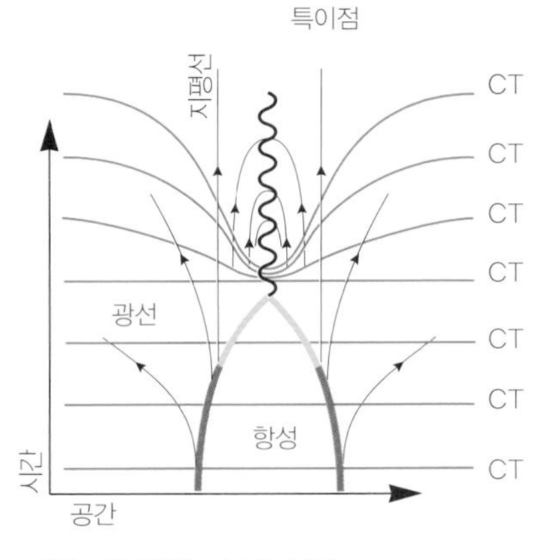

(CT- 항상적인 시간의 선들)

초기함수를 알면 우리는 슈뢰딩거 방정식의 시간을 이용해서 이후 시간의 파동함수를 계산할 수 있을 것이다. 따라서 여전히 결정론의 요소가 남아 있는 셈이다. 그러나 이후 시간에서 파동함수의 일부가 블랙홀 속에 남아 있다는 것을 주목할 필요가 있다. 그런데 블랙홀 안쪽은 바깥에 있는 사람에 의해서 관찰될 수 없다. 따라서 블랙홀 안으로 빨려들어가지 않을 만큼 분별 있는 관찰자라면 슈뢰딩거 방정식을 거꾸로 돌려서 초기시간의 파동함수를 계산할 수 있을 것이다. 그러기 위해서, 그 또는 그녀는 블랙홀 안쪽에 있는 파동함수의 일부를 알아야 할 것이다. 이 함수는 블랙홀 속으로 떨어지는 것에 대한 정보를 포함한다. 이것은 잠재적으로 엄청난 양의 정보이다. 왜냐하면 특정 질량과 회전속도의 블랙홀은 엄청나게 많은 서로 다른 입자들의 집합에서 생성될 수 있기 때문이다. 블랙홀은, 붕괴를 일으켜서 그 블랙홀을 생성시킨, 원래의 천체가 어떤 특성을 가졌는지 여부에 의존하지 않는다. 휠러는 이것

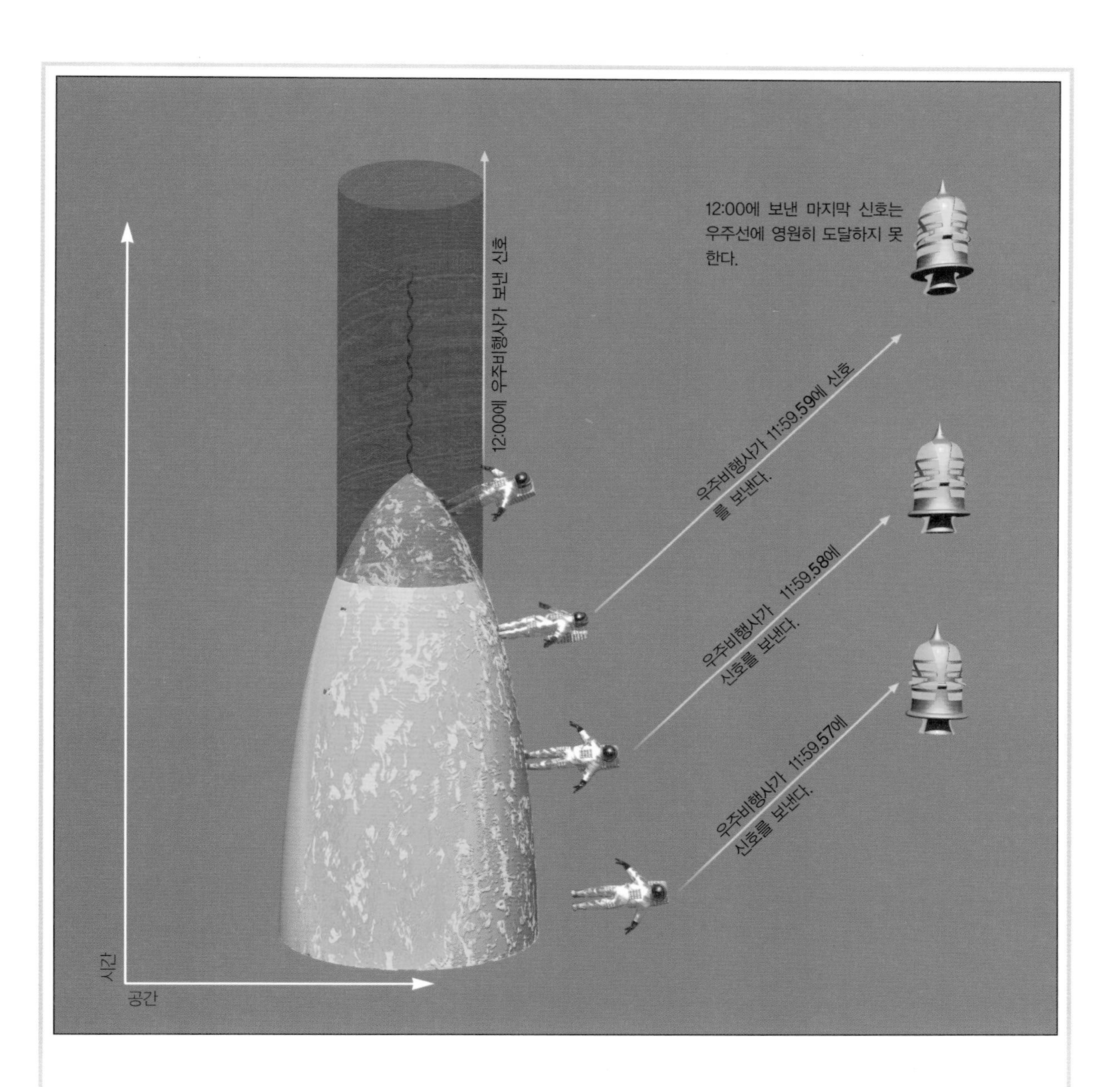
12:00에 보낸 마지막 신호는
우주선에 영원히 도달하지 못
한다.
12:00에 우주비행사가 보낸 신호
우주비행사가 11:59.59에 신호
를 보낸다.
우주비행사가 11:59.58에
신호를 보낸다.
우주비행사가 11:59.57에
신호를 보낸다.
시간
공간

위의 그림에서 우주비행사가 11:59:57에 붕괴하는 항성에 착륙했다. 항성이 임계반경 이하로 수축하면 중력이 너무 강해져서 어떤 신호도 빠져나가지 못한다. 그는 일정한 시간 간격으로 항성 주위를 도는 우주선으로 신호를 보낸다.

이 항성에서 멀리 떨어져서 관찰하는 사람은 항성이 사건의 지평선을 넘어 블랙홀이 되는 모습을 결코 볼 수 없을 것이다. 그 대신 항성이 임계반경 바로 바깥쪽을 떠돌고, 항성 표면의 시계가 점차 느려지다가 마침내 정지하는 것처럼 보일 것이다.

무모정리의 결과

블랙홀 온도

블랙홀은 뜨거운 물체와 마찬가지로 복사를 방출한다. 이때 복사의 온도(T)는 그 질량에 의해서만 결정된다. 좀 더 정확하게 이야기하자면, 복사의 온도는 다음 공식에 따른다.

$$T = \frac{\hbar c^3}{8\pi \; k G M}$$

이 공식에서 (c)는 빛의 속도, ($\hbar$)는 플랑크 상수, (G)는 뉴턴의 중력상수, 그리고 (k)는 볼츠만 상수를 뜻한다. 마지막으로 (M)은 블랙홀의 질량이기 때문에 블랙홀이 작으면 그 온도가 높아진다. 이 공식은 우리에게 태양보다 몇 배 정도의 질량을 가진 블랙홀의 온도가 절대온도 수백만 분의 1도밖에 되지 않는다는 것을 알려준다.

을 "블랙홀에는 털이 없다(a black hole has no hair, 無毛定理)"라고 표현했다. 프랑스인들에게 이 말은 그들이 품은 의구심을 한층 더해주었다.

내가 블랙홀이 완전히 검지 않다는 사실을 발견했을 때, 결정론은 난국에 봉착했다. 제2장에서 살펴보았듯이, 양자이론은 진공이라고 불리는 영역에서도 모든 장(場)이 정확히 영(0)이 될 수 없음을 보여준다. 만약 진공의 장들이 영이라면, 영에 해당하는 정확한 값이나 위치 그리고 역시 영인 정확한 변화율이나 속도가 있어야 할 것이다. 그러나 이러한 가정은 모두 위치와 속도가 동시에 명확하게 규정될 수 없다는 불확정성 원리에 위배된다. 그 대신, 모든 장은 특정한 양의 진공요동이라는 것을 가져야 한다(이것은 제2장에서 설명했던 진자가 영점요동을 가져야 하는 것과 마찬가지이다). 진공요동은 여러 가지 방식으로 해석될 수 있다. 그 해석들은 다른 것처럼 보이지만 실제로는 수학적 등가(等價)이다. 실증주의적 관점에서 볼 때, 해당 문제를 풀기 위해서 어떤 상을 사용하든지 무방하다. 이 경우에는 진공요동을 시공의 일부 지점에서 함께 나타나서, 흩어졌다가, 다시 만나서 쌍소멸하는 가상의 입자쌍으로 생각하는 편이 이해하기 쉬울 것이다. 여기에서 "가상"이라는 말은 이 입자들이 직접적으로 관찰될 수 없으며, 간접적인 효과가 측정될 수 있고, 그 측정치가 괄목할 정도의 정확도로 이론적 예측과 일치한다는 의미이다(그림 4.16).

만약 블랙홀이 존재한다면, 입자쌍 중 하나는 블랙홀 속으로 떨어지고 나머지 하나의 입자는 자유롭게 탈출할 수도 있을 것이다(그림 4.17). 블랙홀에서 멀리 떨어져 있는 사람에게 탈출하는 입자들은 마치 블랙홀에서 방출된 것처럼 보일 것이다. 이때 블랙홀의 스펙트럼은 우리가 뜨거운 물체에서 볼 수 있는 것과 정확히 일치할 것이다. 즉, 그 온도는 블랙홀의 지평선 —— 즉, 경계 —— 의 중력장에 비례한다. 다시 말해서, 블랙홀의 온도는 그 크기에 의존한다.

태양 질량의 몇 배가량 되는 블랙홀의 온도는 절대온도 0도보다 약 100만분의 1도 높은 정도이다. 그보다 큰 블랙홀의 온도는 더 낮다. 따라서 이러한 블랙홀에서 나오는 모든 양자 복사는 뜨거운 빅뱅이 남긴 2.7도의 복사에 —— 제2장에서 설명한 우주배경복사 —— 휩쓸리고 말 것이다. 물론 그보다 질량이 작고 뜨거운 블랙홀에서 방출되는 복사를 찾아낼 가능성이 없는 것은 아니지만, 안타깝게도 그런 블랙홀들은 그리 많지 않은 것 같다. 만약 누군가 그런 블랙홀을 발견한다면, 나는 노벨상을 받을 수 있을 것이다. 그러나 우리는 이러한 복사의 간접적인 관측 증거를 가지고 있으며, 그 증거는 초기 우주에

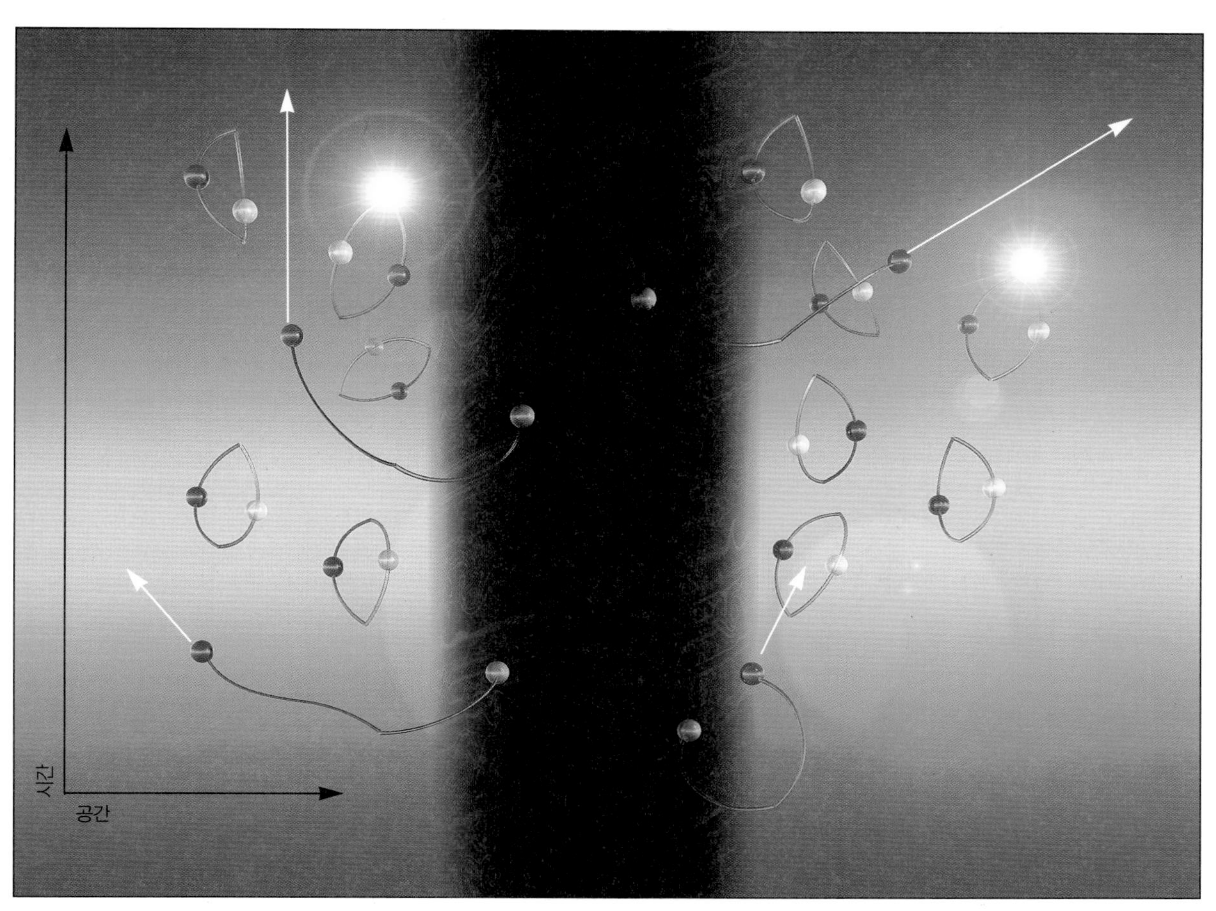

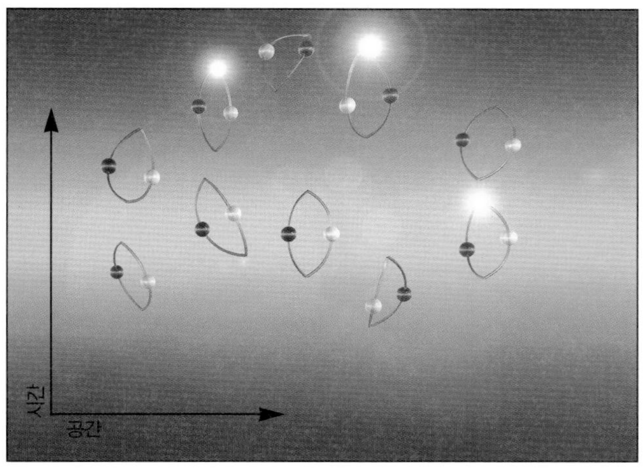

(그림 4.17)
위: 블랙홀의 사건 지평선 근처에서 가상입자들이 나타나서 쌍소멸을 일으킨다.
쌍을 이룬 입자 중 하나는 블랙홀 안으로 떨어지고, 나머지 하나는 탈출한다. 따라서 사건 지평선 바깥에서는 마치 블랙홀이 그 입자를 방출한 것처럼 보인다.

(그림 4.16)
왼쪽: 빈 공간에서 입자쌍이 나타나서 극히 짧은 시간 동안 유지되다가 쌍소멸을 일으킨다.

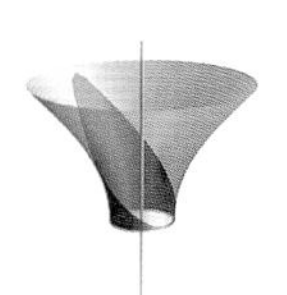

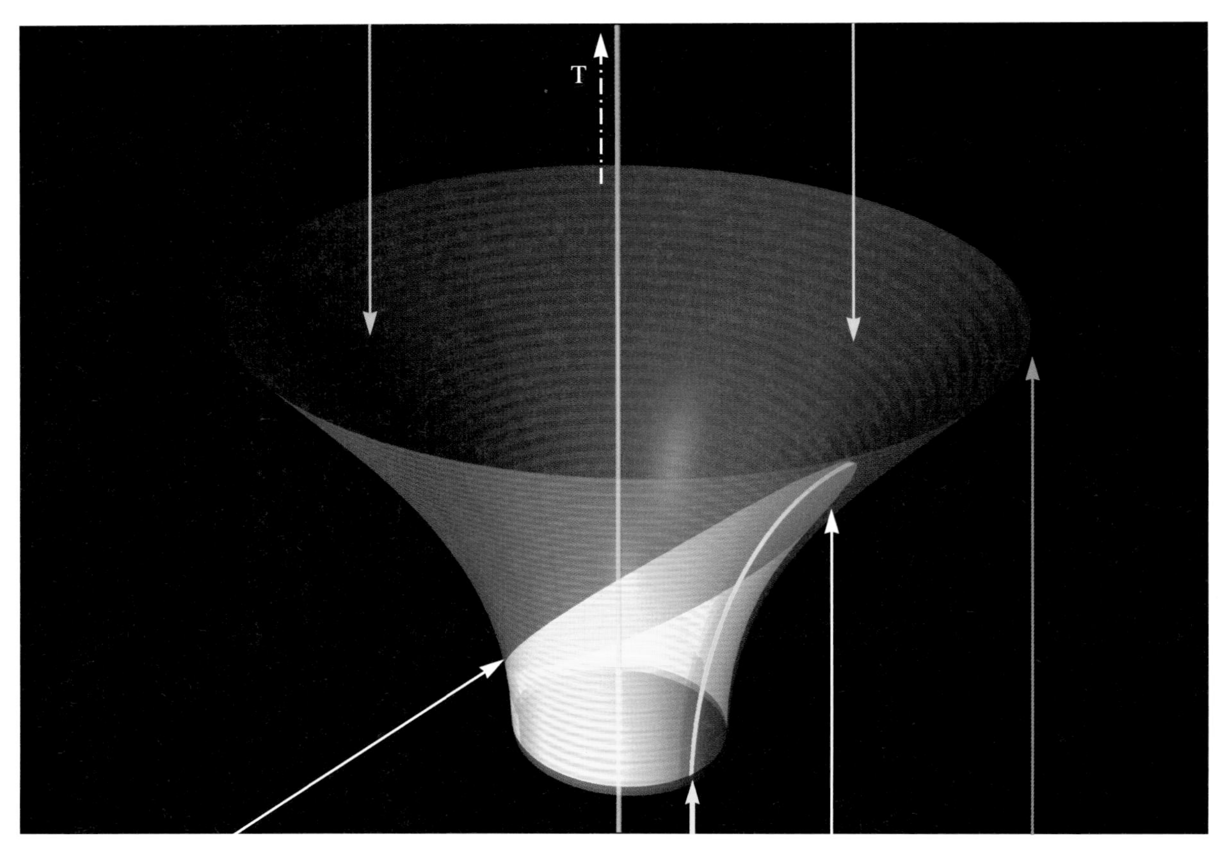

(그림 4.18)
일반상대성이론의 장 방정식에 대한 드 시터의 해는 인플레이션 방식으로 팽창하는 우주를 나타낸다. 이 도표에서 시간은 위쪽 방향으로, 그리고 우주의 크기는 수평 방향으로 표시된다. 공간적 거리가 매우 빠르게 늘어나기 때문에 멀리 떨어진 은하들에서 오는 빛은 우리에게 도달하지 못한다. 따라서 블랙홀에서와 마찬가지로 우리가 관찰할 수 없는 영역의 경계, 즉 사건의 지평선이 존재하는 셈이다.

서 나온다. 제3장에서 소개했듯이, 우주의 역사가 막 시작된 초기에 우주는 인플레이션 시기를 거쳤고, 그 시기에 우주는 계속 가속 팽창했다. 이 시기에 몹시 빠른 속도로 팽창이 진행되었기 때문에 일부 천체들은 너무 멀리 떨어졌고, 그 결과 그 천체에서 나오는 빛이 아직도 우리에게 도달하지 못하고 있다. 따라서 우주에는 블랙홀의 지평선과 같은 지평선이 있을 것이다. 그 지평선은 빛이 우리에게 도달할 수 있는 영역과 그렇지 않은 영역을 구분짓는 경계인 셈이다(그림 4.18).

그밖에도 비슷한 맥락에서, 블랙홀의 지평선에서 나오는 것처럼, 이 지평선에서도 열복사가 방출될 것이라는 주장이 있다. 열복사에 대해서, 우리는 밀도 요동의 특징적인 스펙트럼을 예상할 수 있다는 것을 알고 있다. 이 경우

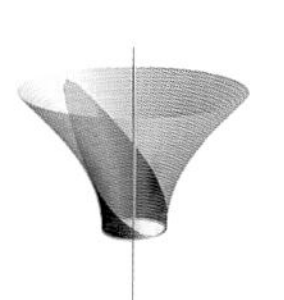

에 이러한 밀도 요동은 우주가 팽창하면서 함께 팽창했을 것이다. 그 길이가 사건의 지평선의 크기보다 커졌을 때 그 요동은 그 속에 고정되었을 것이고, 따라서 오늘날 우리는 그것을 초기 우주의 잔존물로 남아 있는 우주배경복사 온도의 작은 편차로 발견하게 된다. 이러한 편차의 관측치는 열적 요동(thermal fluctuation)에 대한 예측과 놀랄 만큼 정확하게 들어맞는다.

블랙홀의 복사에 대한 관측 증거가 약간 간접적이라고 하더라도, 이 문제를 연구한 사람들은 모두 그동안 우리들이 관찰을 통해서 검증한 이론들과 모순되지 않기 위해서는 블랙홀에서 복사가 나타나야 한다는 사실에 동의한다. 이것은 결정론에 대해서 중요한 함축을 내포한다. 블랙홀에서 나오는 복사는 에너지를 포함할 것이고, 그것은 블랙홀이 점차 질량을 잃게 되어 그 크기가 줄어든다는 것을 뜻한다. 다시 이것은 블랙홀의 온도가 상승하고 그에 따라서 복사율이 증가할 것임을 의미한다. 결국 그 블랙홀은 질량 영(0)의 상태가 될 것이다. 아직 우리는 이 순간에 어떤 일이 일어날지 계산할 수 있는 방법을 알지 못한다. 그러나 자연적이고 합리적인 유일한 결과는 문제의 블랙홀이 완전히 사라지는 것뿐이다. 그렇다면 블랙홀 안쪽의 파동함수의 부분에는 어떤 일이 일어날까? 그리고 블랙홀 안으로 떨어졌던 파동함수가 가지고 있던 정보는 어떻게 될까? 가장 먼저 해봄직한 추측은 이 파동함수의 부분과 그것이 가지고 있던 정보는 블랙홀이 완전히 사라졌을 때 출현하게 되리라는 것이다. 그러나 정보는 무료로 전달될 수 없다. 우리는 전화요금 고지서에서 그 진리를 깨달을 수 있다.

정보가 전달되려면 에너지가 필요하다. 그런데 블랙홀의 최종 국면에서는 남아 있는 에너지가 거의 없다. 따라서 안쪽의 정보가 밖으로 나올 수 있는 유일한 방법은 마지막 단계까지 기다리는 것이 아니라 복사와 함께 연속적으로 나타나는 것이다. 그러나 가상 입자쌍 중에서 하나가 블랙홀 안으로 떨어지고 나머지 하나는 탈출한다는 상에 의하면, 탈출하는 입자가 떨어지는 입자와 연관되거나 그 입자에 대한 정보를 가지고 간다고 생각하기는 힘들 것이다. 따라서 유일한 해답은 블랙홀 안쪽에 있는 파동함수 부분의 정보는 상실되는 것처럼 보인다는 것이다(그림 4.19).

이러한 정보 상실은 결정론에 중요한 함축을 가진다. 우선 우리는 블랙홀이 사라진 후에 파동함수를 안다고 하더라도 슈뢰딩거 방정식을 되돌려서 블랙홀이 생성되기 이전의 파동함수가 어떤 것이었는지 계산할 수 없다. 블랙홀 생성 이전의 파동함수

(그림 4.19)
지평선에서 방출되는 열복사가 양의 에너지를 포함하기 때문에 블랙홀의 질량은 차츰 감소한다. 질량을 잃으면 블랙홀의 온도가 상승하고 복사율이 증가하기 때문에 블랙홀은 점차 빠른 속도로 질량을 잃게 된다. 우리는 블랙홀의 질량이 극도로 감소했을 때 어떤 일이 일어나게 될지 알지 못한다. 가장 가능성이 높은 결과는 블랙홀이 완전히 사라지는 것이다.

는 부분적으로 블랙홀 속에서 소멸한 파동함수의 부분에 의해서 영향을 받을 것이다. 흔히 우리는 과거를 정확히 알 수 있다고 생각한다. 그러나 블랙홀 속에서 정보가 상실된다면, 우리는 과거를 정확히 알 수 없다. 과거에는 어떤 일이든 일어날 수 있었던 것이다.

그렇지만 일반적으로 점성술사와 같은 사람들이나 그들에게 점을 보러 가는 사람들은 과거를 재구성하는 것보다는 미래를 예측하는 쪽에 훨씬 큰 관심을 가진다. 언뜻 보기에 블랙홀 안쪽의 파동함수 부분의 상실은 블랙홀 바깥쪽의 파동함수의 예측을 방해하지 않을 것처럼 생각할 수도 있다. 그러나 이러한 상실이 그 예측을 간섭한다는 사실이 밝혀졌다. 그것은 아인슈타인, 보리스 포돌스키 그리고 네이선 로젠이 1930년대에 했던 사고실험을 생각해보면 이해할 수 있다.

방사성 원소가 붕괴하면서 서로 반대되는 스핀을 가지는 두 개의 입자가 정반대 방향으로 방출된다고 상상해보자. 한쪽 입자만을 보는 관찰자는 그 입자의 스핀이 오른쪽 방향일지 왼쪽 방향일지 예측할 수 없다. 그러나 만약 그 관찰자가 그 입자가 오른쪽 방향의 스핀을 가지는 것으로 측정한다면, 그 또

(그림 4.20)
아인슈타인-포돌스키-로젠의 사고실험에서 어떤 입자의 스핀을 측정한 관찰자는 두 번째 입자의 스핀 방향을 알게 될 것이다.

는 그녀는 다른 입자가 왼쪽 방향의 스핀을 가진다는 것을 확실하게 예측할 수 있으며, 그 역도 성립한다. 아인슈타인은 바로 이 점이 양자역학이 터무니없는 이론임을 보여주는 증거라고 생각했다. 다른 입자가 은하의 반대편에 있을 수도 있는데, 어떻게 순간적으로 그 입자가 어떤 방향의 스핀을 가지는지 알 수 있단 말인가? 그러나 그를 제외한 대부분의 과학자들은 혼란을 일으킨 것은 양자이론이 아니라 아인슈타인이라는 데에 동의했다(그림 4.20). 아인슈타인-포돌스키-로젠의 사고실험은 정보가 빛보다 빠른 속도로 전달될 수 있음을 증명한 것이 아니었다. 오히려 이것이 터무니없는 생각일 것이다. 관찰자는 그가 관찰하는 입자가 오른쪽 스핀으로 측정될 것이라고 선택할 수 없다. 따라서 그는 멀리 떨어진 다른 관찰자의 입자가 왼쪽 방향의 스핀을 가질 것이라고 미리 처방할 수 없는 셈이다.

실제로 이 사고실험은 블랙홀 복사에서 일어나는 일과 정확히 일치한다. 가상 입자쌍은 두 입자가 명확하게 서로 반대되는 스핀을 가질 것임을 예측하는 파동함수를 가질 것이다(그림 4.21). 필경 우리는 바깥쪽으로 탈출한 입자의 스핀과 파동함수를 예측하고자 할 것이다. 그런데 그 예측이 가능하려면

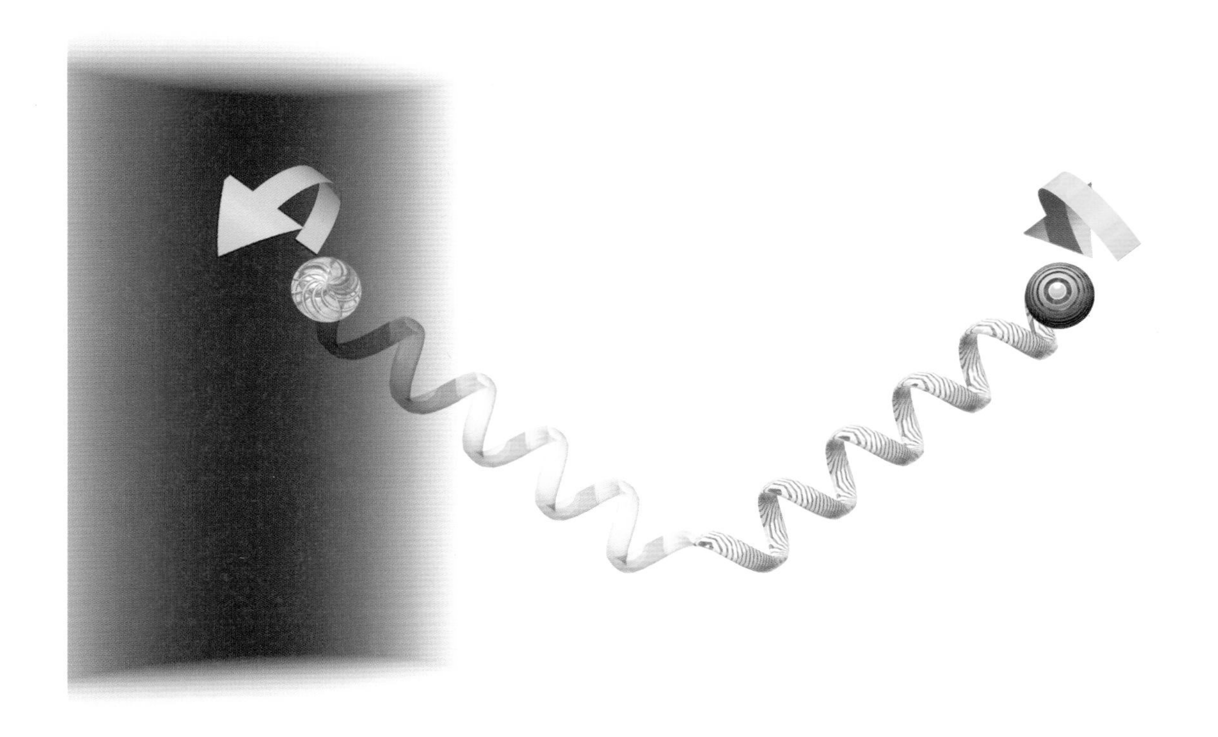

(그림 4.21)
가상 입자쌍은 두 입자의 스핀이 서로 반대 방향이라는 것을 예측하는 파동함수를 가진다. 그러나 한 입자가 블랙홀 안으로 떨어지면, 나머지 입자의 스핀을 확실하게 예측하는 것이 불가능해진다.

블랙홀 속으로 떨어진 입자를 관찰할 수 있어야 한다. 그러나 그 입자는 지금 블랙홀 안쪽에 있다. 그리고 블랙홀 속에서 그 입자의 스핀과 파동함수는 측정될 수 없다. 이러한 이유 때문에 블랙홀을 벗어난 입자의 파동함수나 스핀을 예측하는 것은 불가능하다. 그 입자는 다양한 확률로 서로 다른 스핀과 파동함수들을 가질 수 있으며, 고유한 스핀이나 파동함수를 가지지 않는다. 따라서 우리의 미래 예측력은 크게 축소되는 것처럼 보인다. 불확정성 원리가 위치와 속도를 모두 정확하게 측정할 수 없다는 사실을 입증했을 때, 입자의 속도와 위치가 동시에 예측 가능하다는 라플라스의 고전적인 개념은 수정되어야 했다. 그러나 우리는 여전히 파동함수를 측정할 수 있으며, 슈뢰딩거 방정식을 이용해서 그 파동함수가 미래에 어떻게 될지 예측할 수 있다. 이것은 위치와 속도의 하나의 조합을 확실하게 예측할 수 있게 해준다 —— 이것은 라플라스가 예측할 수 있다고 생각한 것의 절반에 해당한다. 우리는 두 입자가 서로 반대 방향의 스핀을 가질 것임을 확실하게 예측할 수 있다. 그러나 하나의 입자가 블랙홀 속으로 떨어지면, 나머지 입자에 대해서 확실하게 예

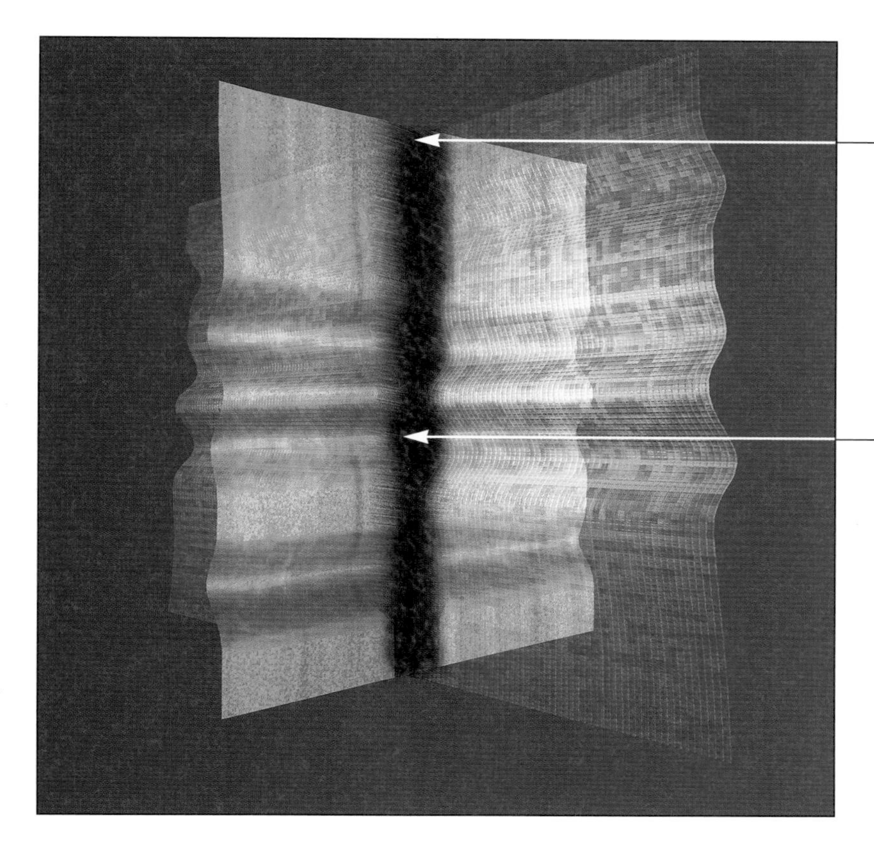

(그림 4.22)
블랙홀은 시공의 여분의 차원들 속에 있는 p-브레인들이 교차하는 교선(交線)으로 생각할 수 있다. 블랙홀의 내부상태에 대한 정보는 p-브레인에 파동으로 저장되어 있을지도 모른다.

측할 수 없다. 이것은 블랙홀 바깥에서는 확실하게 예측 가능한 어떤 측정도 있을 수 없음을 뜻한다. 우리가 명확한 예측을 할 수 있는 능력은 영(0)으로 줄어들 것이다. 따라서 미래를 예측하는 능력의 측면에서는 점성술이 과학법칙에 비해서 크게 뒤지지 않을지도 모른다.

많은 물리학자들은 이러한 식의 결정론의 축소를 좋아하지 않으며, 따라서 블랙홀 안쪽에 있는 정보가 어떤 식으로든 블랙홀을 벗어날 것이라고 주장했다. 지난 수년 동안 어떤 식으로든 이 정보를 구할 수 있는 방법이 발견될 것이라는 경건한 믿음이 계속되었다. 그러나 1996년에 앤드루 스트로밍거와 컴런 베이퍼가 중요한 진전을 이루었다. 그들은 블랙홀이 p-브레인이라고 불리는 수많은 기본 구성 단위들로 이루어졌을 것이라고 가정했다.

p-브레인을 인식하는 한 가지 방법은 p-브레인이 3차원 공간 속을 이동하는 판(sheet)이며 여분의 7차원은 우리가 알아차릴 수 없다고 생각하는 것이다(그림 4.22). 특정한 경우, p-브레인의 파동 수가 블랙홀이 가지고 있을 것으로 예상하는 정보의 총량과 일치한다는 것을 증명할 수 있다. 입자가 p-브

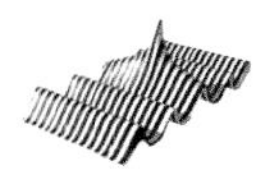

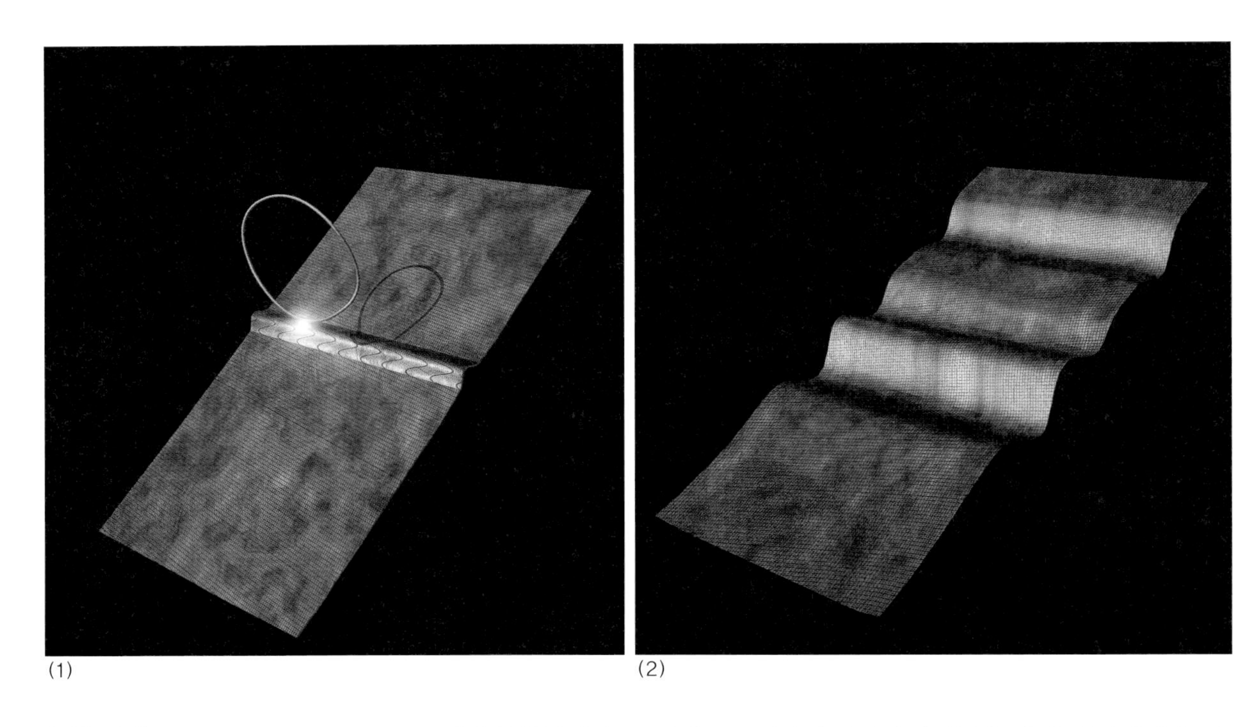

(1) (2)

(그림 4.23)
블랙홀 안쪽으로 떨어지는 입자는 p-브레인을 충격하는 끈의 닫힌 고리로 생각할 수 있다(1). 이 닫힌 고리가 p-브레인의 파동들을 여기(勵起)시킨다(2). 이 파동들이 합쳐져서 p-브레인의 일부를 이탈시켜 닫힌 끈으로 변하게 만들 수 있다(3). 이것이 블랙홀에서 방출되는 입자일지도 모른다.

레인에 충돌하면, 그 입자는 브레인에 여분의 파동들을 여기(勵起)시킨다. 마찬가지로 p-브레인에서 서로 다른 방향으로 움직이는 파동들은 어떤 지점에서 합쳐진다. 그 순간 파동들은 아주 높은 첨두(peak)를 형성하며, 이때 p-브레인의 일부가 이탈해서 입자처럼 방출된다. 따라서 p-브레인은 블랙홀처럼 입자를 방출하거나 흡수할 수 있다(그림 4.23).

우리는 p-브레인을 효율적인 이론으로 간주할 수 있다. 즉, 실제로 편평한 시공을 이동하는 판이 존재한다고 믿을 필요는 없지만, 블랙홀들은 마치 이런 판들로 이루어진 것처럼 거동할 수 있다는 것이다. 그것은 수십억의 수십억에 달하는 H_2O 분자들과 그 분자들 사이의 복잡한 상호작용으로 이루어진 물과 마찬가지이다. 그러나 평활한 액체는 매우 훌륭하고 효율적인 모형이다. p-브레인으로 이루어진 블랙홀의 수학적 모형은 앞에서 소개한 가상 입자쌍과 비슷한 결과를 낳는다. 따라서 실증주의적 관점에서 볼 때, 최소한 특정 종류의 블랙홀에 대해서, 그것은 똑같이 훌륭한 이론이다. 이러한 종류의 블랙홀에서 p-브레인 모형은 가상 입자쌍 모형의 예측과 정확히 같은 비율의 입자 방출을 예견한다. 그러나 한 가지 중요한 차이가 있다. p-브레인 모형에서 블랙홀 안으로 떨어지는 입자에 대한 정보는 p-브레인의 파동함수 속에

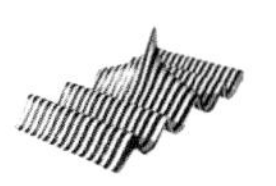

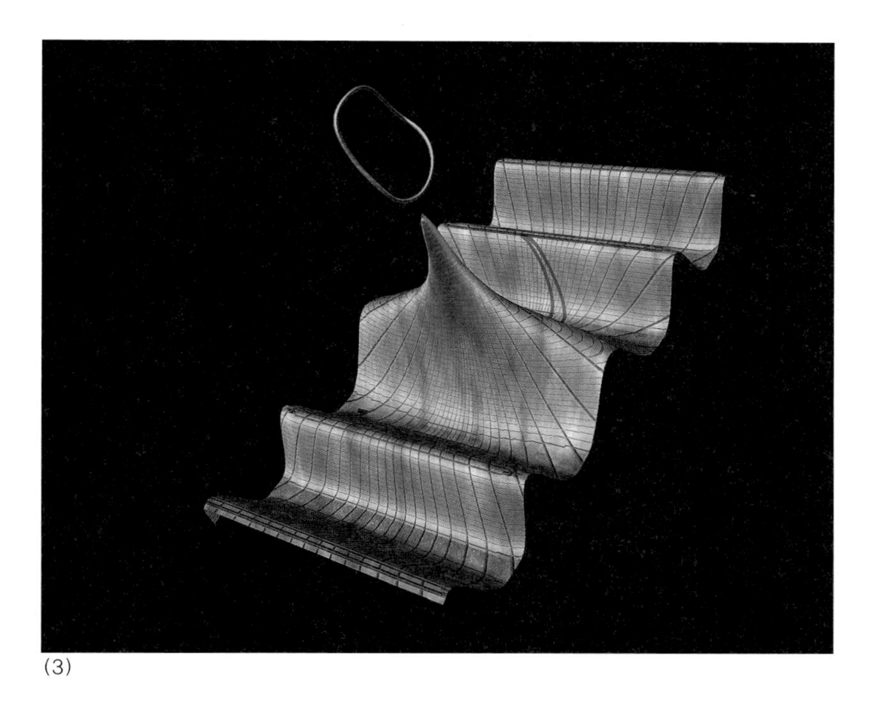
(3)

저장된다. p-브레인은 편평한 시공 속에 있는 판으로 간주되고, 이런 이유 때문에, 시간은 평활하게 앞쪽으로 흐르고, 광선의 경로는 구부러지지 않고, 파동 속에 들어 있는 정보는 상실되지 않을 것이다. 그 대신 그 정보는 결국 p-브레인에서 나오는 복사를 통해서 블랙홀에서 빠져나오게 될 것이다.

따라서 p-브레인 모형에 따르면, 우리는 슈뢰딩거 방정식을 이용해서 그 이후의 시간에 파동함수가 어떻게 될지 계산할 수 있다. 그 계산에 따르면 아무것도 상실되지 않으며, 시간을 평활하게 진행할 것이다. 따라서 우리는 양자적 의미에서 완전한 결정론을 가지게 되는 셈이다.

그렇다면 이러한 상은 옳은가? 파동함수의 일부가 블랙홀 안에서 상실되는가, 아니면 p-브레인 모형이 주장하듯이 모든 정보가 블랙홀 안에서 다시 밖으로 나오는가? 이것은 오늘날 이론물리학에서 풀리지 않은 가장 큰 문제 중 하나이다. 많은 사람들은 최근의 연구 결과 그 정보가 상실되지 않음이 입증되었다고 믿는다. 세계는 안전하고 예측 가능하며, 예측되지 않은 일은 하나도 일어나지 않는다는 것이다. 그러나 사태는 그처럼 분명하지 않다. 아인슈타인의 일반상대성이론을 진지하게 받아들인다면, 우리는 시공이 매듭으로 묶여 있고 그러한 접혀진 부분에서 정보가 상실될 가능성을 허용해야 한다.

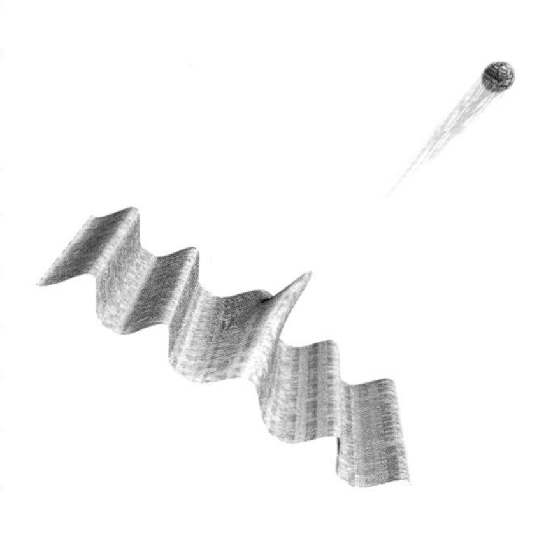

“스타트렉”에 나오는 우주선 엔터프라이즈 호가 벌레구멍을 통과할 때 예상치 못했던 일들이 벌어진다. 나는 그 우주선에 타고 뉴턴, 아인슈타인 그리고 데이터와 포커 게임을 하고 있기 때문에 어떤 일이 일어나는지 안다. 나는 깜짝 놀랐다. 내 무릎 위에서 어떤 일이 벌어지고 있는지 보라.

제5장

과거 보호

시간여행은 가능한가?
진보된 문명의 방문객이 시간을 거슬러올라가서 과거를
바꾸어놓는 일이 가능할까?

Whereas Stephen W. Hawking (having lost a previous bet on this subject by not demanding genericity) still firmly believes that naked singularities are an anathema and should be prohibited by the laws of classical physics,

And whereas John Preskill and Kip Thorne (having won the previous bet) still regard naked singularities as quantum gravitational objects that might exist, unclothed by horizons, for all the Universe to see,

Therefore Hawking offers, and Preskill/Thorne accept, a wager that

> *When any form of classical matter or field that is incapable of becoming singular in flat spacetime is coupled to general relativity via the classical Einstein equations, then*

A dynamical evolution from generic initial conditions *(i.e., from an open set of initial data)* **can never produce a naked singularity** *(a past-incomplete null geodesic from $\mathcal{I}_+$)*.

The loser will reward the winner with clothing to cover the winner's nakedness. The clothing is to be embroidered with a suitable, truly concessionary message.

Stephen W. Hawking **John P. Preskill & Kip S. Thorne**

Pasadena, California, 5 February 1997

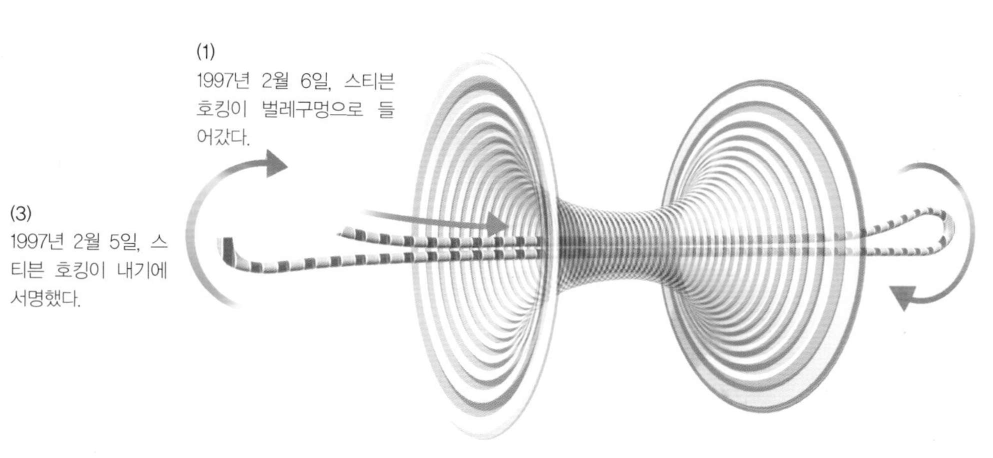

(1)
1997년 2월 6일, 스티븐 호킹이 벌레구멍으로 들어갔다.
(2)
미래에 유전적 초기조건의 역동적인 진화가 결코 벌거벗은 특이점을 생성할 수 없다는 것이 증명되었다.
(3)
1997년 2월 5일, 스티븐 호킹이 내기에 서명했다.

나와 여러 차례 내기를 했던 친구이자 동료인 킵 손은 단지 모든 사람들이 그렇게 따른다는 이유만으로 물리학의 흐름을 그대로 받아들이는 사람이 아니다. 그 때문에 그는 시간여행을 실제적인 가능성으로 진지하게 논의한 최초의 과학자가 되었다.

시간여행에 대한 사변적인 논의를 공개적으로 제기하는 것은 무척 위험스러운 일이다. 공공 자금이 터무니없는 연구에 낭비되거나 군사적 목적으로 분류될 수 있는 연구 수요에 충당될 수 있기 때문이다. 타임머신을 가진 사람에 대항해서 어떻게 우리 자신을 보호할 수 있겠는가? 그들이 역사를 바꾸고, 세계를 지배할지도 모르는데 말이다. 물리학계 내에서 정치적으로 바람직하지 않은 주제를 연구할 만큼 무모한 사람은 극소수에 지나지 않는다. 따라서 우리는 시간여행 이론의 암호에 해당하는 전문 용어를 사용해서 사실을 은폐한다.

킵 손

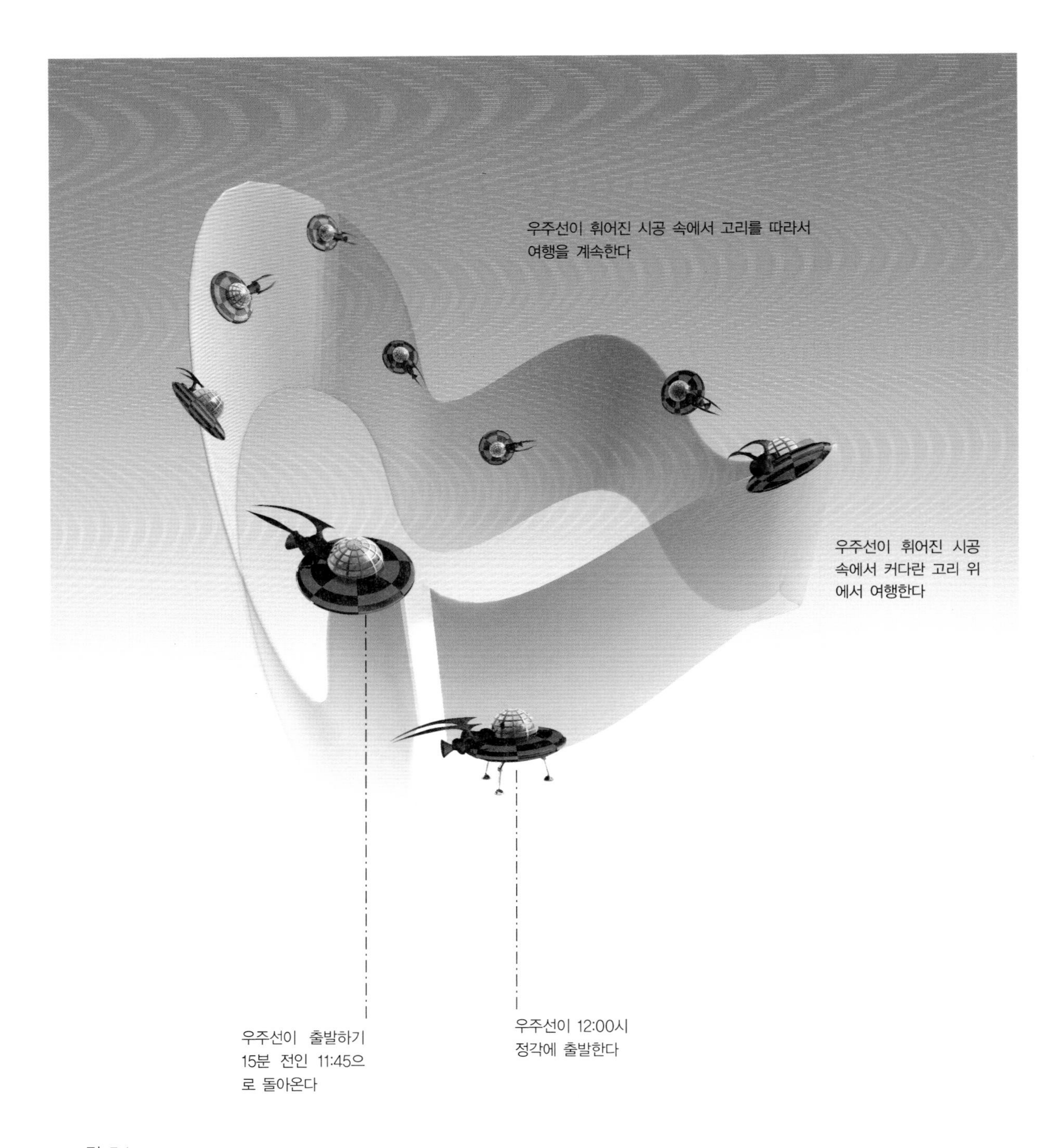
우주선이 휘어진 시공 속에서 고리를 따라서 여행을 계속한다
우주선이 휘어진 시공 속에서 커다란 고리 위에서 여행한다
우주선이 출발하기 15분 전인 11:45으로 돌아온다
우주선이 12:00시 정각에 출발한다

그림 5.1

시간여행을 둘러싼 현대적인 논의의 모든 근거는 아인슈타인의 일반상대성이론이다. 앞 장에서 살펴보았듯이, 아인슈타인 방정식은 시간과 공간이 우주 속에 있는 물질과 에너지에 의해서 어떻게 휘고 왜곡되는지를 기술함으로써 시간과 공간의 동역학을 수립했다. 일반상대성이론에서 손목시계로 측정한 개인의 시간은 항상 증가한다. 그것은 뉴턴 이론이나 특수상대성이론의 편평한 시공에서와 마찬가지이다. 그러나 일반상대성이론에서는 시공이 크게 휘어질 수 있기 때문에 우주선을 타고 출발해서 출발하기 이전 시간으로 돌아갈 수 있는 가능성이 열린다(그림 5.1).

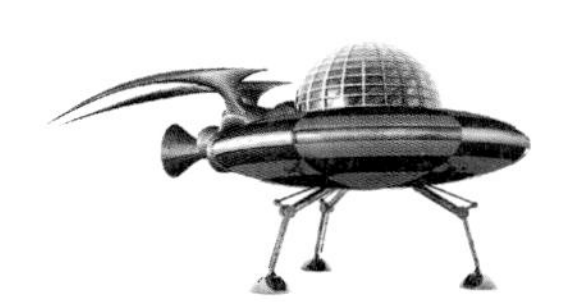

이러한 일이 일어날 수 있는 한 가지 가능성은, 제4장에서 설명했듯이, 시공의 서로 다른 영역들을 연결시켜주는 벌레구멍이라는 시공 속의 관(tube)이 존재한다고 가정하는 것이다. 이 가정에 따르면 여러분은 벌레구멍의 한쪽 구멍으로 우주선을 몰고 들어가서 다른 쪽 구멍으로 나올 수 있다. 그때 여러분은 출발했던 곳과는 전혀 다른 장소와 시간에 있게 된다(136쪽 참조, 그림 5.2).

벌레구멍은, 만약 그것이 정말 존재한다면, 공간에서의 속도제한이라는 문제에 대한 해결책이 될 수 있을 것이다. 우주선이 상대성이론이 제한하는 광속 이하의 속도로 달린다면 은하를 가로지르는 데에 수만 년이 걸릴 것이다. 그러나 벌레구멍을 통과하면 순식간에 은하의 반대편으로 갔다가 저녁 식사 시간에 늦지 않게 돌아올 수 있다. 그뿐이 아니다. 만약 벌레구멍이 있다면, 여러분은 그것을 이용해서 출발하기 전의 시간으로 갈 수도 있다. 따라서 여러분은 아예 우주선이 출발하지 못하도록 출발 이전으로 돌아가서 로켓을 폭파시킬 수도 있을 것이다. 이것은 할아버지 역설의 변형판에 해당한다. 다시 말해서 만약 여러분이 과거로 돌아가서 여러분의 아버지를 낳기 전에 할아버지를 죽인다면 어떻게 되겠는가?(138쪽 참조, 그림 5.3)

물론 이것은 여러분이 과거로 돌아갔을 때 하고 싶은 일을 마음대로 할 수 있는 자유의지를 가졌다고 믿을 때에만 성립하는 역설이다. 이 책에서는 자

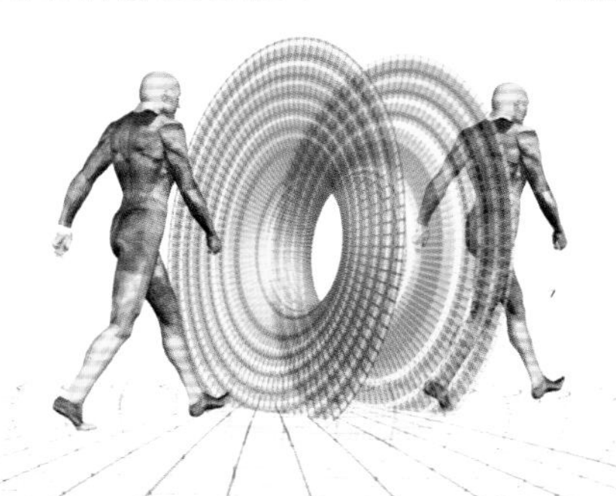

(그림 5.2) 쌍둥이 역설의 두번째 변형판

(1)
양 끝이 가깝게 붙어 있는 벌레구멍이 있다면, 여러분은 벌레구멍을 통과해서 들어간 시간과 같은 시간에 나올 수 있을 것이다.

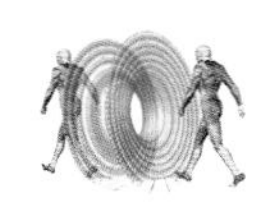

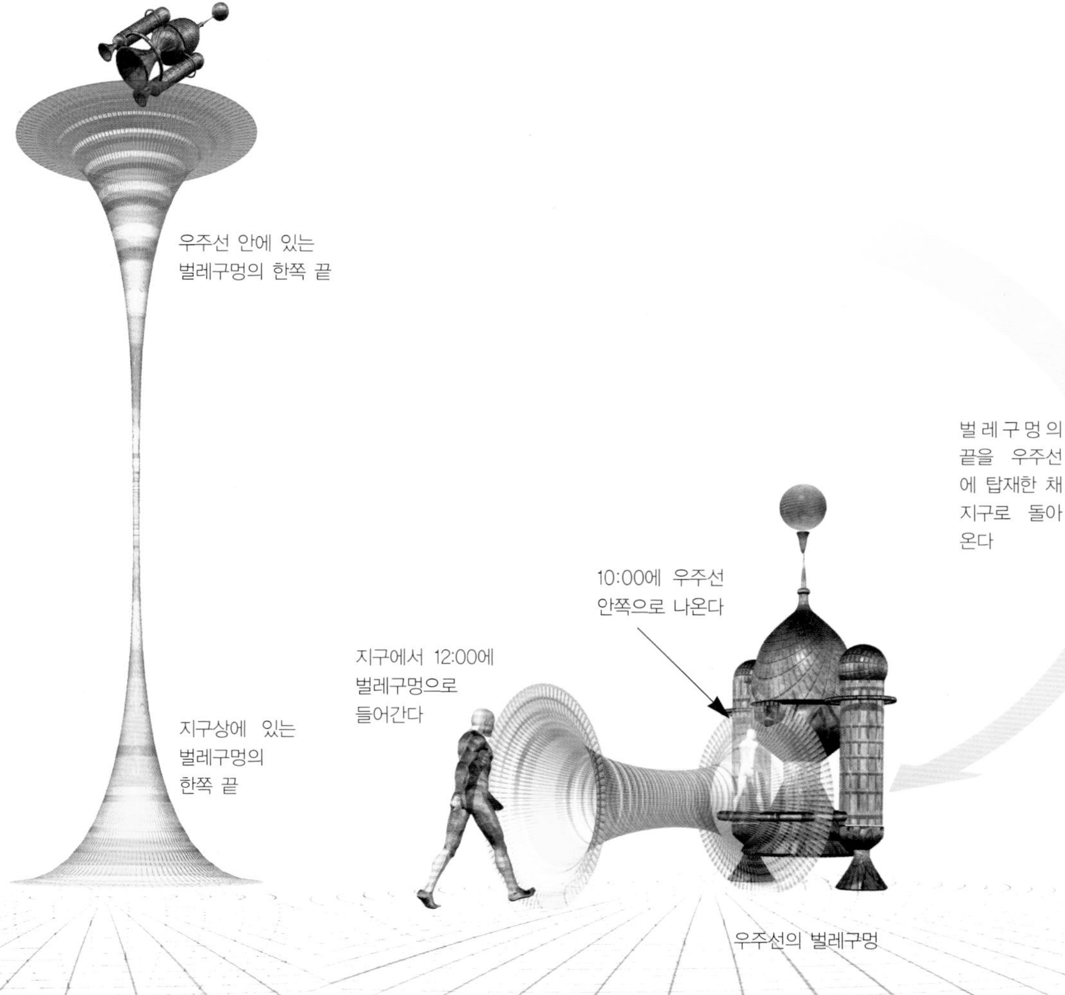

(2)
한 사람이 우주선을 타고 벌레구멍의 한쪽 끝으로 들어가서 오랜 여행을 하고, 다른 사람은 지구에 남아 있는 경우를 상상할 수 있다.

(3)
쌍둥이 역설 효과 때문에, 우주선이 돌아왔을 때 우주선에 들어 있는 벌레구멍의 입구가 지구에 남아 있는 입구보다 시간이 덜 흐르게 될 것이다. 이것은 여러분이 지구에 남아 있는 벌레구멍의 입구에 발을 들여놓으면 그 이전 시간에 우주선에서 나올 수 있다는 것을 뜻한다.

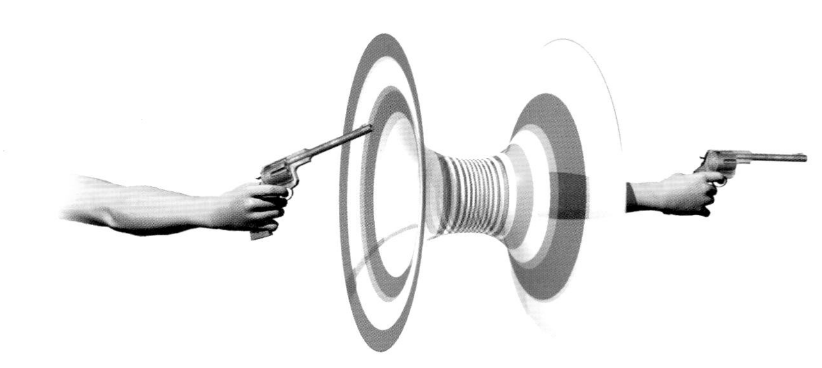

(그림 5.3)
벌레구멍을 통해서 발사된 총탄이 그 이전 시간으로 돌아와서 총을 발사한 사람에게 영향을 줄 수 있을까?

우주끈

우주끈은 단면적이 아주 작은 길고 무거운 물체이며 우주의 초기단계에 생성되었을 것으로 생각된다. 일단 만들어진 후에 우주끈은 우주의 팽창에 의해서 늘어나게 되었을 것이고, 오늘날 우주끈은 관찰 가능한 우주의 전체 길이에 걸쳐서 퍼져 있을 수도 있다.
우주끈의 발생은 현대 입자물리학 이론들에 의해서 주장되었다. 그 이론들은 온도가 극도로 높았던 우주 초기에 물질이 불연속적인 구조를 가지는 얼음 결정보다는 액체상태의 물 —— 물은 대칭적이다. 즉 모든 점이 모든 방향에서 동일하다 —— 과 매우 비슷한 대칭상태였을 것이라고 예측한다.
우주가 냉각되면서 초기상태의 대칭성은 멀리 떨어진 영역들에서 서로 다른 방식으로 파괴되었을 수 있다. 따라서 우주를 구성하는 물질은 각각의 영역에 따라서 다른 기저상태로 안정화되었을 것이다. 우주끈은 이러한 영역들의 경계에 해당하는 물질의 구성이다. 따라서 그 우주끈의 생성은 서로 다른 영역들이 제각기 기저상태가 다르다는 사실에 의한 필연적 결과인 셈이다.

유의지를 둘러싼 철학적 논의는 다루지 않기로 하겠다. 그 대신 물리법칙이 시공을 그 정도로 크게 휘어서 우주선과 같은 작은 물체가 과거로 돌아갈 수 있도록 허용할 수 있는가라는 문제에 집중할 것이다. 아인슈타인의 이론에 따르면, 우주선은 반드시 광속 이하의 속도로 달려야 하고 시공 속을 시간과 흡사한 경로(timelike path)라고 불리는 것을 따라서 지나야 한다. 그러므로 우리는 이 문제를 전문 용어로 이렇게 정식화할 수 있다. 시공은 시간과 흡사한 닫힌 곡선을 허용하는가 —— 다시 말해서, 출발점으로 반복해서 되돌아올 수 있는 곡선을 허용하는가? 나는 이러한 경로를 "시간 고리(time loop)"라고 부르기로 하겠다.

이 물음은 세 가지 수준에서 답할 수 있다. 첫번째는 우주가 어떤 불확실성도 포함되지 않은 명확하게 정의된 역사를 가진다고 가정하는 아인슈타인의 일반상대성이론이다. 이 고전 이론에서 우리는 매우 명확한 상을 얻는다. 그러나 이미 앞에서 살펴보았듯이, 이 이론이 완전히 옳은 것은 아니다. 왜냐하면 우리는 관찰을 통해서 물질이 불확실성과 양자 요동에 의하여 영향을 받기 쉽다는 사실을 알고 있기 때문이다.

따라서 우리는 준고전적(semiclassical) 이론이라는 두번째 수준에서 시간여행에 대한 물음을 제기할 수 있다. 이 수준에서 우리는 물질이 불확실성과 양자 요동을 포괄하는 양자이론에 따라서 움직인다고 생각하지만 시공은 명확

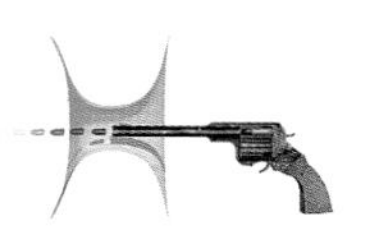

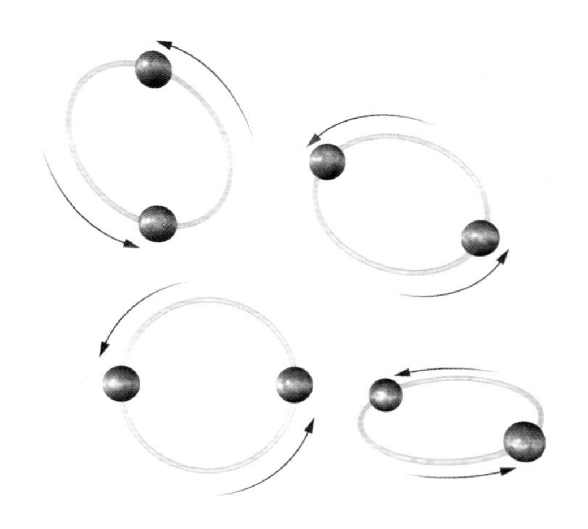

(그림 5.4)
시공은 끝없이 반복해서 출발점으로 돌아오는 시간과 흡사한 닫힌 곡선을 허용할까?

하게 정의되어 있고 고전적인 이론에 의해서 이해된다. 이 상은 아직 불완전하지만, 최소한 우리는 어떻게 이 물음에 대한 답을 구해야 할지에 대해서 약간의 아이디어를 얻는다.

마지막으로, 그것이 무엇인지는 아직 모르지만, 완전한 양자중력이론이 있다. 물질뿐만 아니라 시간과 공간 자체도 불확실하고 요동하는 이 이론에서는 시간여행이 가능한지 여부에 대한 물음을 어떻게 제기해야 하는지조차 분명치 않다. 어쩌면 우리가 할 수 있는 최선은 시공이 거의 고전적이고 불확실성으로부터 자유로운 영역에서 사람들이 어떻게 그들의 측정을 해석하는가라고 묻는 것인지도 모른다. 그들은 시간여행이 중력이 강하고 양자 요동이 큰 영역에서 일어날 것이라고 생각할까?

그러면 먼저 고전 이론에서부터 출발하기로 하자. 특수상대성이론(중력을 포함하지 않는 상대성이론)의 편평한 시공은 시간여행은 물론이고 그 이전부터 알려진 휘어진 시공도 허용하지 않는다. 따라서 아인슈타인은 1949년에 괴델의 정리(상자를 보라)를 수립한 쿠르트 괴델이 우주가 모든 점에서 시간고리를 포함하고 있고, 회전하는 물질들로 가득 찬 시공이라는 사실을 발견했을 때 큰 충격을 받았다(그림 5.4).

괴델의 해는 자연 속에 존재할 수도 있고, 그렇지 않을 수도 있는 우주상수를 필요로 한다. 그러나 그 이후 우주상수를 포함하지 않는 다른 해들이 발견

괴델의 불완전성 정리

1931년에 수학자인 쿠르트 괴델은 수학의 본질에 관한 그의 유명한 불완전성 정리를 입증했다. 이 정리에 따르면 오늘날의 수학과 같은 모든 공리계(公理系)에서 그 공리계를 규정하는 공리들을 기반으로 증명되거나 반증될 수 없는 문제들이 항상 존재한다는 것이다. 다시 말해서, 괴델은 어떤 법칙이나 절차들의 집합으로도 해결되지 않는 문제가 항상 존재한다는 것을 증명했다.
괴델의 정리는 수학에 근본적인 한계를 설정했다. 그의 정리는 과학자 사회에 엄청난 충격을 일으켰다. 왜냐하면 그 정리가 수학이 단일한 논리적 기초에 기반한 일관되고 완전한 시스템이라는 그동안 널리 받아들여져왔던 믿음을 무너뜨렸기 때문이다. 괴델의 정리, 하이젠베르크의 불확정성 원리, 그리고 설령 결정론적 시스템이라고 하더라도 카오스적인 경우에는 그 진화를 실질적으로 추적하기 불가능하다는 사실 등은 20세기에야 그 중요성이 인식된 과학지식에 핵심적인 한계를 지웠다.

되었다. 특별히 흥미로운 것은 두 개의 우주끈(cosmic string)이 빠른 속도로 서로를 지나치는 경우이다.

우주끈은 끈이론(string theory)의 끈과 혼동하지 말아야 한다. 물론 양자가 전혀 관계가 없는 것은 아니지만 말이다. 우주끈은 길이를 가지고 있지만 작은 단면적을 포함한다. 이러한 존재의 발생은 근본 입자에 대한 일부 이론에서 예견되었다. 단일한 우주끈의 바깥쪽 시공은 편평하다. 그러나 그것은 쐐기꼴이 잘려나간 편평한 시공이며, 쐐기의 날카로운 쪽 끝이 끈을 향하고 있다. 그것은 마치 원뿔과도 같은 형상이다. 종이에 커다란 원을 그려서 파이 조각처럼 꼭지점이 원의 중심을 향하는 쐐기꼴 모양의 일부를 잘라낸다. 그런 다음 자른 부분을 버리고 남은 모서리를 풀로 붙이면 원뿔을 얻을 수 있다. 이것이 그 속에 우주끈이 들어 있는 시공을 나타내는 모형이다(그림 5.5).

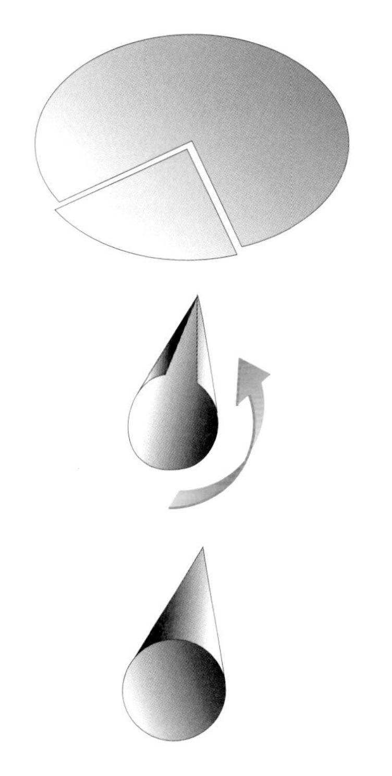
그림 5.5

여기에서 원뿔의 표면이 맨 처음에 여러분이 출발했던 (쐐기꼴을 뺀) 원형 종이와 같은 종이이기 때문에 여러분은 여전히 꼭지점을 제외한 표면을 "편평하다"고 부를 수 있다는 사실을 주목할 필요가 있다. 여러분은 꼭지점 주변의 원이 원래의 원형 종이의 중심 주변에 같은 거리로 그려진 원보다 원주의 길이가 작다는 사실에 의해서 꼭지점 주위에 곡률이 있다는 것을 알 수 있다. 다시 말해서 떼어낸 부분 때문에 편평한 공간에서의 같은 반지름을 가진 원에서 예상하는 것보다 꼭지점 주변의 원이 더 작다는 뜻이다(그림 5.6).

마찬가지로 우주끈의 경우에도 편평한 시공에서 제거된 쐐기꼴이 끈 주위의 원들을 짧게 만들지만, 끈의 시간이나 거리에는 영향을 주지 않는다. 이것은 단일한 우주끈 주변의 시공이 시간 고리를 포함하지 않으며, 따라서 과거로의 시간여행이 불가능하다는 뜻이다. 그러나 첫번째 우주끈에 대해서 상대적으로 움직이고 있는 두번째 우주끈이 있다면, 그 시간 방향이 첫번째 우주끈의 시간과 공간 방향의 조합이 될 것이다. 그것은 두번째 우주끈에서 잘려나간 쐐기꼴이 첫번째 우주끈과 함께 움직이고 있는 사람이 관찰하는 시간과 공간 간격을 모두 단축시킨다는 것을 뜻한다(그림 5.7). 만약 우주끈들이 서로에 대해서 거의 광속에 가까운 속도로 움직인다면, 두 개의 우주끈 주변에서 일어나는 시간 단축은 너무 커서 출발하기 이전으로 돌아갈 수 있게 된다. 다시 말해서, 거기에는 과거로 여행할 수 있는 시간 고리들이 존재한다.

우주끈 시공은 양의 에너지 밀도를 가지는 물질을 포함하며, 이것은 우리가 알고 있는 물리학과 모순되지 않는다. 그러나 시간 고리를 형성하는 휘어짐은 공간에서 무한으로 확장되고, 시간에서 무한한 과거로까지 뻗어 있다.

그림 5.6

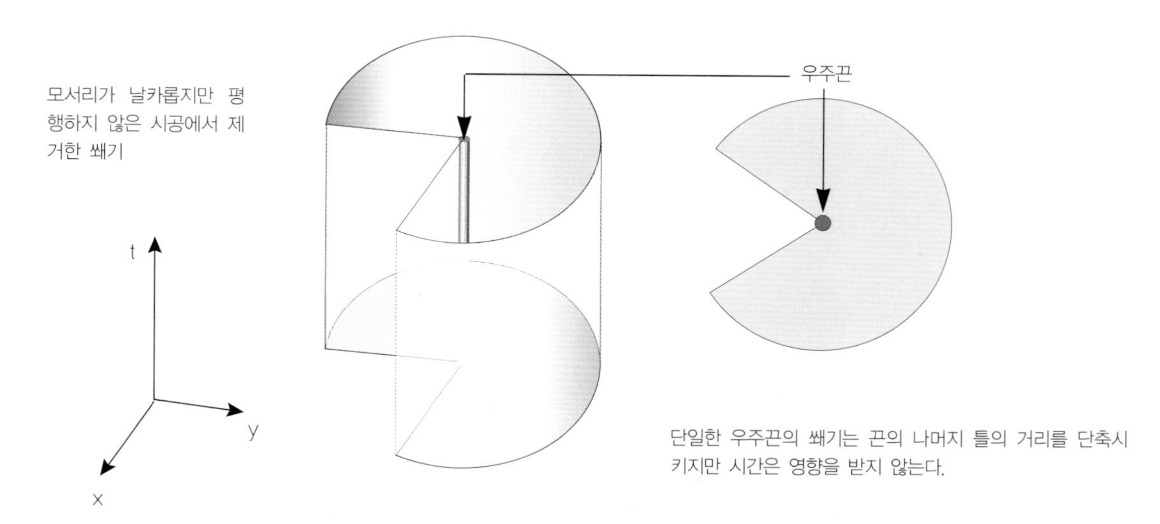

단일한 우주끈의 쐐기는 끈의 나머지 틀의 거리를 단축시키지만 시간은 영향을 받지 않는다.

그림 5.7

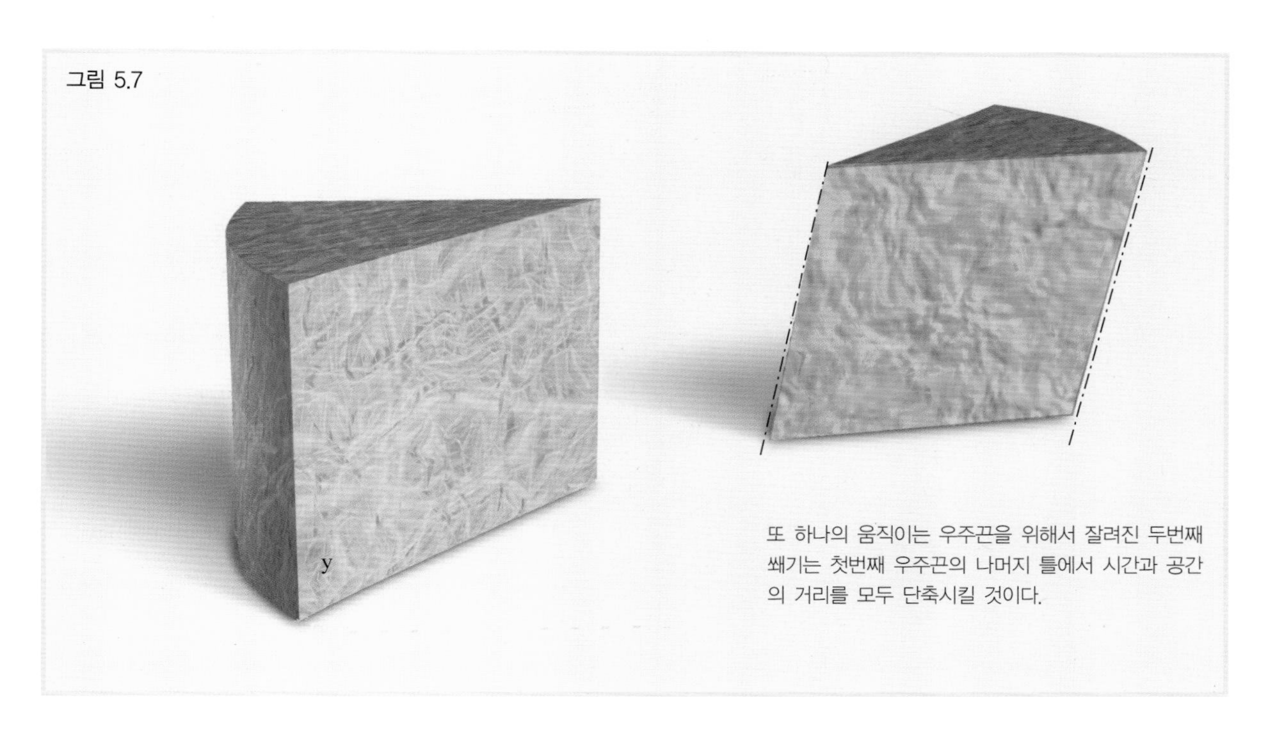

또 하나의 움직이는 우주끈을 위해서 잘려진 두번째 쐐기는 첫번째 우주끈의 나머지 틀에서 시간과 공간의 거리를 모두 단축시킬 것이다.

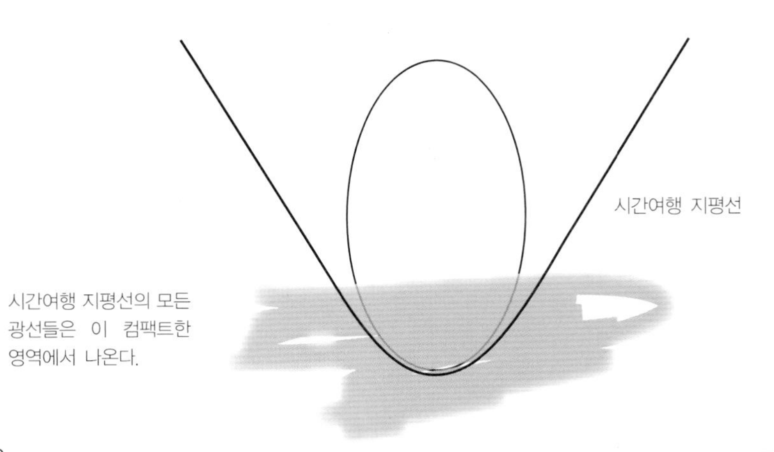

(그림 5.8)
가장 진보한 문명도 극히 제한된 영역에서만 시공을 휘게 할 수 있을 것이다. 이러한 시간여행 지평선, 즉 그 속에서 과거로 여행할 수 있는 시공의 일부의 경계는 유한한 영역에서 나온 광선들에 의해서 형성된다.

따라서 이러한 시공은 시간여행에 의해서 그 속에서 창조되었다. 우리는 우리 자신의 우주가 이처럼 휘어진 방식으로 창조되었다고 믿을 아무런 이유가 없으며, 미래로부터 찾아온 방문객이 있었다는 믿을 만한 증거도 없다(그런 의미에서 나는 UFO가 미래에서 왔고, 미국 정부는 그 사실을 알면서도 은폐하고 있다는 음모이론을 받아들이지 않는다. 더구나 정부가 그 사실을 은폐했다는 기록도 썩 훌륭하지 않다). 따라서 나는 먼 과거에, 좀더 정확하게는, 내가 앞으로 S라고 부를 시공을 통과하는 일부 표면의 과거에 어떤 시간 고리도 없다고 가정할 것이다. 그렇다면 이런 물음이 제기된다. 우리보다 과학기술이 발전한 어떤 문명이 타임머신을 만들었을 가능성이 있는가? 다시 말해서, 시공을 S의 미래로(도표에서 표면 S 위쪽으로) 조작해서 시간 고리가 유한한 영역에 나타나게 할 수 있는가? 여기에서 유한한 영역을 이야기하는 까닭은 그 가상의 문명이 아무리 발전했다고 해도 우주의 극히 한정된 일부만을 제어할 수 있을 것이라는 가정 때문이다.

과학에서는 어떤 문제를 올바르게 정식화하는 것이 그 문제를 해결하는 열쇠가 되는 경우가 자주 있다. 시간여행이 그런 좋은 사례에 해당한다. 유한한 타임머신이 무엇을 뜻하는지 정의하기 위해서 나는 내가 했던 초기의 연구로 돌아갔다. 시간여행은 시간 고리가 존재하는 시공의 한 영역에서 가능하다. 그것은 광속보다 느린 속도로 이동하지만, 시공의 휨 때문에 처음에 출발했

던 시간과 공간으로 돌아올 수 있는 경로이다. 나는 먼 과거에 시간 고리가 없었다고 가정했기 때문에, 분명 시간여행의 "지평선"이라는 것이 존재한다고 생각했다. 시간여행의 지평선이란 시간 고리를 포함하는 영역과 그렇지 않은 영역을 구분하는 경계선이다(그림 5.8).

시간여행 지평선은 블랙홀의 사건의 지평선과 흡사하다. 블랙홀의 지평선이 블랙홀로 떨어진 광선에 의해서 형성된다면, 시간여행의 지평선은 그 자신과 만나기 직전 상태에 있는 광선들에 의해서 형성된 지평선이다. 그런 다음 나는 시간여행에 대한 판단기준을 내가 유한하게 생성된 지평선이라고 부른 것으로 설정했다 —— 즉, 갇힌 영역(bounded region)에서 나타난 광선들에 의해서 형성된 지평선이다. 다시 말하자면, 그 광선들은 무한이나 특이점에서 온 것이 아니며, 시간 고리를 포함하는 유한한 영역 —— 우리의 좀더 발전한 미래 문명에서 만들어낸 것으로 상상할 수 있는 영역 —— 에서 발생했다.

이러한 정의를 타임머신이 영향을 미칠 수 있는 영역으로 채택하면, 우리는 로저 펜로즈와 내가 특이점과 블랙홀을 연구하기 위해서 개발했던 장치를 사용할 수 있는 이점을 얻는다. 아인슈타인의 방정식을 사용하지 않더라도, 나는 일반적으로 유한하게 생성된 지평선이 실제로 그 자체와 만나는 광선 —— 즉, 끊임없이 반복적으로 동일한 지점에 되돌아오는 광선 —— 을 포함하게 될 것임을 증명할 수 있다. 그 빛은 처음 지점으로 돌아올 때마다 점점 더 청색으로 변하게 될 것이다. 따라서 이 상은 점차 푸른색을 띠게 될 것이다. 빛의 펄스의 파동 마루들은 점점 더 가까워지고, 빛이 돌아오는 시간간격도 짧아질 것이다. 실제로 빛의 입자는, 그 자체 시간 측정을 통해서 정의되듯이, 유한한 역사를 가지며, 설령 유한한 영역 속에서 계속 회전하더라도 곡률 특이점(curvature singularity)과 만나지 않는다.

이런 물음이 제기된다. 우리보다 진보한 문명이 타임머신을 만들 수 있었을까?

(그림 5.9, 위)
시간여행의 위험

(그림 5.10, 맞은편)
블랙홀이 복사를 방출하고 질량을 잃을 것이라는 예측은 양자이론이 음의 에너지가 사건 지평선을 넘어 블랙홀 안으로 들어갈 수 있다는 것을 함축한다. 블랙홀의 크기가 줄어들면, 지평선의 에너지 밀도는 음이 되어야 한다. 타임머신을 만들기 위해서는 이 음(−)의 부호가 필요하다.

빛의 입자가 유한한 시간에 그 역사를 끝낸다고 해도 크게 우려하지 않을지 모른다. 그러나 나는 그외에도 광속보다 느린 속도로 움직이면서 유한한 기간 동안만 지속되는 경로가 있을 수 있다는 것을 증명할 수 있다. 이것은 그 지평선 앞에서 유한한 영역 속에 사로잡혀서 계속 회전하다가 점점 속도가 빨라져서 유한한 시간 이내에 광속에 도달하게 되는 관찰자의 역사가 될 수도 있다. 따라서 만약 비행 접시 속에서 멋진 외계인이 여러분을 타임머신으로 초청한다면, 아주 조심해서 비행 접시에 올라타야 한다. 잘못하다가는 극히 유한한 시간 동안만 지속되면서 반복되는 사로잡힌 역사들(trapped repeating histories) 중 하나 속으로 빠질 수도 있기 때문이다(그림 5.9).

이러한 결과는 아인슈타인 방정식에 의존하지 않으며, 시공이 휘어져서 유한한 영역 속에서 시간 고리를 형성하는 방식에 대해서만 의존한다. 그러나 이제 우리는 진보한 문명이 시공을 휘어서 유한한 크기의 타임머신을 만들기 위해서 어떤 물질을 사용하는지 물음을 제기할 수 있다. 그들은 내가 앞에서 기술했던 우주끈 시공에서와 같이 어느 곳에서나 양(陽)의 에너지 밀도를 가질 수 있는가? 우주끈 시공은 시간 고리가 유한한 영역 속에서 나타나야 한다는 내 요구조건을 만족시키지 않았다. 그러나 어떤 사람은 그것이 우주끈이 무한히 길기 때문이라고 생각할지도 모른다. 가령 유한한 우주끈 고리를 이용해서 유한한 타임머신을 만들 수 있고, 모든 곳에서 양의 에너지 밀도를 가질 수 있다고 상상할 수도 있을 것이다. 그러나 킵 손처럼 타임머신을 타고 과거로 돌아가고 싶어하는 사람들에게는 무척 안된 일이지만, 모든 곳이 양의 에너지 밀도를 가지면서 타임머신을 제작한다는 것은 불가능한 일이다. 나는 유한한 타임머신을 제작하기 위해서는 음의 에너지가 필요하다는 것을 증명할 수 있다.

고전 이론에서는 에너지 밀도가 항상 양이다. 따라서 이 수준에서 유한한 크기의 타임머신은 불가능하다. 그러나 물질이 양자론에 따라서 움직인다고 간주되지만 시공이 고전적인 방식으로 명확하게 정의된 준고전 이론에서라면 사정이 다르다. 이미 살펴보았듯이, 양자론의 불확정성 원리는 외견상 비어 있는 것 같은 공간에서도 장(場)들이 항상 위아래로 요동하며, 무한한 에너지 밀도를 가진다는 것을 뜻한다. 따라서 우리가 우주에서 관찰하는 유한한 에너지 밀도를 얻기 위해서는 무한한 양을 소거해야 한다. 이러한 소거는, 최소한 국소적으로, 에너지 밀도를 음으로 만들 수 있다. 편평한 우주에서도

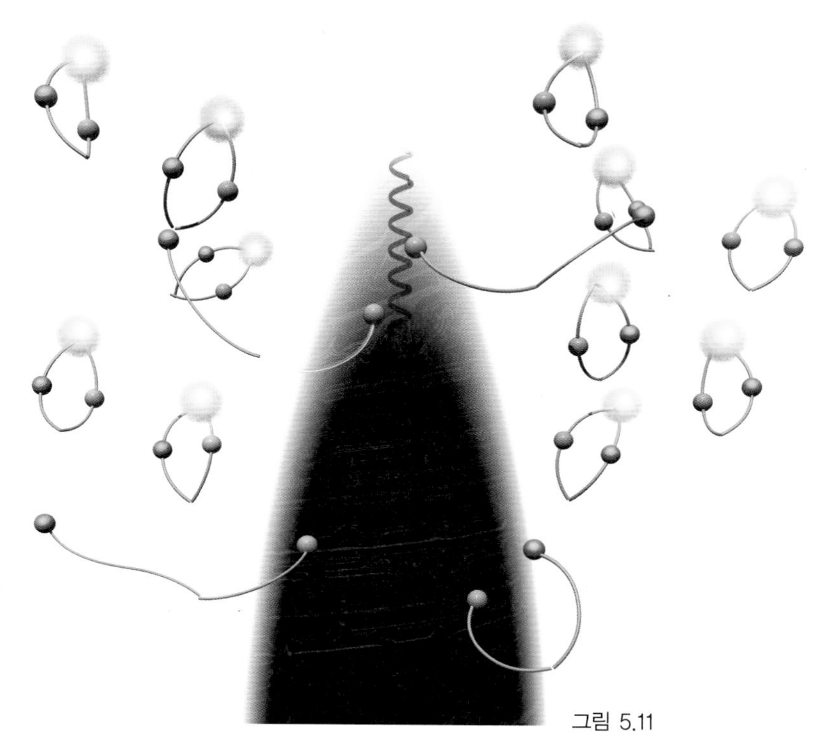

그림 5.11

우리는, 전체 에너지는 양이라고 할지라도, 에너지 밀도가 국소적으로 음인 양자상태를 발견할 수 있다. 어쩌면 이러한 음의 값이 실제로 시공을 휘게 해서 유한한 타임머신을 만들 수 있게 할 수 있는지 의구심을 품을 수도 있을 것이다. 그러나 반드시 그렇게 되어야 할 것 같다. 제4장에서 살펴보았듯이, 양자 요동은 일견 비어 있는 것처럼 보이는 공간도 실제로는 가상 입자쌍들로 가득 차 있으며, 그 입자쌍들은 서로 분리되었다가 다시 만나서 쌍소멸을 일으키는 것으로 생각된다(그림 5.10). 가상 입자쌍 중의 한 입자는 양의 에너지를 가지고, 나머지 하나는 음의 에너지를 가질 것이다. 만약 블랙홀이 존재한다면, 음의 에너지를 가진 입자는 그 속으로 들어가고, 양의 에너지를 가진 입자는 무한 속으로 탈출할 수 있을 것이다. 따라서 마치 블랙홀에서 양의 에너지를 가진 입자가 방출되는 것처럼 보일 것이다. 다른 한편, 블랙홀 안으로 들어간 입자는 그 블랙홀이 질량을 잃고 느린 속도로 증발하게 만들 것이다. 그리고 그 과정에서 사건의 지평선도 차츰 줄어들 것이다(그림 5.11).

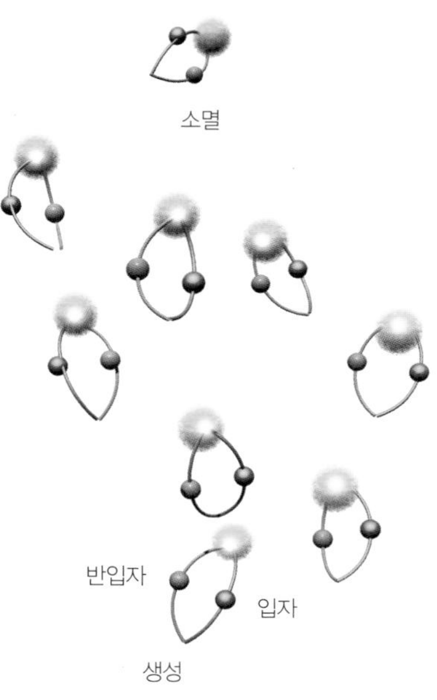

그림 5.10

양의 에너지 밀도를 가진 일반 물질은 인력효과가 있기 때문에 시공을 휘게 만들어서 광선들이 서로를 향해서 구부러지게 한다. 그것은 제2장에서 설명했던 고무판 위의 공들이 그보다 작은 베어링들이 공을 향해서 휘어지게 하

고, 결코 공에서 멀어지게 하지 않는 것과 마찬가지이다. 이것은 블랙홀의 지평선의 영역이 시간이 흐름에 따라서 증가할 뿐 결코 줄어들지 않는다는 것을 뜻한다. 블랙홀의 지평선 크기가 줄어들기 위해서는 지평선에서의 에너지 밀도가 반드시 음이 되어야 하며, 시공을 휘게 해서 광선들이 서로 발산하도록 해야 한다. 나는 내 딸이 출생한 직후 잠자리에 들면서 이 사실을 처음 깨달았다. 그것이 언제인지는 말하지 않겠지만, 지금 나는 손자를 보았다.

나의 손자
윌리엄 맥켄지 스미스

블랙홀의 증발은 양자 수준에서 에너지 밀도가 때로 음이 될 수 있으며, 시공을 타임머신을 만드는 데에 필요한 방향으로 휘게 할 수 있음을 뜻한다. 따라서 우리는 고도로 발달한 어떤 문명에서 우주선과 같은 작은 물체가 사용할 수 있는 타임머신을 생성할 수 있을 만큼 에너지 밀도가 음의 값이 되게 만들 수 있을지 모른다고 생각할 수도 있다. 그러나 단지 지속되기만 하는 광선들에 의해서 형성되는 블랙홀의 지평선과 끊임없이 순환하는 닫힌 광선들을 포함하는 타임머신 사이에서는 중요한 차이가 있다. 이처럼 닫힌 경로를 움직이는 가상 입자는 기저 에너지를 끊임없이 반복적으로 같은 지점으로 돌려놓을 것이다. 따라서 우리는 지평선에서 에너지 밀도가 무한이 될 것임을 예측할 수 있다. 이것은 충분히 정확한 계산을 할 수 있을 만큼 단순한 배경을 가진 명백한 계산에 의해서 얻을 수 있는 예상이다. 이러한 예상은 타임머신으로 들어가기 위해서 그 지평선을 넘는 사람이나 우주선이 엄청난 복사에 의해서 파괴될 수 있는 가능성을 시사한다(그림 5.12). 따라서 시간여행의 미래는 그리 밝지 않은 것 같다 —— 아니면 맹목적으로 밝다고 이야기해야 할까?

물질의 에너지 밀도는 그것이 처해 있는 상태에 따라서 좌우된다. 따라서 우리보다 발달된 문명은 닫힌 고리 안에서 반복적으로 회전하는 가상 입자들을 제거함으로써, 또는 "몰아냄으로써(freezing out)" 타임머신의 경계선에서 에너지 밀도를 유한하게 만들 수 있을지도 모른다. 그러나 이러한 타임머신이 안정적일지는 분명치 않다. 누군가가 그 경계를 넘어 타임머신에 들어서는 정도의 최소한의 교란(disturbance)으로도 가상 입자들이 순환하기 시작할 수 있고, 그로 인해서 엄청난 번개가 칠 수 있을 것이다. 이것은 물리학자들이 비웃음을 받지 않으면서 자유롭게 토론을 벌여야 할 문제일 것이다. 설령 시간여행이 불가능하다는 사실이 밝혀진다고 하더라도, 왜 불가능한지를 이해하는 것이 중요하기 때문이다.

이 물음에 확실한 답을 얻기 위해서 우리는 물질 장들의 양자 요동뿐만 아

(그림 5.12)
시간여행 지평선을 넘을 때 엄청난 양의 복사가 번개처럼 분출해서 모든 물체를 흔적도 없이 사라지게 할지도 모른다.

니라 시공의 장들 자체의 양자 요동까지도 고려해야 한다. 우리는 이러한 요동들이 광선의 경로에, 그리고 시간 순서(time ordering)라는 전체 개념에 특정한 불확실성(fuzziness)을 일으킬 수 있다고 예상할 수 있을 것이다. 실제로 우리는 시공의 양자 요동에 의해서 블랙홀에서 새어나오는 복사가 그 지평선이 정확히 정의될 수 없음을 뜻하는 것으로 간주할 수도 있을 것이다. 우리는 아직 완전한 양자중력 이론을 가지고 있지 않기 때문에 시공 요동의 영향이 어떤 것인지 예상하기 힘들다. 그럼에도 불구하고, 우리는 제3장에서 기술한 파인먼의 역사총합이론에서 몇 가지 단서를 얻을 수 있게 되기를 바라고 있다.

각각의 역사는 그 속에 물질 장들을 포함하는 휘어진 시공일 것이다. 우리는 일부 방정식들을 만족시키는 역사뿐만 아니라 가능한 모든 역사들을 총합할 수 있다고 가정하기 때문에, 그 총합은 반드시 과거여행이 가능할 정도로 휘어진 시공들을 포함하게 될 것이다(그림 5.13). 그렇다면 이런 물음이 제기

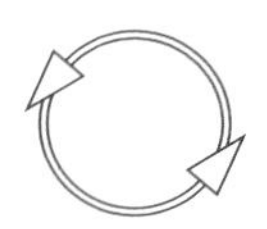

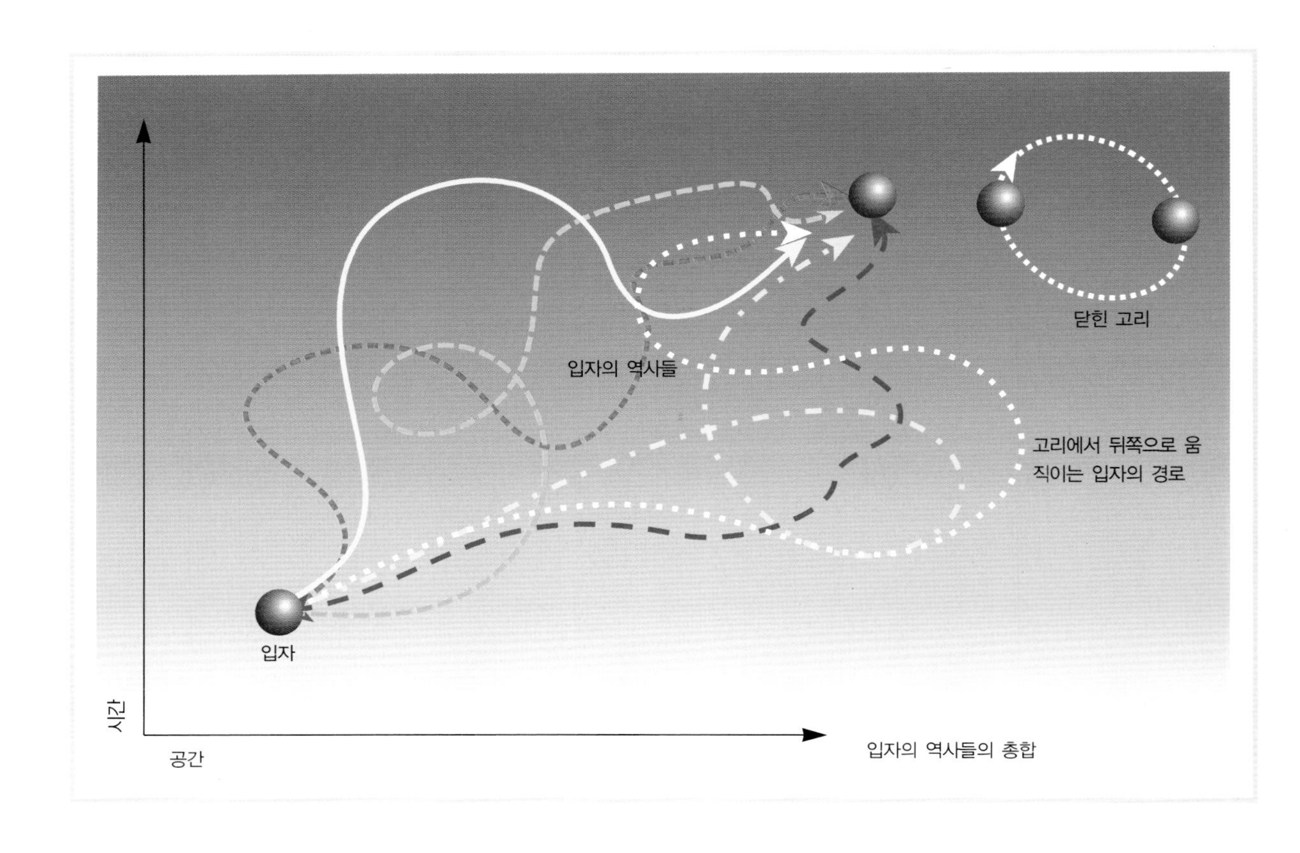

(그림 5.13)
파인먼의 역사총합이론은 그 속에서 입자들이 시간의 과거방향으로 움직일 수 있는 역사들을 포함한다. 심지어는 시간과 공간이 닫힌 고리를 형성하는 역사도 있다.

된다. 왜 시간여행이 모든 곳에서 일어나지 않는가? 그 답은 실제로 시간여행이 미시적인 크기에서 일어나기 때문이다. 그러나 우리는 그 사실에 주목하지 않는다. 만약 파인먼의 역사총합 개념을 입자에 적용시킨다면, 입자가 빛보다 빠르게 달리거나 심지어는 시간을 거슬러올라가는 역사도 포함시켜야 할 것이다. 특히 그중에는 입자들이 시간과 공간 속에서 닫힌 고리를 반복적으로 순환하는 역사들도 있을 것이다. 그것은 어떤 기자가 같은 날을 끝없이 되풀이해서 살아야 하는 줄거리를 다룬 SF 영화 "그라운드호그 데이(Groundhog Day : 성촉절〔聖燭節〕을 취재하기 위해서 왔던 기자가 이상한 실험의 영향으로 끝없이 같은 날을 반복해서 살아야 한다는 시간여행 SF로 우리나라에는 "사랑의 블랙홀"이라는 제목으로 비디오테이프가 출시되어 있다/옮긴이)"와 비슷할 것이다(그림 5.14).

우리는 입자 검출기를 이용해서 이처럼 닫힌 고리 역사를 가진 입자들을 직접 관찰할 수 없다. 그러나 그 간접적인 효과는 많은 실험을 통해서 측정되었

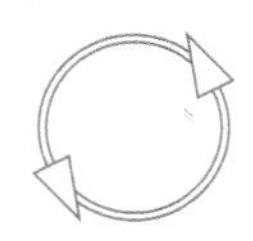

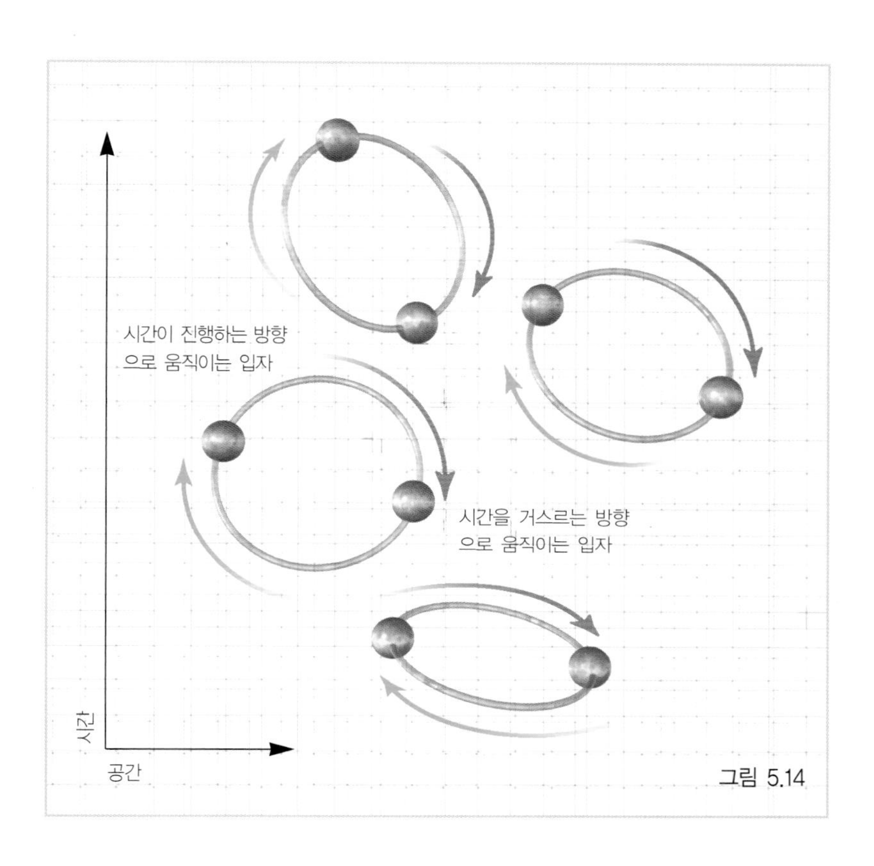

그림 5.14

다. 그중 하나는 닫힌 고리 속에서 움직이는 전자에 의해서 유발되어 수소 원자가 발생한 빛에서 나타나는 작은 편이(shift)이다. 또다른 예는 두 개의 평행한 금속판 사이에서 발생하는 작은 힘이다. 그것은 금속판 바깥쪽 영역에 비해서 판 사이에서 약간 적은 숫자의 닫힌 고리 역사들이 존재하기 때문에 발생하는 현상이다. 이것은 카시미르 효과와 등가인 또 하나의 해석이다. 따라서 닫힌 고리 역사의 존재는 실험에 의해서 확인된 것이다(그림 5.15).

그림 5.15

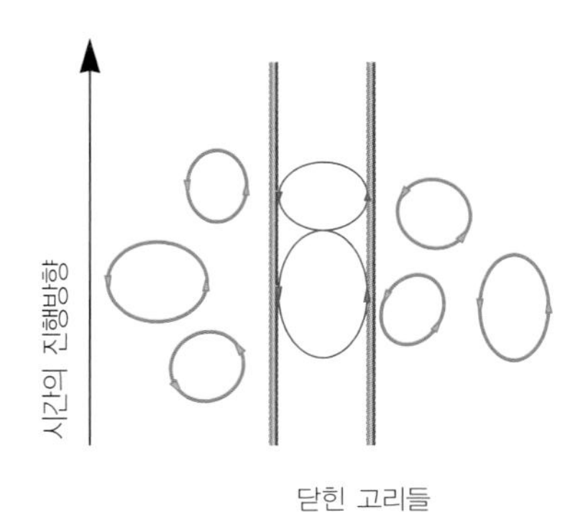

닫힌 고리 입자의 역사들이 시공의 휨과 어떤 식으로든 관계가 있는지를 둘러싸고 논쟁을 벌일 수 있다. 왜냐하면 편평한 공간과 같은 고정된 배경 속에서도 그러한 역사가 발생할 수 있기 때문이다. 그러나 최근 우리는 물리학의 현상들이 종종 동등하게 타당한 두 가지 기술(記述)을 가지고 있다는 사실을 발견했다. 우리는 어떤 입자가 주어진 고정된 배경 속에서 닫힌 고리 위에서 움직인다고 말하거나, 또는 그 입자가 고정되어 있고 시간과 공간이 그 주위에서 요동한다고 말할 수도 있다. 그것은 여러분이 먼저 입자들을 총합하고

나서 그런 다음에 휘어진 시공을 총합했는지, 아니면 그 역의 순서를 밟았는지의 문제일 뿐이다.

따라서 양자론은 미시적인 크기에서 시간여행을 허용하는 것 같다. 그렇지만 이 사실이 과거로 돌아가서 할아버지를 살해하는 식의 SF적 목적에 이용될 수는 없다. 따라서 이런 물음이 제기된다. 역사총합의 가능성이 미시적인 시간 고리를 가지는 시공 주변에서 절정에 도달할 수 있는가?

시간 고리를 허용하는 방향으로 점점 더 가까워지는 일련의 배경 시공 속에서 물질 장들의 역사총합을 연구함으로써 이 문제를 조사할 수 있다. 물론 시간 고리가 처음 나타날 때, 무언가 극적인 일이 일어나리라고 예상할 수도 있다. 내 학생 마이클 캐시디가 연구한 것이 바로 그 주제이다.

우리가 연구했던 일련의 배경 시공은 아인슈타인 우주라고 불리는 것과 밀접하게 연관되어 있다. 그것은 아인슈타인이 우주가 정적이고 시간에 따라서 변화하지 않으며, 팽창도 수축도 하지 않는다고 믿었을 때 주장했던 시공이다(제1장을 참조하라). 아인슈타인 우주에서 시간은 무한한 과거에서 무한한 미래를 향해서 흐른다. 그러나 시공의 방향은 유한하며 그 자체로 닫혀 있다. 따라서 이 시공은 차원을 하나 더 가지고 있다는 점을 제외하면 지구표면과 흡사하다. 우리는 이 시공을 원통으로 시각화할 수 있다. 이때 긴 축이 시간 방향이고, 단면적이 세 개의 공간 방향에 해당한다(그림 5.16).

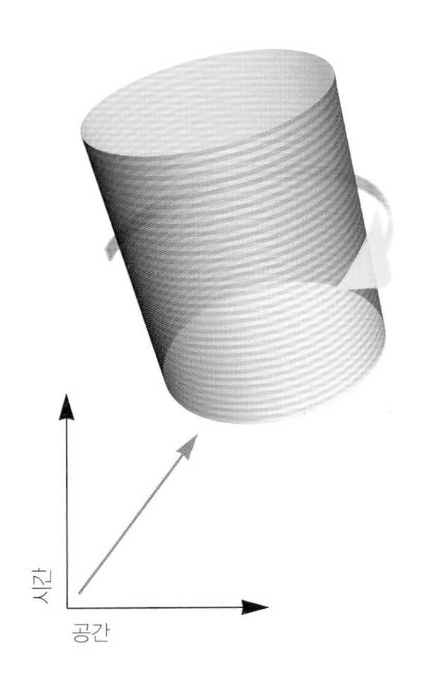

(그림 5.16)
아인슈타인의 우주는 유한한 공간과 항상적인 시간을 가진 원통과 비슷하다. 이 우주는 유한한 크기 때문에 모든 지점에서 빛보다 느린 속도로 회전한다.

아인슈타인 우주는 팽창하고 있지 않기 때문에 우리가 살고 있는 우주를 나타내지는 않는다. 그럼에도 불구하고, 그 우주는 시간여행을 논할 때에는 아주 편리한 배경이 된다. 그 역사들을 총합할 수 있을 만큼 단순하기 때문이다. 잠시 시간여행을 잊고 어떤 축 주변을 회전하는 아인슈타인 우주 속에 들어 있는 물질에 대해서 생각해보자. 만약 여러분이 그 축 위에 있다면, 여러분은 공간상의 같은 위치에 머물게 될 것이다. 그것은 어린아이들이 타는 회전목마의 한가운데 서 있는 것과 마찬가지이다. 그러나 여러분이 축에 서 있는 것이 아니라 축 주위를 회전하면서 공간을 따라서 움직인다고 가정하자. 그러면 여러분은 축에서 멀어질수록 빠른 속도로 움직이게 될 것이다(그림 5.17). 따라서 만약 우주가 공간 속에서 무한하다면, 축에서 충분히 멀리 떨어져 있는 지점들은 빛보다 빠른 속도로 회전해야 할 것이다. 그러나 아인슈타인 우주는 공간 방향으로 유한하기 때문에 우주의 어떤 부분도 빛보다 빨리 회전하지 않는 임계 회전속도가 있다.

그러면 회전하는 아인슈타인 우주에서의 입자들의 역사총합에 대해서 생

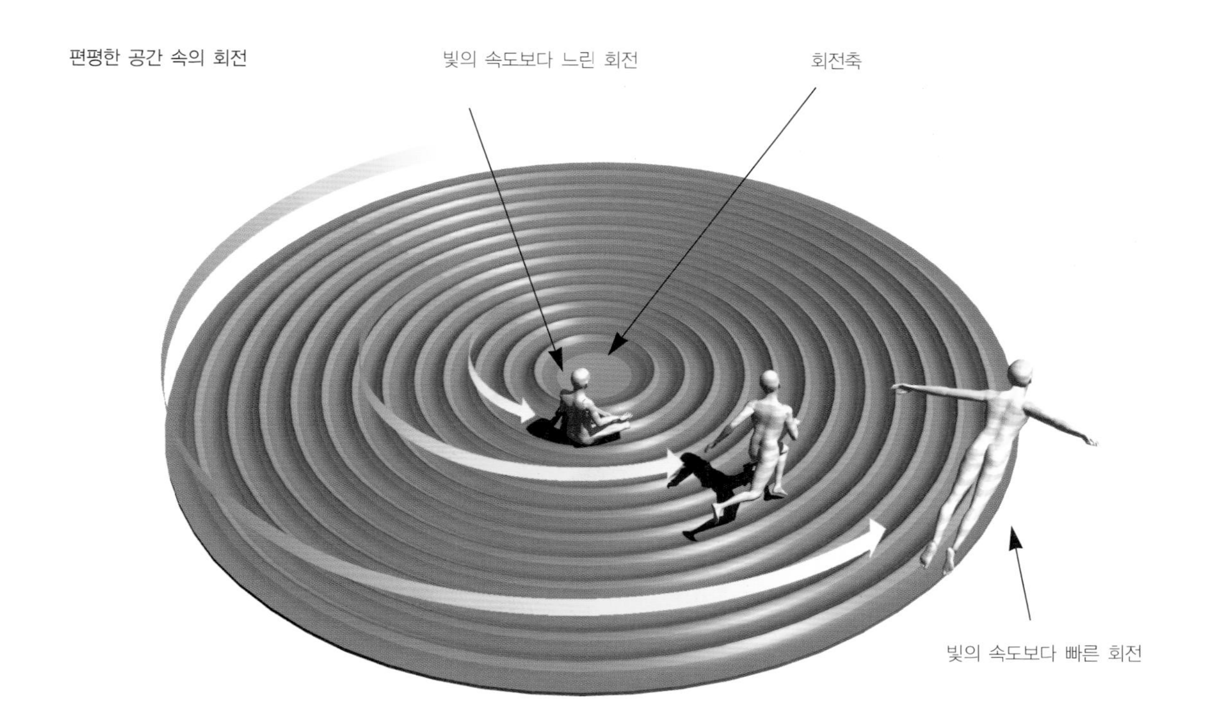

각해보자. 회전이 느릴 때, 한 입자가 주어진 에너지의 총량을 취할 수 있는 경로는 많다. 따라서 이러한 배경에서 모든 입자들의 역사총합 역시 크다. 이것은 이러한 배경의 확률이 모든 휘어진 시공의 역사총합에서 높을 것이라는 뜻이다. 다시 말해서 좀더 있음직한 역사들 속에 있다는 의미이다. 그러나 아인슈타인 우주의 회전속도가 임계값에 근접하면, 가장 바깥쪽 가장자리는 광속에 가까운 속도로 움직이게 될 것이고, 이 가장자리에서 고전적으로 허용된 단 하나의 입자 경로만이 존재한다. 다시 말해서, 그것은 빛의 속도로 움직이는 경로이다. 이것은 입자들의 역사총합이 작게 될 것임을 뜻한다. 따라서 이 배경들의 확률은 휘어진 모든 시공 역사의 총합 중에서 낮을 것이다. 즉, 그 확률은 가장 낮다.

(그림 5.17)
편평한 공간에서 이루어지는 단단한 판의 회전은 축에서 멀리 떨어진 곳에서는 빛의 속도보다 빠를 수 있다.

회전하는 아인슈타인의 우주는 시간여행과 시간 고리와 어떤 관계가 있는가? 그 답은 그것이 시간 고리를 허용하는 다른 배경들과 수학적으로 등가라

(그림 5.18) 시간과 흡사한 닫힌 곡선들로 이루어진 배경

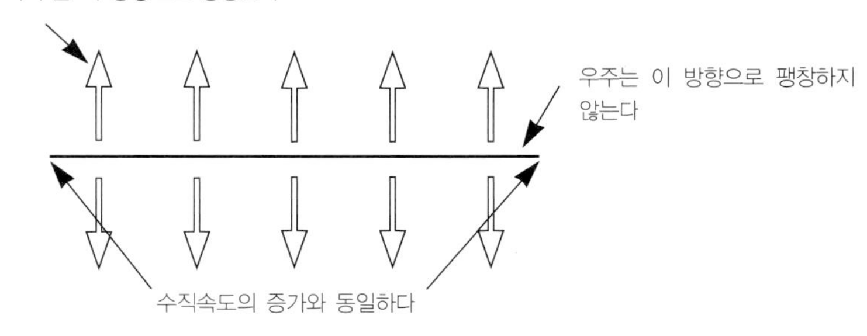

는 것이다. 이러한 다른 배경들은 두 개의 공간 방향으로 팽창하는 우주이다. 이 우주는 세번째 공간 방향으로는 팽창하지 않는다. 이 세번째 방향은 주기적이다. 다시 말해서, 만약 당신이 이 방향으로 일정 거리만큼 가면 당신은 처음 출발했던 곳으로 되돌아오게 된다. 그러나 당신이 세번째 공간 방향으로 한 번 돌아올 때마다, 첫번째와 두번째 방향에서의 속도는 더욱 증가한다(그림 5.18).

이때 속도의 증가가 작으면, 시간 고리는 존재하지 않는다. 그러나 속도상의 증가가 점차 늘어나는 배경들의 순차를 생각해보자. 특정한 임계 증가치에서 시간 고리가 나타날 것이다. 이러한 임계 증가치가 아인슈타인 우주의 임계 회전속도에 상응한다는 것은 전혀 놀라운 일이 아니다. 이러한 배경에서의 역사총합 계산이 수학적으로 등가이기 때문에, 우리는 이러한 배경의 확률이 시간 고리를 위해서 필요한 휨에 가까이 접근할수록 영(0)에 도달한다는 결론을 내리게 된다. 이 사실이 내가, 제2장의 끝부분에서 언급했던, 시간순서보호가설(Chronology Pro-

tection Conjecture)이라고 불렀던 가설을 뒷받침한다. 그것은 물리법칙들이 모두 공모해서 거시적인 물체의 시간여행을 방해한다는 가설이다.

시간 고리들이 역사총합에 의해서 허용된다고 하더라도, 그 확률은 극도로 작다. 내가 앞에서 주장했던 이중성 논변을 기초로, 나는 킵 손이 과거로 돌아가서 그의 할아버지를 살해할 가능성이 1조의 1조의 1조의 1조의 1조분의 1밖에 되지 않는다고 추정할 수 있다.

킵 손이 과거로 돌아가서 그의 할아버지를 죽일 확률은 $\frac{1}{10^{10^{60}}}$이다.

다시 말해서 그 확률은 1조의 1조의 1조의 1조의 1조 분의 1이다.

그것은 지극히 희박한 확률이다. 그러나 킵 손의 그림을 자세히 살펴보면, 당신은 그 가장자리가 약간 흐릿한 모습을 발견할 수 있을 것이다. 그것은 미래에서 온 어떤 못된 녀석이 그의 할아버지를 죽여서 그가 그곳에 존재하지 않게 될 확률에 해당한다.

도박꾼으로서 킵 손과 나는 그런 확률에 내기를 걸 것이다. 그런데 문제는 우리가 서로 내기를 할 수 없다는 것이다. 왜냐하면 우리는 모두 같은 쪽에 돈을 걸었기 때문이다. 그러나 다른 사람과는 절대 내기를 하지 않을 것이다. 어쩌면 그가 미래에서 온 사람이어서 시간여행이 가능하다는 것을 이미 알고 있을지도 모르기 때문이다.

여러분은 이 장이 시간여행의 가능성을 은폐하기 위한 정부 시책의 일환으로 쓰여진 것이 아닌지 의심할지도 모른다. 어쩌면 여러분들의 추측이 옳을지도 모른다.

제6장

우리의 미래 : 스타트렉인가, 아닌가?

생물학적 생명체와 전자적 생명체는 점차 빠른 속도로 복잡성이 증가하면서
어떻게 변화해갈 것인가?

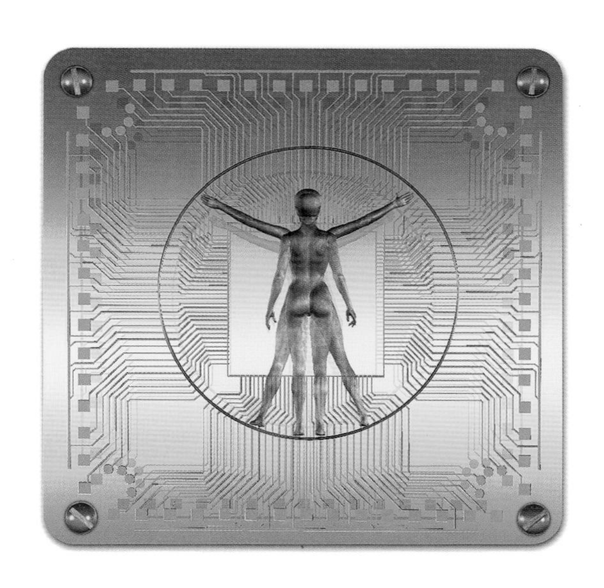

(그림 6.1) 인구 증가

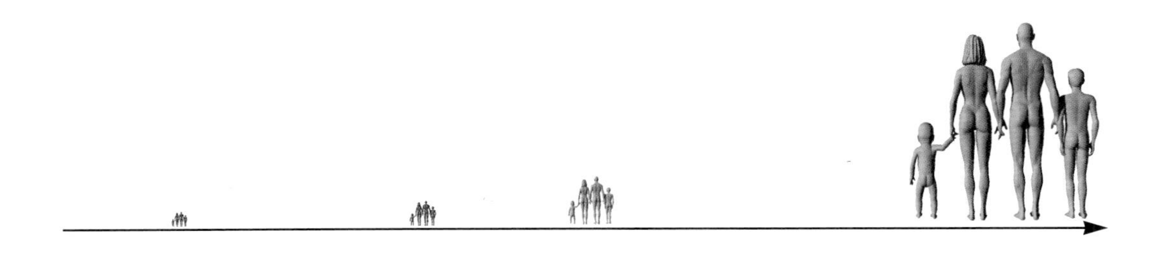

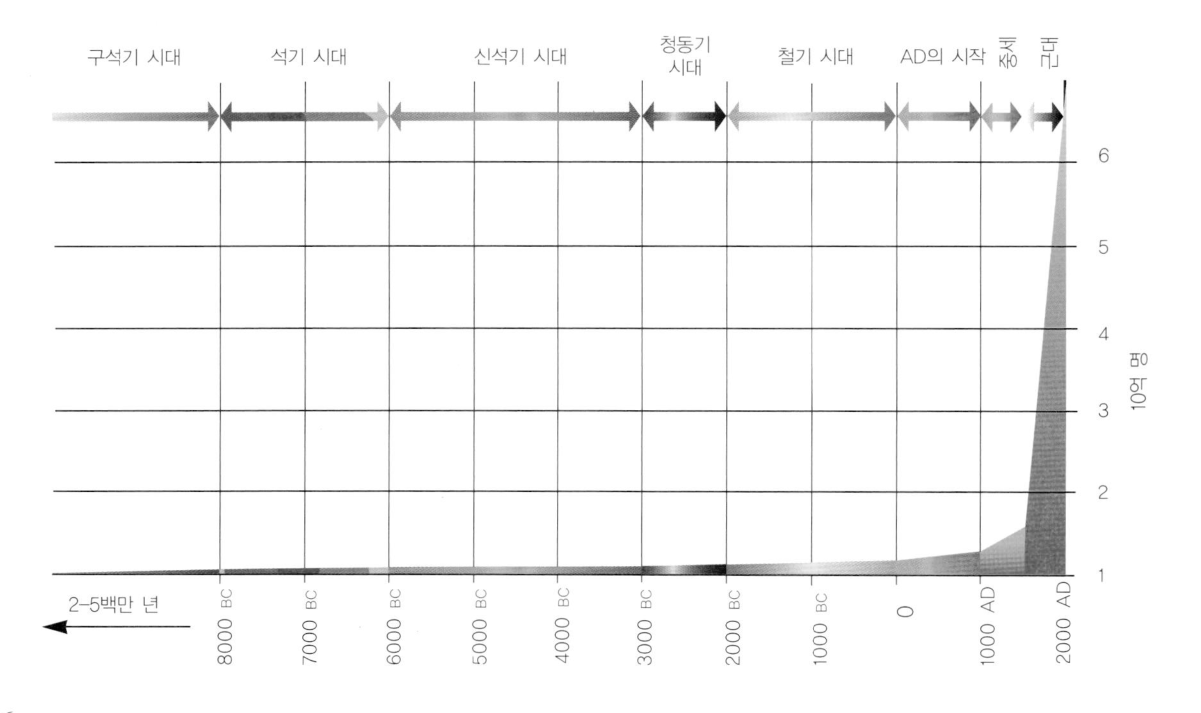
구석기 시대
석기 시대
신석기 시대
청동기 시대
철기 시대
AD의 시작
중세
근대
6
5
4
3
2
1
10억 명
2–5백만 년
8000 BC
7000 BC
6000 BC
5000 BC
4000 BC
3000 BC
2000 BC
1000 BC
0
1000 AD
2000 AD

뉴턴, 아인슈타인, 데이터 사령관, 그리고 내가 스타트렉의 한 장면에서 포커 게임을 하고 있다.

"스타트렉"이 그토록 큰 인기를 끄는 이유는 이 드라마가 미래를 안전하고 안락한 모습으로 그리고 있기 때문이다. 나도 약간은 "스타트렉"의 팬이기 때문에 뉴턴, 아인슈타인 그리고 데이터 사령관과 함께 포커를 즐기는 에피소드에 참가하라는 권유를 받고 쉽게 응락했다. 나는 그 게임에서 승리했지만, 안타깝게도 비상이 걸리는 바람에 딴 돈을 받지는 못했다.

"스타트렉"은 과학, 기술, 정치조직의 측면에서 지금보다 진보한 사회를 보여준다(마지막 모습을 보여주는 것은 그리 어렵지 않을 수도 있다). "스타트렉"이 그리는 미래와 현재 사이에는 엄청난 변화가 있어야 할 것이고, 거기에는 많은 긴장과 혼란이 수반될 것이다. 그러나 우리에게 보여진 시기의 과학, 기술 그리고 사회조직들은 거의 완벽에 가까운 수준에 도달한 것처럼 가정되고 있다.

나는 이러한 미래상에 대해서, 그리고 정말 우리가 과학기술의 궁극적인 정상 상태(steady state)에 도달할 수 있을지에 대해서 의문을 제기하고 싶다. 마지막 빙하기가 지난 후 1만 년 동안 인류가 정상적인 지식이나 고정된 기술의 상태에 있었던 적은 단 한 번도 없었다. 그동안 여러 차례의 퇴보가 있었다. 로마 제국의 멸망 이후의 암흑시대가 그 한 예이다. 그러나 우리가 생명을 보전하고 스스로를 부양하는 기술적 능력의 척도인 세계 인구는 흑사병이 유럽을 휩쓸었던 일시적인 감소기를 제외하면 꾸준히 증가했다(그림 6.1).

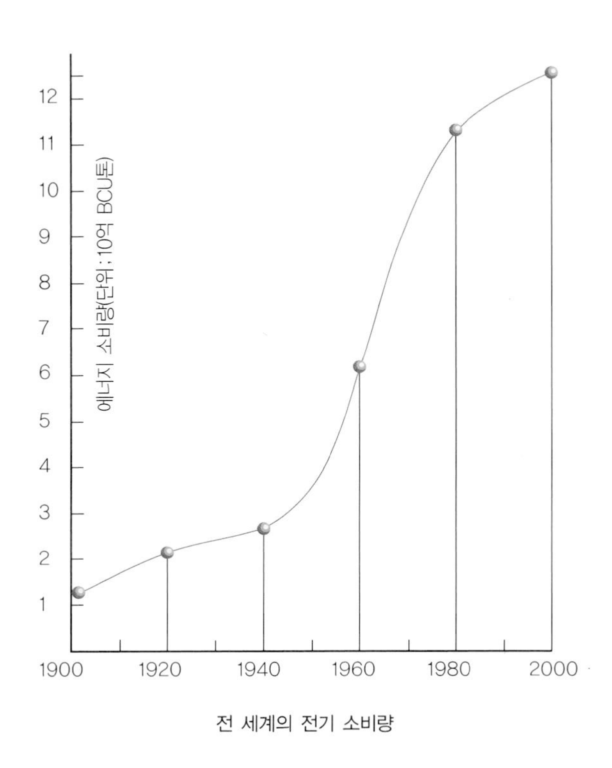

전 세계의 전기 소비량

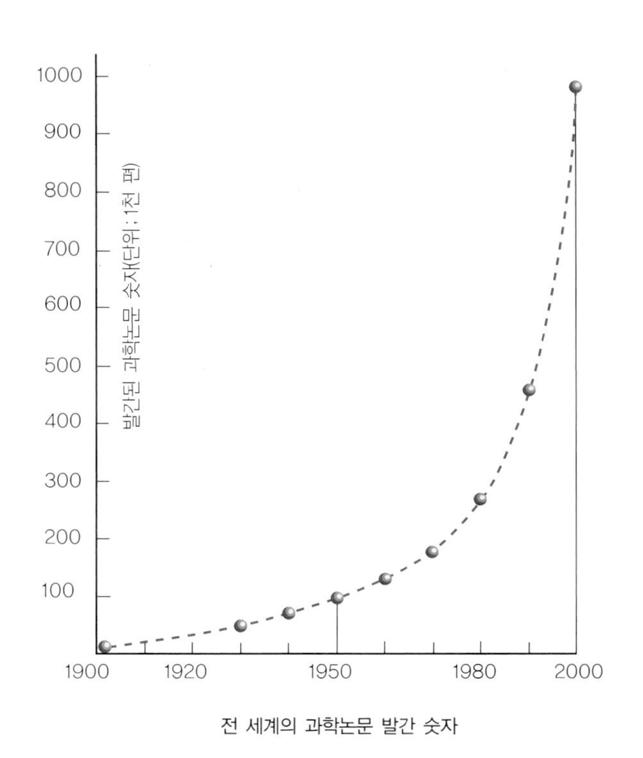

전 세계의 과학논문 발간 숫자

(그림 6.2)
왼쪽 : 전 세계의 에너지 소비량. 단위는 10억 역청탄(瀝靑炭, Bituminous Coal Unit, BCU)톤이다. 1 BCU톤 = 8.13MW-hr(메가와트/시간)이다.

오른쪽 : 매년 발간되는 과학논문의 숫자. 수직축의 단위는 1천 편이다. 1900년에 9천 편이 발간되었다. 이 숫자는 1950년에 9만 편, 2000년에는 90만 편으로 증가했다.

지난 200년 동안 인구는 지수함수적으로 늘어났다. 다시 말해서 매년 같은 비율로 인구가 증가한 것이다. 최근 인구 증가율은 약 1.9퍼센트이다. 이렇게 이야기하면 그리 높은 것처럼 들리지 않지만, 이것은 세계 인구가 매 40년마다 두 배로 늘어나는 비율이다(그림 6.2).

기술 발전에 대한 또다른 척도는 전기 소비량과 과학논문 발표 숫자이다. 이 두 가지 양도 지수함수적 증가를 보였고, 40년 이내의 기간에 두 배로 늘어났다. 가까운 미래에 과학기술의 발전속도가 느려지거나 정지하리라는 징후는 어디에서도 보이지 않는다. 그것은 그리 먼 미래가 아닌 "스타트렉"의 시대에도 마찬가지일 것이다. 그러나 만약 인구와 전력 소비 증가가 현재의 속도로 지속된다면, 2600년까지 세계 인구는 사람들의 어깨가 부딪힐 정도가 될 것이고 전력 사용도 지구가 적열(赤熱)할 정도로 늘어날 것이다.

새로 발간된 모든 저서를 일렬로 늘어놓는다면, 그 줄의 끝에 다다르기 위해서 시속 90마일(약 145킬로미터)의 속도로 달려야 할 것이다. 물론 2600년

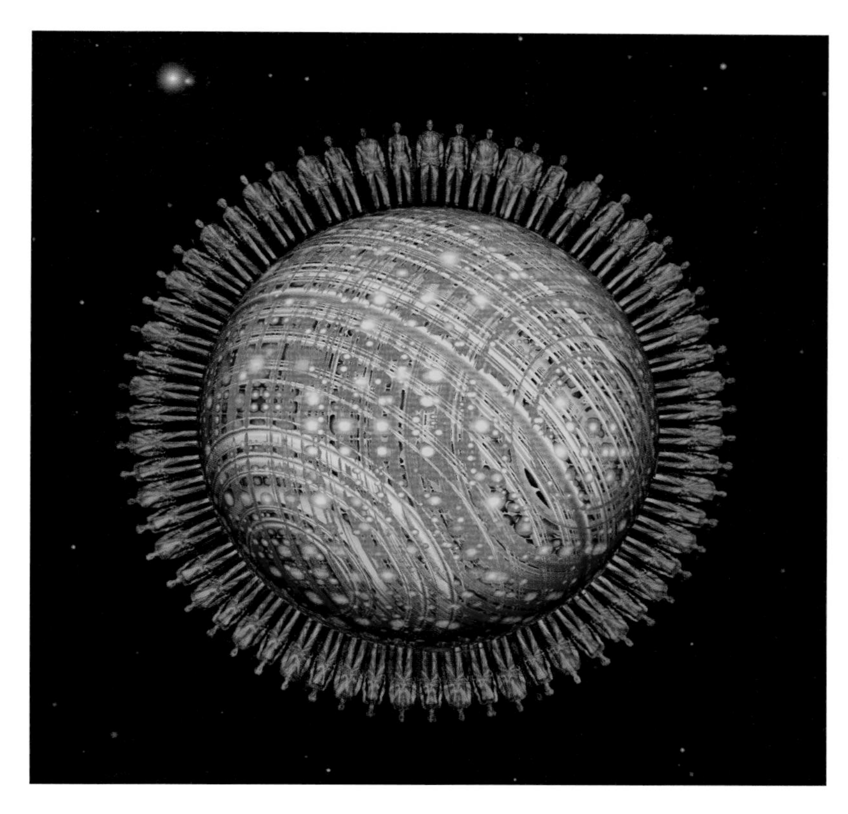

2600년이 되면 세계 인구는 서로 어깨가 닿을 정도로 늘어날 것이다. 그리고 증가한 전기소비로 지구는 마치 적열하듯 붉게 타오를 것이다.

이 되면, 새로운 예술작품이나 과학 저술은 물리적인 책이나 논문의 형태가 아니라 전자적인 형태로 발간될 것이다. 그럼에도 불구하고, 이러한 지수함수적 성장이 지속된다면, 내가 연구하는 이론물리학 분야에서는 1초에 열 편의 논문이 쏟아져나오게 될 것이다. 그렇게 되면 읽을 시간도 없는 셈이다.

분명 현재의 지수함수적 성장이 무한정 계속될 수는 없다. 그렇다면 앞으로 어떻게 될까? 한 가지 가능성은 핵전쟁과 같은 어떤 재앙이 닥쳐서 우리가 스스로를 완전히 파멸시키는 것이다. 조금 끔찍한 농담으로 우리가 아직 외계인과 조우하지 못한 이유가 문명이 우리 정도의 발전 수준에 도달하면 불안정해져서 스스로 자멸하기 때문이라는 이야기가 있다. 그러나 나는 낙관주의자이다. 나는 사태가 점차 흥미로워지는 지금 인류가 스스로 모든 것을 절멸시킬 정도에까지 도달했다고는 믿지 않는다.

"스타트렉"의 미래 전망은 —— 우리가 지금보다 발전했지만 본질적으로 정적인 수준의 문명에 도달한다는 —— 우주를 지배하는 기본 법칙에 대한 우리

(그림 6.3)
"스타트렉"의 줄거리는 위와 같은 모습을 한 엔터프라이즈 호와 스타쉽(은하간 여행이 가능한 우주선/옮긴이)을 중심으로 한다. 이 우주선들은 빛보다 훨씬 빠른 워프 속도(warp speed)로 우주공간을 여행할 수 있다. 그러나 만약 시간순서 보호가설이 옳다면, 우리는 빛보다 훨씬 느린 로켓 추진 우주선으로 은하를 탐사해야 할 것이다.

의 지식이라는 관점에서 볼 때 실제로 실현될지도 모른다. 다음 장에서 설명하겠지만, 궁극적인 이론이 존재하고 우리가 그리 멀지 않은 미래에 그것을 발견할지도 모른다. 만약 그런 것이 존재한다면, 그 궁극 이론은 "스타트렉"의 워프 비행(warpdrive : 빛보다 빠른 속도로 달리는 가상의 비행/옮긴이)에 대한 꿈이 실현될 수 있을지 결정할 것이다. 현재의 개념에 따르면, 우리는 빛보다 느린 속도의 우주선을 이용해서 느리고 지속적인 방식으로 은하를 탐사해야 한다. 그러나 아직 우리가 완전한 통일이론에 도달하지 못하고 있기 때문에 워프 비행의 가능성을 완전히 배제할 수는 없다(그림 6.3).

한편, 이미 우리는 가장 극단적인 조건을 제외한 그밖의 상황에서 통용되

는 법칙들을 안다. 그것은 엔터프라이즈 호 자체는 아니라도 거기에 탑승한 승무원들을 지배하는 법칙들이다. 그러나 우리가 이들 법칙을 사용하거나 그것들을 통해서 만들 수 있는 체계의 복잡성에서 정상상태에 도달할 것 같지는 않다. 이 장의 나머지 부분에서는 이러한 복잡성에 대해서 다룰 것이다.

지금까지 나타난 가장 복잡한 체계는 우리 자신의 몸이다. 생명은 40억 년 전에 지구를 덮고 있던 원시 바다에서 시작된 것으로 알려져 있다. 어떻게 생명이 탄생했는지는 알지 못한다. 아마도 원자들 사이에서 일어난 임의적인 충돌로 거대 분자가 생겨나서 스스로를 복제하게 되고, 그 후 이 분자들이 합쳐져서 더 복잡한 구조를 형성하게 되었을 것이다. 우리가 알고 있는 것은 약 35억 년 전에 고도로 복잡한 분자인 DNA가 출현했다는 사실이다.

DNA는 지구의 모든 생물의 기반이다. 이 분자는 마치 나선형 계단과도 같은 이중나선구조를 가지고 있으며, 1953년에 케임브리지 대학교의 캐번디시 연구소에서 프랜시스 크릭과 제임스 왓슨에 의해서 발견되었다. 이중나선의 두 가닥은 나선계단의 발판처럼 한 쌍의 뉴클레오티드(핵산)에 의해서 연결되어 있다. 이 핵산에는 시토신(cytosine), 구아닌(guanine), 티로신(tyrosine) 그리고 아데노신(adenosine)이라는 네 종류가 있다. 이 핵산들이 나선계단을 따라서 나타나는 순서 속에 유전정보가 담겨 있고, 이 정보를 이용해서 DNA 분자는 유기체를 조합하고 스스로를 복제한다. DNA가 스스로의 복제를 만들 때 이따금씩 나선을 따라서 형성되는 핵산의 순서에 오류가 발생한다. 대부분의 경우에 이러한 복제상의 오류는 DNA가 스스로를 복제할 수 없게 하거나 그 가능성을 떨어뜨리는 방향으로 작용한다. 그것은 이러한 유전적 오류, 또는 돌연변이가 사라질 것이라는 의미이다. 그러나 아주 드물게 이러한 오류나 돌연변이가 DNA의 생존과 복제 가능성을 증가시키는 경우가 있을 것이다. 유전 부호에 나타나는 이러한 변화는 생존에 유리할 것이다. 핵산의 순서에 포함된 정보가 점차 진화하면서 그 복잡성이 증가하는 까닭은 바로 그 때문이다(그림 6.4, 162쪽 참조).

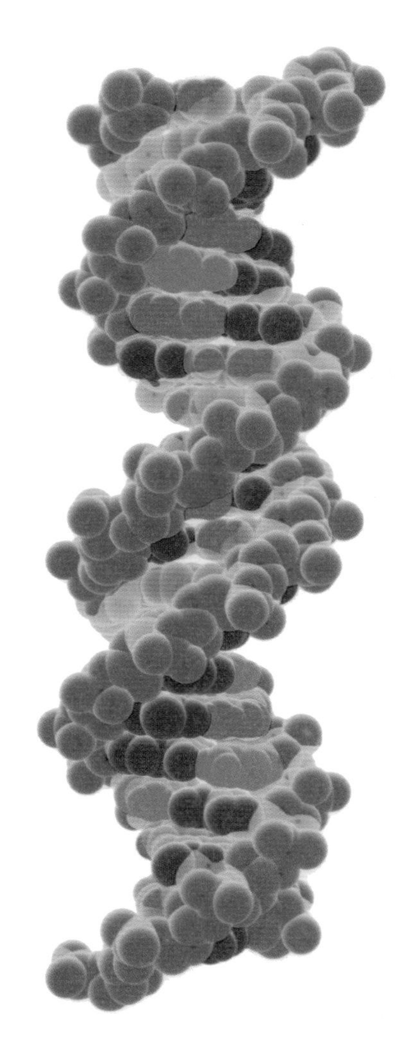

생물학적 진화가 근본적으로 모든 유전적 가능성이라는 공간 속에서 이루어지는 난보(亂步, random walk : 매 단계의 진전이 모두 동일한 확률로 일어나는 거동. 브라운 운동이나 유전자의 부동〔浮動〕이 그런 예에 해당한다/옮

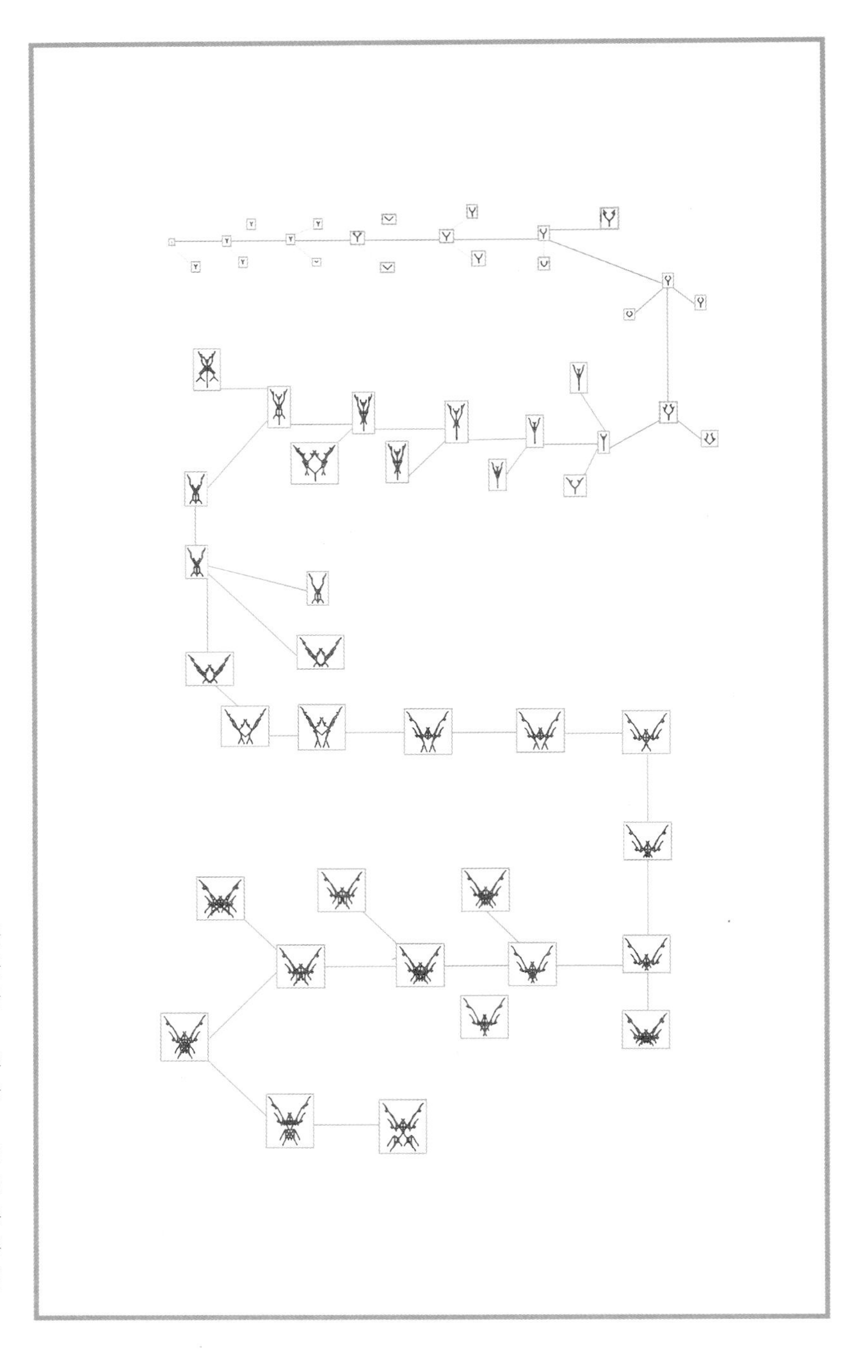

(그림 6.4) 진행 중인 진화

오른쪽 그림은 생물학자인 리처드 도킨스가 고안한 프로그램 속에서 진화한, 컴퓨터가 생성한, 바이오모프(biomorph, 생명체를 나타낸 무늬)이다.
특정 계통의 생존 여부는 "흥미롭다", "다르다", "곤충과 비슷하다" 등의 단순한 특성들에 의해서 결정된다.
초기의 임의적인 세대들은 하나의 픽셀에서 시작해서 자연선택과 흡사한 과정을 거쳐서 발전한다. 도킨스는 29세대만에 곤충과 흡사한 형태를 (그리고 진화적인 막다른 골목에 해당하는 여러 경로를 포함해서) 만들어 냈다.

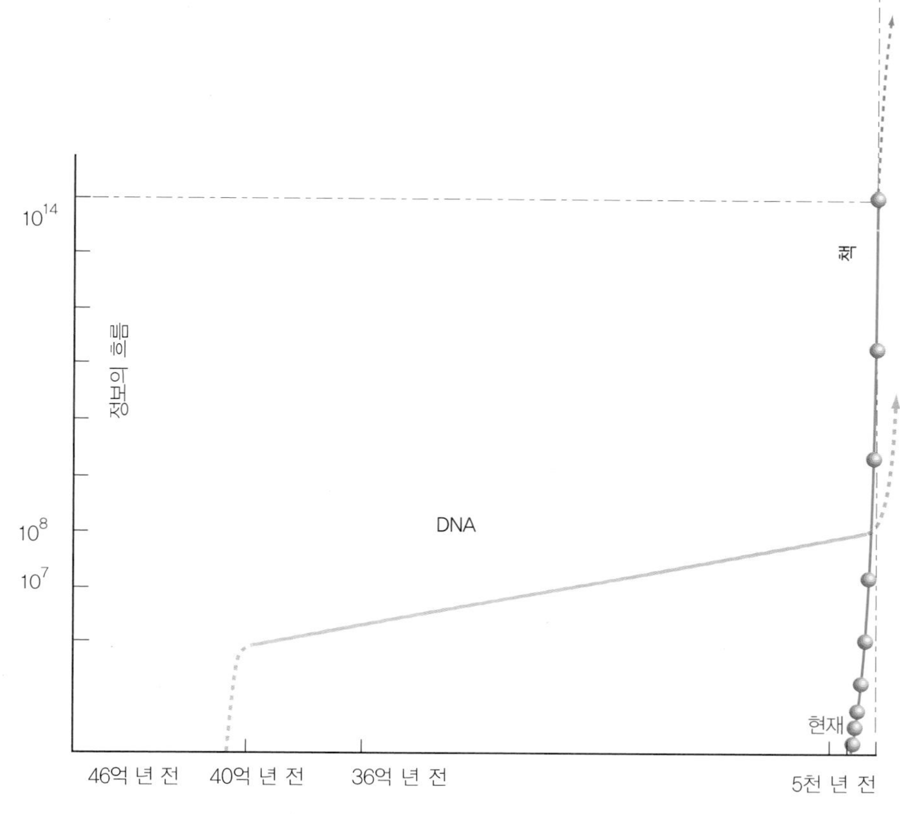

지구의 생성 이래의 복잡성의 증대(이 도표는 실제 비율과 다르다).

긴이)이기 때문에 진화는 매우 느린 속도로 이루어져왔다. DNA 속에 부호화된 복잡성, 또는 정보 비트(bit)의 숫자는 대략 그 분자 속에 들어 있는 핵산의 숫자이다. 지구 탄생 이후 약 20억 년 동안, 복잡성 증가율은 매 100년당 1비트의 정보가 증가하는 정도였다. DNA 복잡성의 증가율은 지난 수백만 년 동안 1년에 1비트 정도로 점차 빨라졌다. 그러나 약 6천 년에서 8천 년 전에 중요한 새로운 발전이 일어났다. 우리가 문자언어를 개발한 것이다. 이것은 임의적인 돌연변이와 자연선택이 DNA 순서에 정보를 부호화시키는 지난한 과정을 기다릴 필요 없이 정보를 한 세대에서 다음 세대로 전달할 수 있게 되었음을 뜻한다. 복잡성의 총량은 엄청나게 증가했다. 한 권의 연애소설이 유인원과 사람의 DNA 차이에 해당하는 정도의 정보를 포함할 수 있게 되었다. 그리고 30권짜리 백과사전은 사람의 DNA의 전체 순서를 기술할 수 있다(그림 6.5).

더 중요한 것은 책 속의 정보가 빠른 속도로 갱신될 수 있다는 점이다. 현재 사람의 DNA가 생물학적 진화에 의해서 갱신되는 속도는 1년에 1비트가량이다. 그러나 매년 200만 권의 새로운 책이 발간되는

그림 6.5

사람의 몸 밖에서 배아(胚芽)를 성장시킬 수 있다면, 더 큰 뇌와 더 높은 지능을 부여할 수 있을 것이다.

점을 감안한다면, 새로운 정보 갱신 속도는 1년에 무려 100만 비트이다. 물론 이러한 정보 중 대부분은 쓰레기이다. 그러나 그중에서 100만 분의 1비트만 유용하다고 하더라도 생물학적 진화보다 수십만 배 빠른 셈이다.

외부적인, 비생물학적 수단을 통한 데이터 전달이 인류가 세계를 지배하게 했고, 지수함수적인 인구 증가를 가져왔다. 그러나 오늘날 우리는 생물학적 진화의 더딘 과정을 기다리지 않고 우리의 내부 기록인 DNA의 복잡성을 증가시킬 수 있는 새로운 시대의 출발점에 서 있다. 지난 1만 년 동안 사람의 DNA에는 중요한 변화가 일어나지 않았다. 그러나 다음 1천 년 동안 우리는 우리 자신의 DNA를 완전히 재설계할 수 있게 될 것 같다. 물론 많은 사람들은 인간을 대상으로 한 유전공학이 금지되어야 한다고 주장할 것이다. 그러나 과연 우리가 그 흐름을 막을 수 있을지는 의심스럽다. 식물과 동물에 대한 유전공학은 경제적 이유로 허용될 것이다. 그리고 누군가 사람을 대상으로 유전공학 기술을 적용하게 될 것이다. 전 세계가 전체주의 체제가 되지 않는 한, 지구 어디에선가는 누군가가 향상된 인간(improved human)을 설계하게 될 것이다.

분명한 것은 향상된 인간의 창조가 향상되지 못한 인간의 관점에서 볼 때 엄청난 사회적, 정치적 문제를 야기시키리라는 점이다. 내 의도는 사람을 대상으로 한 유전공학을 바람직한 발전으로 옹호하려는 것이 아니라, 우리가 원하든 원치 않든 간에, 그런 일이 실제로 일어날 가능성이 높다는 점을 지적하려는 것뿐이다. 내가 400년 후의 미래의 인간들이 본질적으로 지금의 우리와 동일한 모습을 하고 있는 "스타트렉"과 같은 SF 영화를 믿지 않는 이유는 바로 그 때문이다. 나는 인류, 그리고 그 DNA가 매우 빠른 속도로 그 복잡성이 증가할 것이라고 생각한다. 우리는 실제로 그런 일이 일어날 가능성이 높다는 사실을 인식해야 하고, 그렇게 되었을 때 어떻게 대처해야 할지에 대해서 진지하게 숙고해야 한다.

인류는 자신을 둘러싼 세계의 점차 증대되는 복잡성에 대처하고, 우주여행과 같은 새로운 도전에 직면하기 위해서 어느 정도 자신의 육체적, 정신적 특성을 향상시켜야 할 필요가 있을 것이다. 또한 인류는 생물학적 체계가 전자적 체계에 뒤지지 않고 계속 앞서나가기 위해서는 자신의 복잡성을 증가시켜야 한다. 현재 컴퓨터는 속도의 면에서는 장점이 있지만, 지능의 어떤 징후도 보이지 않고 있다. 현재 우리가 가지고 있는 컴퓨터가 지렁이의 뇌보다 복잡하지 않기 때문에 이것은 그리 놀라운 일이 아니다. 지렁이의 뇌도 그 지력(知力)의 측면에서 두드러지지 않은데 말이다.

현재 우리의 컴퓨터는 지능의 측면에서 하등한 지렁이의 뇌에도 미치지 못한다.

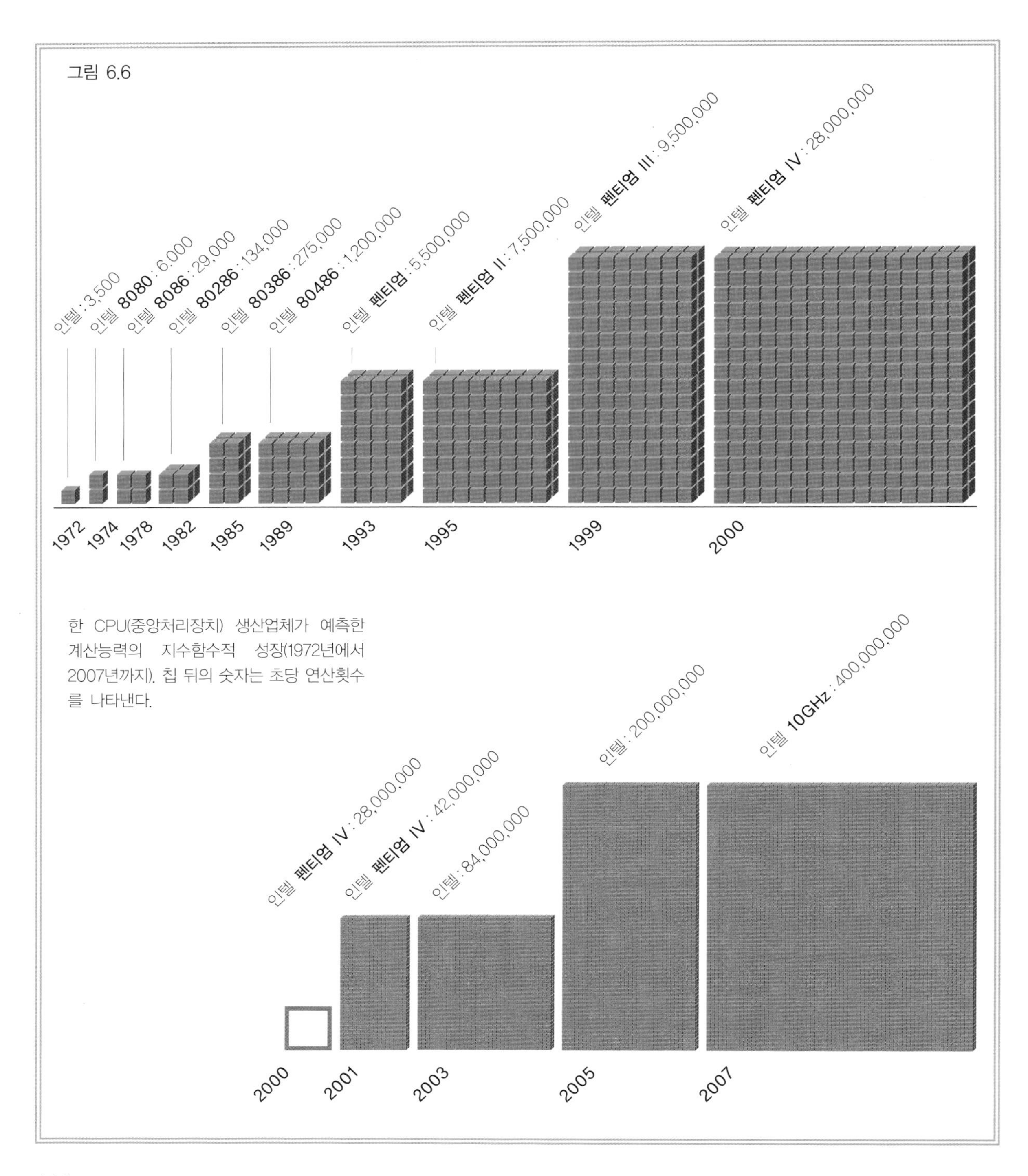

한 CPU(중앙처리장치) 생산업체가 예측한 계산능력의 지수함수적 성장(1972년에서 2007년까지). 칩 뒤의 숫자는 초당 연산횟수를 나타낸다.

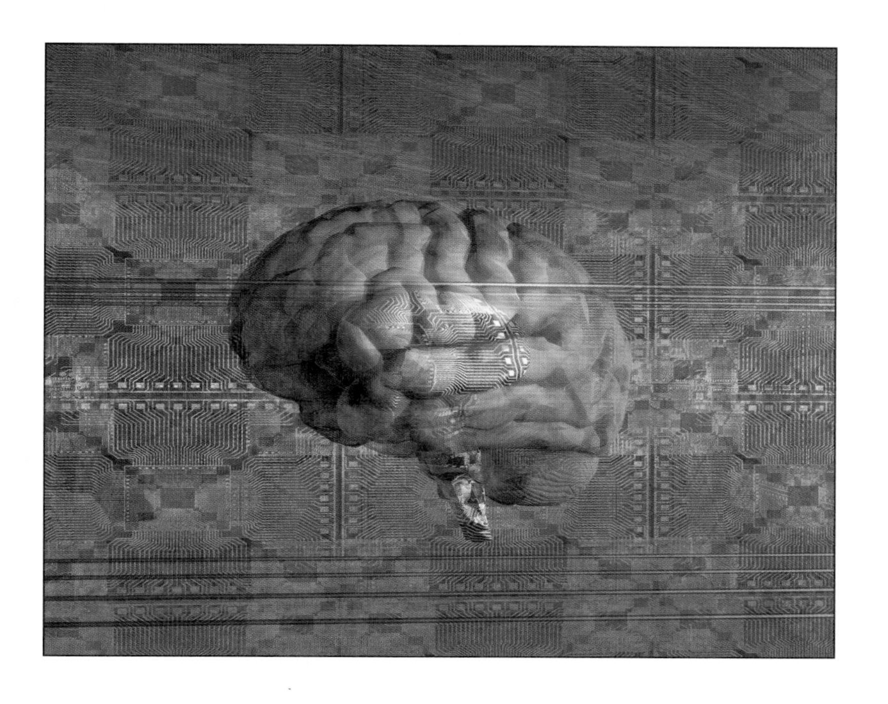

신경 이식은 기억력을 향상시키고, 불과 수 분만에 한 언어나 이 책의 내용을 완전히 이해하는 식으로 완전한 정보 패키지를 제공할 수 있을 것이다. 이처럼 향상된 인류는 우리와는 거의 비슷하지 않을 것이다.

그러나 컴퓨터의 발전은 무어의 법칙(Moore's law)에 따른다. 즉 그 속도와 복잡성이 매 18개월마다 두 배가 된다는 것이다(그림 6.6). 물론 이것도 무한정 지수함수적 성장이 계속될 수 없는 사례 중 하나이다. 그러나 이러한 발전은 컴퓨터가 사람의 뇌와 비슷한 정도의 복잡성에 도달할 때까지 지속될 것이다. 어떤 사람들은 컴퓨터가 진정한 의미에서의 지능을 — 진정한 지능이 어떤 것이든지 간에 — 나타낼 수 없을 것이라고 말한다. 그러나 나는 매우 복잡한 화학적 분자들이 사람 속에서 작용해서 사람이 지능을 가지게 하는 것이라면, 마찬가지로 복잡한 전자회로도 컴퓨터가 지능을 가진 것처럼 행동하게 할 수 있다고 생각한다. 그리고 컴퓨터가 지능을 가지게 된다면, 그들은 필경 훨씬 더 높은 복잡성과 지능을 가진 컴퓨터를 설계할 수 있을 것이다.

이러한 생물학적, 전자적 복잡성 증대는 무한히 계속될까, 아니면 자연적인 한계가 존재할까? 생물학적 측면에서, 지금까지 인간 지능은 산도(産道)를 통과할 수 있는 머리의 크기에 의해서 그 한계가 설정되었다. 세 아이가 태어나는 모습을 지켜보면서, 나는 머리가 모체에서 빠져나오기가 얼마나 힘든지 알게 되었다. 그러나 앞으로 100년 이내에 나는 우리가 사람의 체외에서 아기를 성장시킬 수 있게 될 것이라고 믿는다. 따라서 이 한계는 극복될 것이다. 그러나 궁극적으로 유전공학을 통한 뇌 크기 증대는 우리의 정신활

우주의 약사(略史)

사건들(이 도표는 실제 비율이 아님)

3만 년
빅뱅과 격렬한, 광학적으로 밀집한, 인플레이션 우주

물질과 에너지가 분리되면서 우주가 투명해진다.

10억 년
물질의 덩어리가 원시은하를 형성하고, 무거운 원자핵을 합성한다.

30억 년
허블 우주망원경의 깊은 우주탐사에서 기록된 은하들

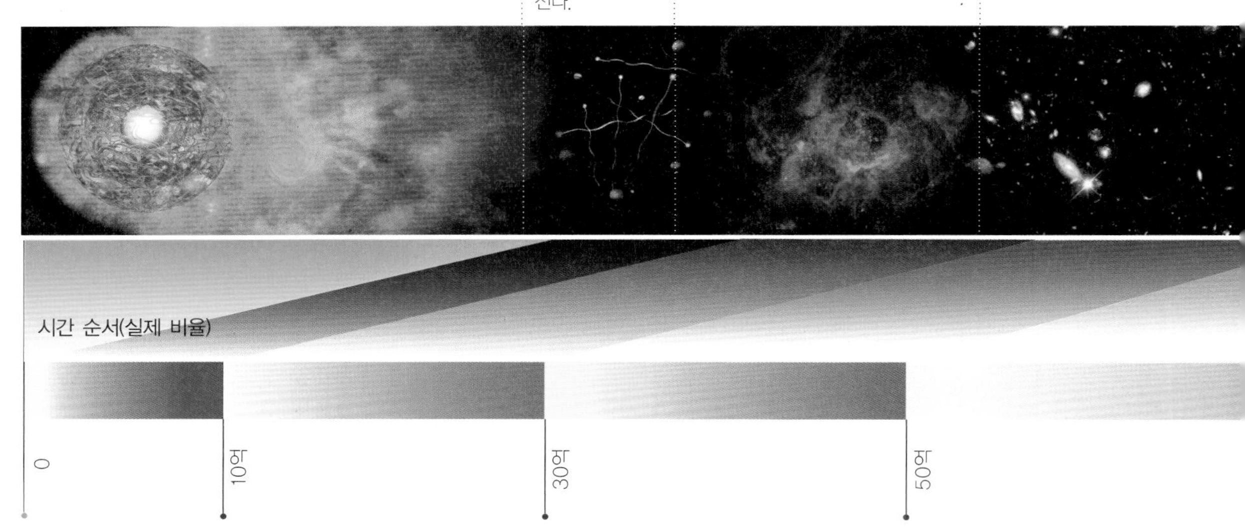

(그림 6.7)
전체 우주의 역사에서 보면 인류는 극히 최근에야 모습을 드러냈다(만약 이 도표의 척도에서 인류가 등장한 길이를 7센티미터로 표시한다면, 우주의 전체 역사는 1킬로미터가 넘을 것이다). 만약 우리가 외계 생명체를 만난다면 그들은 우리보다 훨씬 원시적이거나, 또는 훨씬 더 진보한 문명을 가지고 있을 것이다.

동에 관여하는 우리 몸의 화학적 전령들의 상대적으로 느린 속도라는 문제에 부딪치게 될 것이다. 이것은 뇌의 복잡성 증가가 속도라는 면에서는 희생을 치르게 된다는 의미이다. 우리는 기민하거나 지능이 높을 수 있지만, 두 가지 특성을 모두 가질 수는 없다. 지금도 나는 우리가 "스타트렉"에 등장하는 대부분의 사람들보다 훨씬 지능이 높아질 수 있을 것이라고 생각한다. 그것이 그렇게 힘들다고는 생각하지 않는다.

전자회로에도 사람의 뇌와 마찬가지로 복잡성-대-속도의 문제가 있다. 그러나 이 경우, 신호는 화학적인 것이 아니라 전자적인 것이다. 따라서 전자신호는 빛의 속도로 움직이며, 화학적 신호에 비해서 훨씬 빠르다. 그럼에도 광속은 이미 더 빠른 컴퓨터를 설계하는 과정에서 실질적인 한계로 작용하고 있다. 이 문제를 극복하려면 회로를 더 작게 만들어야 하지만, 궁극적으로 물질의 원자구조 때문에 회로를 작게 만드는 데에도 한도가 있을 것이다. 그러나 그 장벽에 도달하기까지 아직까지 어느 정도 여유가 있다.

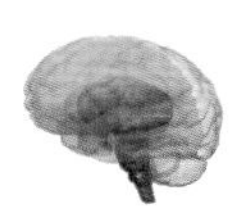

우리 은하계와 같은 새로운 은하들. 그 속에서 무거운 원소들이 생성된다.

우리 태양계가 그 주위를 도는 행성들과 함께 탄생한다.

35억 년 전에 생명형태가 처음 모습을 드러낸다.

50만 년 전에 최초의 인류가 등장한다.

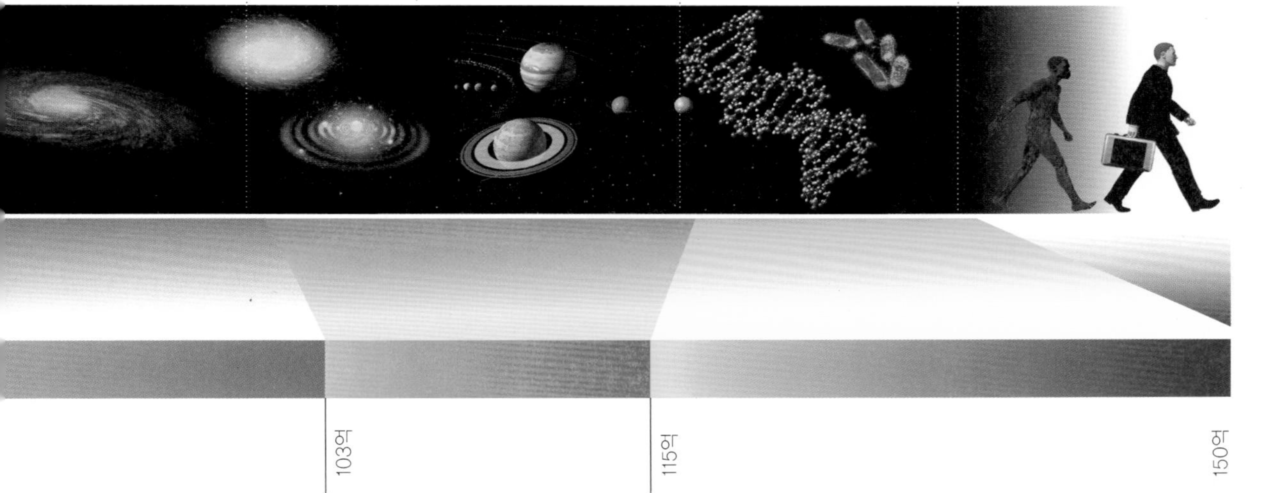

전자회로가 속도를 유지하면서 복잡성을 증가시킬 수 있는 또 하나의 방법은 사람의 뇌를 모방하는 것이다. 뇌는 단일한 CPU, 즉 모든 지시를 순차적으로 처리하는 중앙처리장치(central processing unit)를 가지고 있지 않다. 그 대신 뇌는 동시에 공동작업을 하는 수많은 처리장치들을 가지고 있다. 이러한 대량 병렬처리 방식은 전자적 지능의 미래의 모습이 될 것이다.

앞으로 수백 년 동안 우리가 스스로 자멸하지 않는다면, 우리는 우선 태양계 내의 다른 행성들로 확산될 것이고, 그런 다음 인접한 항성들로 진출하게 될 것이다. 그러나 "스타트렉"이나 "바빌론 5"처럼 거의 모든 태양계마다 인간과 거의 흡사한 새로운 종족이 살고 있을 가능성은 거의 없다. 인류가 지금과 같은 모습을 가지게 된 것은 150억 년, 또는 빅뱅 이래 장구한 역사에서 겨우 200만 년 동안에 불과했다(그림 6.7).

설령 다른 항성계에서 생명이 발생했다고 하더라도 인류의 발전단계와 비

생물학적-전자적 접속

20년 이내에 불과 수천 달러짜리 컴퓨터가 인간의 두뇌와 비슷한 정도의 복잡성을 가지게 될 것이다. 병렬처리 프로세서가 우리 뇌가 작동하는 방식을 흉내낼 수 있고, 컴퓨터가 지능과 의식을 가진 존재처럼 움직이게 할 수 있을 것이다.

신경 이식은 뇌와 컴퓨터의 훨씬 빠른 접속을 가능하게 할 것이다. 이 방법으로 생물학적 지능과 전자적 지능 사이의 거리라는 문제가 해결될 수 있을 것이다.

가까운 미래에 대부분의 기업 업무는 월드와이드웹(WWW)을 통해서 사이버 인물 사이에서 이루어질 것이다.

10년 이내에 우리 중 상당수는 통신망을 통한 가상 존재로 살아가는 쪽을 선택하게 될지도 모른다. 그들은 사이버 상에서 친구들을 사귀고, 관계를 맺으며 살아갈 것이다.

사람의 게놈에 대한 우리의 이해는 의심할 여지 없이 엄청난 의학적 진보를 불러올 것이다. 또한 그 이해를 기초로 사람의 DNA 구조의 복잡성을 증가시킬 수 있을지도 모른다. 앞으로 수백 년 이내에 유전공학이 인류를 재설계하는 생물학적 진화로 대체될지도 모른다. 그렇게 되면 지금과는 전혀 다른 윤리적 문제들이 제기될 것이다.

우리 태양계를 벗어나는 우주여행은 유전공학을 통해서 새롭게 바뀐 인간이나 컴퓨터가 조종하는 무인 우주선을 필요로 할 것이다.

슷할 가능성은 매우 적다. 우리가 조우하게 될 외계 생물체는 우리보다 훨씬 원시적이거나 또는 훨씬 더 진보된 문명을 가지고 있을 것이다. 만약 그들의 문명이 우리보다 진보했다면, 왜 그들이 은하계로 세력을 확장해서 지구를 방문하지 않았을까? 만약 외계인들이 지구를 방문했다면, 틀림없이 "ET"보다는 "인디펜던스 데이"와 비슷한 양상이었을 것이다.

그렇다면 외계인들이 지구를 방문하지 않은 사실을 어떻게 설명할 수 있는가? 지구 밖에 인류보다 진보한 종족이 있고, 우리의 존재를 알고 있지만 우리들이 원시적인 상태에서 자업자득으로 고생하도록 놔두고 있을 가능성도 있다. 그렇지만, 만약 그런 외계인이 존재한다면, 그들이 하등생물에게 그토록 관대할 수 있을지 의문스럽다. 우리가 길을 걸을 때 얼마나 많은 곤충과 지렁이들이 발에 밟히는지 신경이나 쓰는가? 좀더 그럴듯한 설명은 다른 행성에서 생명체가 발생했거나 그들이 지능을 발전시켰을 가능성이 매우 낮다는 것이다. 우리가 스스로 지능을 가졌다고 주장하고 있기 때문에 ── 물론 그 근거는 그리 충분치 않지만 ── 우리는 지능을 진화의 필연적인 결과로 간주하는 경향이 있다. 그러나 이런 생각에 대해서 의문을 제기할 수 있다. 지능이 큰 생존가치를 지니는지는 분명치 않다. 박테리아는 지능이 없이도 훌륭하게 생존하고 있고, 우리가 자랑스러워하는 지능이 핵전쟁으로 우리를 파멸시킨다고 할지라도 박테리아는 살아남을 것이다. 따라서 우리가 은하계를 탐사할 때 원시적인 생명체를 발견하게 될지 모르지만 우리와 같은 생명체를 찾아낼 가능성은 거의 없다.

지능이 장기적인 생존가치를
가질 수 있을까?

과학의 미래는 "스타트렉"에서 그려지는 안락한 미래의 상과는 다를 것이다. 즉, 매우 진보했지만 본질적으로 정적인 과학기술을 가진, 인간과 비슷한 종족들이 우주 곳곳에 살고 있는 모습과는 다를 것이다. 그 대신 나는 우리가 독자적으로 미래를 개척해나갈 것이라고 생각한다. 그것은 빠른 속도로 발전하는 생물학적, 전자적 복잡성의 증대를 통해서 이루어질 것이다. 다음 100년 동안 이러한 변화가 일어나지는 않을 것이다. 그 점은 확실하게 예측할 수 있다. 그러나 다음 천년대의 말엽쯤이면, 물론 그때까지 인류가 살아남는다면, "스타트렉"이 그리는 미래와의 차이가 근본적으로 나타날 것이다.

제7장
새로운 브레인 세계

우리는 브레인 세계에 살고 있는가,
아니면 우리는 단지 홀로그래피에 불과한가?

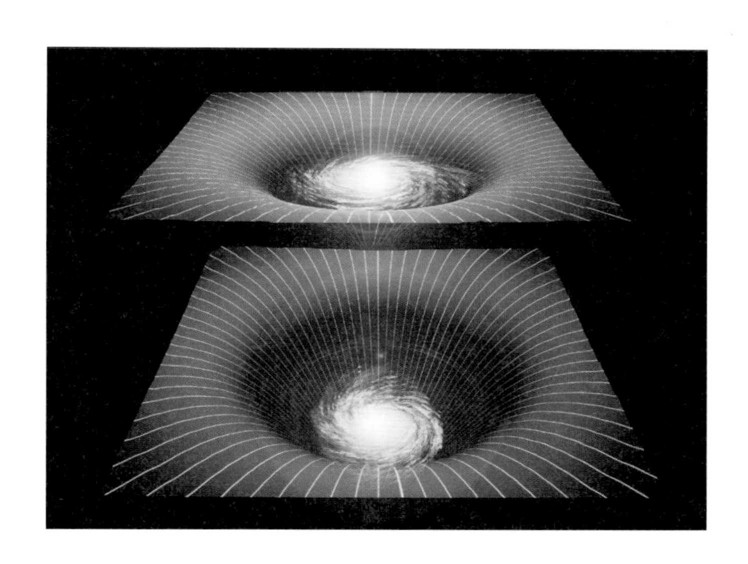

(그림 7.1)
M-이론은 마치 조각 그림 맞추기 퍼즐과도 같다. 가장자리에 해당하는 조각들을 찾고 맞추는 편이 훨씬 쉽기 때문이다. 그러나 우리는 아직 중심부에서 무슨 일이 일어나고 있는지 잘 알지 못한다. 우리는 그곳에서 일부 물리량이나 그밖의 양들이 작아질지 추정조차 하지 못한다.

우리의 탐험여행은 미래에 어떻게 계속될까? 우주와 그 속에 들어 있는 삼라만상을 지배하는 완전한 통일이론을 수립하려는 우리의 노력은 과연 성공을 거둘 수 있을까? 실제로, 제2장에서 기술했듯이, 우리는 이미 M-이론으로 만물의 이론을 찾아냈는지도 모른다. 그 이론은, 우리가 알고 있는 한, 단일한 공식을 가지고 있지 않다. 그 대신 우리는 겉보기에 다른 이론들의 연결망을 가지고 있다. 그 이론들은 모두 그 밑에 내재한 근본 이론의 근사(近似)처럼 보이고, 각기 다른 종류의 상황에 대한 계산에 유용하다. 그것은 뉴턴의 중력이론이 중력장이 약한 상황에서의 계산에서는 아인슈타인의 일반상대성이론의 근사인 것과 마찬가지이다. M-이론은 조각 그림 맞추기 퍼즐과 흡사하다. 조각 그림 맞추기는 가장자리 부분이 가장 맞추기 쉽다. 그것은 M-이론에서 일부 양(量)이나 그밖의 물리량이 작은 경우에 해당한다. 이제 우리는 그 가장자리에서는 매우 분명한 개념들을 얻었다. 그러나 M-이론이라는 조각 그림 맞추기의 중앙부에는 여전히 커다란 구멍이 입을 벌리고 있다. 우리는 아직 그곳이 어떻게 이어지는지 그 얼개를 알지 못한다(그림 7.1). 그 구멍을 채우지 못하는 한, 우리는 진정한 의미에서 만물의 이론을 발견했다고 주장할 수 없을 것이다.

그렇다면 M-이론의 중앙에는 무엇이 있을까? 사람이 발을 들여놓지 않은 새로운 땅의 낡은 지도 중심부에서 항상 그렇듯이, 거기에서 우리는 용을(또는 그와 비슷한 정도로 낯선 무언가를) 발견하게 될까? 우리의 과거 경험은 좀더 작은 크기로 우리의 관찰의 영역을 넓혀갈 때마다 새로운 현상을 발견하게 될 가능성이 높다는 것을 시사해준다. 20세기 초에 우리는 고전 물리학의 척도에서 자연의 작동원리를 이해했다. 그 원리는 항성간 거리에서 수백분의 1밀리미터밖에 안 되는 작은 크기에까지 적용되었다. 고전 물리학은 물

(그림 7.2)
오른쪽: 더 이상 나눌 수 없는 원자에 대한 고전적인 상.
맨 오른쪽: 양성자와 중성자로 이루어진 원자핵과 그 주위를 도는 전자들이 보인다.

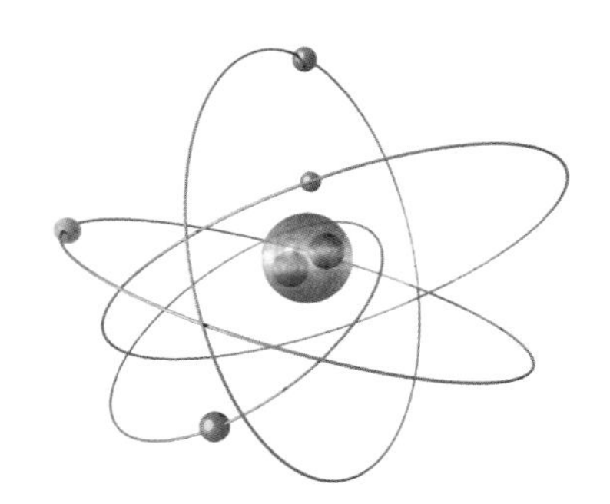

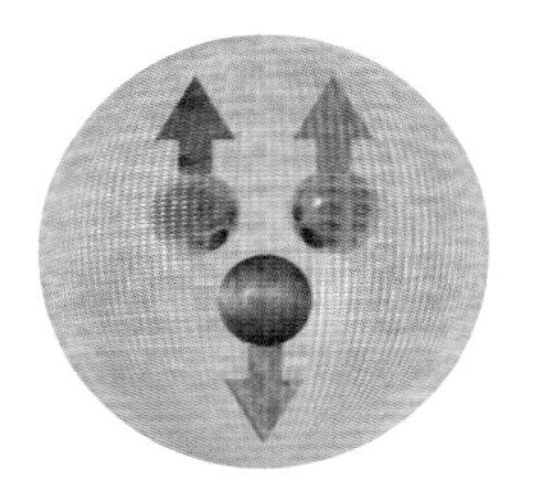

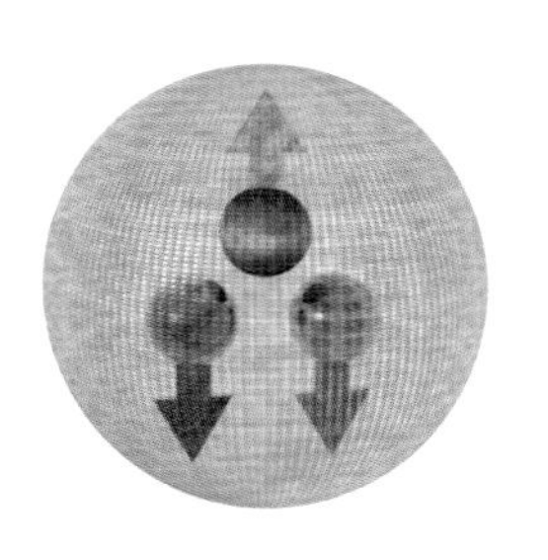

(그림 7.3)
위: 양성자는 두 개의 업 쿼크와 하나의 다운 쿼크로 이루어진다. 업 쿼크는 $\frac{2}{3}$의 양(+) 전하를 가지며, 다운 쿼크는 $\frac{1}{3}$의 음(−) 전하를 가진다.
아래 : 중성자는 두 개의 다운 쿼크와 하나의 업 쿼크로 구성된다. 다운 쿼크는 $\frac{1}{3}$의 음(−)전하를 가지며, 업 쿼크는 $\frac{2}{3}$의 양(+) 전하를 가진다.

질이 유연성이나 점성(粘性)과 같은 특성을 가진 연속적인 매체라고 가정한다. 그러나 물질이 평활하지 않고 알갱이로 이루어져 있다는 증거가 나타나기 시작했다. 즉, 물질이 원자라고 불리는 작은 구성단위로 이루어져 있다는 것이다. 원자(atom)라는 말은 "나눌 수 없다"는 뜻의 그리스어에서 비롯되었지만, 그 후 원자도 나누어진다는 사실이 밝혀졌다. 원자는 양성자와 중성자로 이루어진 원자핵과 그 주위를 도는 전자들로 이루어져 있다(그림 7.2).

20세기의 처음 30년 동안 이루어진 원자에 대한 연구는 우리의 이해를 100만 분의 1밀리미터로까지 확장시켰다. 그런 다음 우리는 양성자와 중성자가 쿼크(quark)라고 불리는 그보다 작은 입자로 이루어져 있다는 사실을 발견했다(그림 7.3).

핵물리학과 고에너지 물리학 분야에서 이루어진 최신 성과는 우리를 길이 척도에서 10억 분의 1이라는 극미한 세계로 이끌었다. 우리는 끝없이 미세한 세계로 내려가서 점점 더 작은 길이 척도의 구조를 발견할 수 있을 것처럼 생각되었다. 그러나 이러한 급수에도 한계가 있다. 큰 인형 속에 작은 인형들이 연속적으로 들어 있는 러시아 인형에도 한계가 있듯이 말이다(그림 7.4).

결국 우리는 가장 작은 인형에 도달하게 되고, 그 인형 속에는 그보다 더 작은 인형이 들어 있지 않다. 물리학에서 가장 작은 인형은 플랑크 길이(Planck length)라고 불린다. 그보다 더 짧은 길이를 조사하기 위해서는 매우 높은 에너지를 가진 입자가 필요하며, 그런 입자는 블랙홀 속에 들어 있다. 우리는 M-이론에서 궁극적인 플랑크 길이가 무엇인지 정확히 알지 못한다. 그러나 그것은 1밀리미터의 10만 분의 10억 분의 10억 분의 10억 분의 1(10^{34}

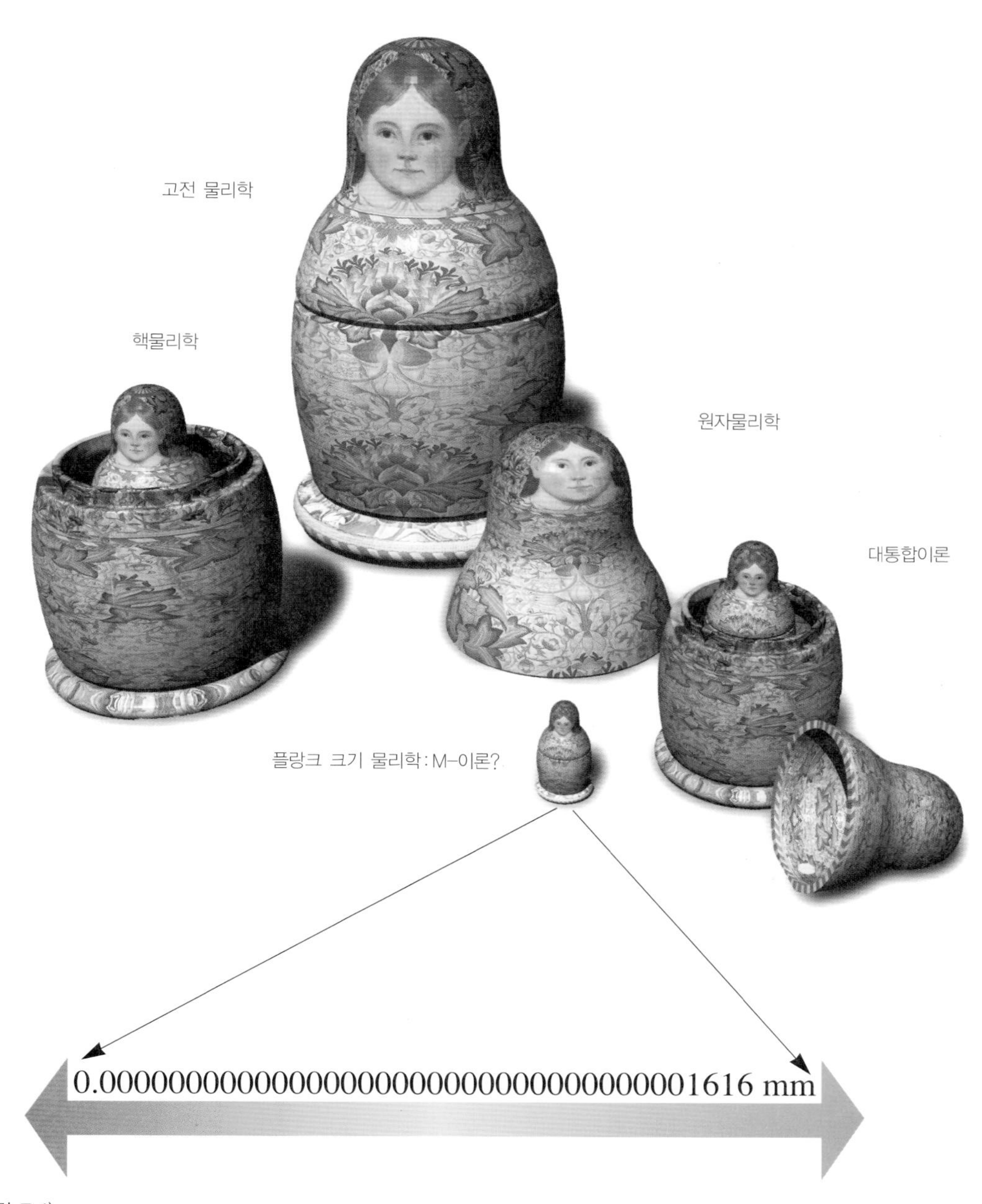

(그림 7.4)
각각의 인형은 특정한 길이 척도에까지 이르는 자연에 대한 이론적 이해를 나타낸다. 각 인형은 그보다 작은 인형을 포함한다. 그것은 더 짧은 척도로 자연을 기술하는 이론에 상응한다. 그러나 물리학에는 플랑크 길이라고 불리는 가장 짧은 근본적인 길이가 존재한다. 이 길이는 자연이 M-이론에 의해서 기술될 수 있을지 모르는 척도이다.

(그림 7.5)
플랑크 길이 정도로 작은 거리를 탐사하는 데에 필요한 입자가속기의 크기는 태양계의 직경보다도 커야 할 것이다.

분의 1밀리미터)에 해당할 것이다. 우리는 아직까지 이 정도로 작은 거리를 조사할 수 있는 입자가속기를 건설하지 못하고 있다. 아마도 그런 입자가속기는 태양계 전체보다도 커야 할 것이다. 그리고 현재의 경제적 상황에서는 의회에서 승인받기가 힘들 것 같다(그림 7.5).

그러나 우리가 최소한 M-이론의 용을 좀더 쉽게 (그리고 적은 비용으로) 발견할 수 있는 흥미로운 새로운 진전들이 이루어졌다. 제2장과 제3장에서 설명했듯이, 수학적 모형들로 이루어진 M-이론의 연결망에서 시공은 10차원 또는 11차원을 가진다. 극히 최근까지 여분의 6차원이나 7차원은 아주 작은 크기로 말려 있을 것이라고 생각되었다. 그것은 사람의 머리카락과 비슷할 것이다(그림 7.6).

확대경으로 사람의 머리카락을 보면 여러분은 머리카락에도 두께가 있다는 사실을 알 수 있을 것이다. 그러나 육안으로는 길이는 있지만 그밖의 차원은 없는 하나의 선으로 보일 따름이다. 시공도 그와 비슷하다. 사람들의 척도에서, 또는 원자물리학이나 핵물리학의 길이 척도에서도 시공은 4차원으로 거의 편평하게 보일 것이다. 다른 한편, 만약 우리가 극도로 높은 에너지를

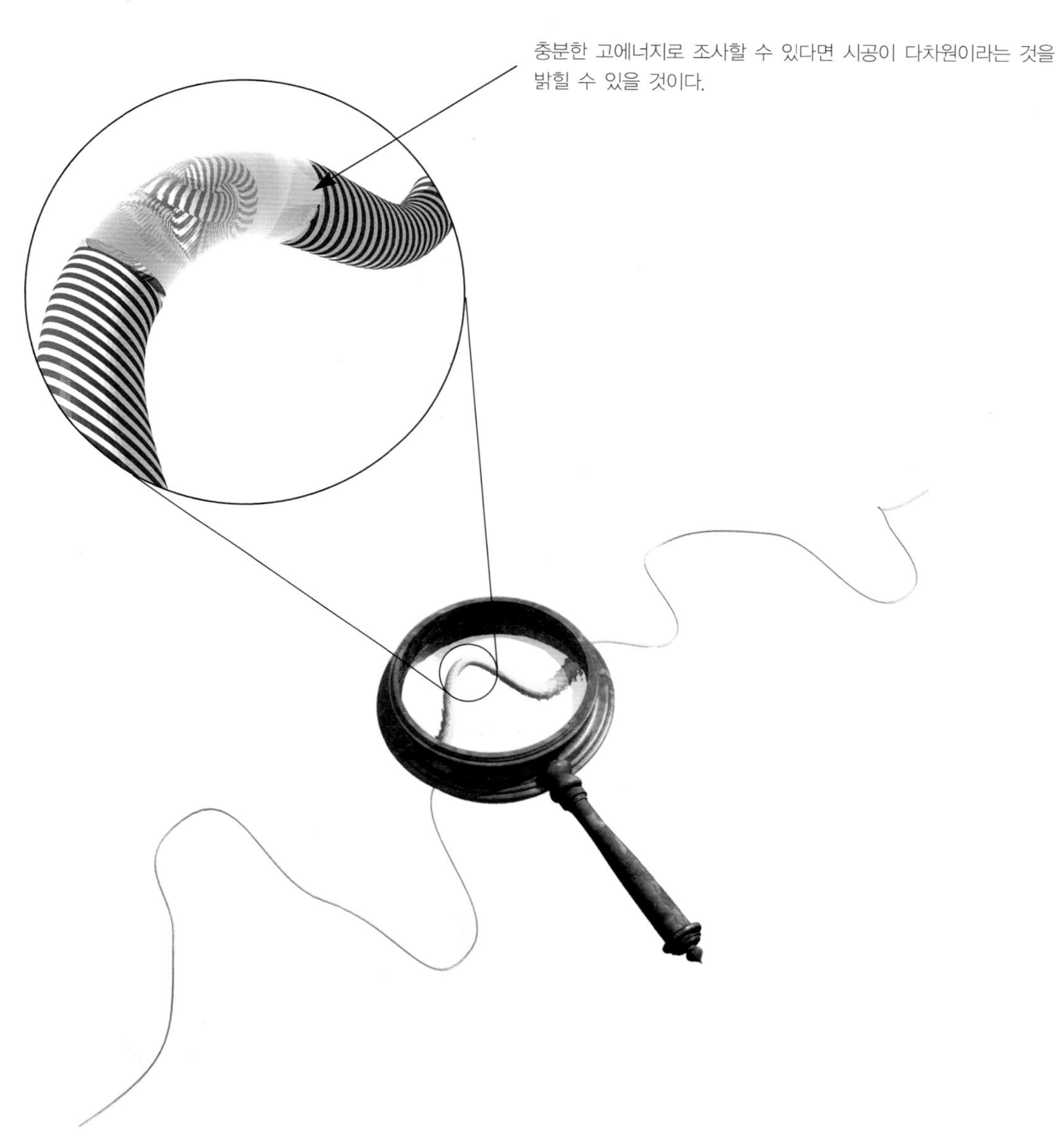

충분한 고에너지로 조사할 수 있다면 시공이 다차원이라는 것을 밝힐 수 있을 것이다.

(그림 7.6)
육안으로는 머리카락이 선처럼 보인다. 즉 이때 머리카락은 길이라는 차원을 가질 뿐이다. 마찬가지로 시공도 우리에게 4차원으로 보이지만, 고에너지 입자로 조사하면 10차원이나 11차원으로 보일지 모른다.

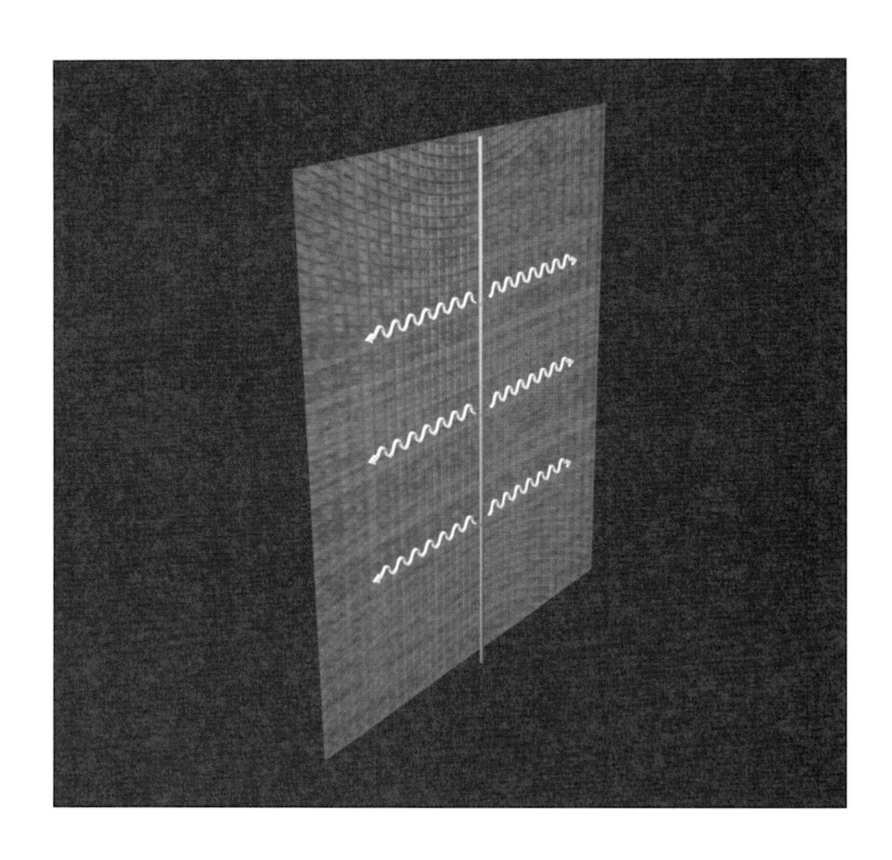

(그림 7.7) 브레인 세계들

전기력은 브레인에 속박되고, 전자들이 원자핵 주위에서 안정된 궤도를 유지하기에 적합한 비율로 약해질 것이다.

가진 입자를 이용해서 아주 짧은 거리를 조사한다면, 우리는 시공이 10차원이나 11차원이라는 것을 알 수 있을 것이다.

만약 모든 여분의 차원들이 아주 작다면, 우리가 그 차원들을 관찰하기는 무척 힘들 것이다. 그러나 최근 들어 하나 또는 그 이상의 여분의 차원들이 비교적 크거나, 또는 무한할지도 모른다는 주장이 제기되었다. 이러한 개념은 차세대 입자가속기나 극도로 민감한 짧은 범위의 중력 측정에 의해서 검증 가능하다는 점에서 큰 이점을 지닌다(최소한 나 같은 실증주의자에게는). 이러한 관찰은 그 이론이 틀렸다는 것을 증명하거나 아니면 다른 차원들의 존재를 실험적으로 확인해줄 수 있을 것이다.

큰 여분의 차원들이라는 개념은 궁극적인 모형이나 이론을 찾는 우리의 탐구에서 무척 놀랍고 새로운 진전이다. 이 개념은 우리가 브레인 세계(brane world), 즉 4차원의 표면이나 보다 고차원의 시공 속에 있는 브레인에 살고 있다는 사실을 함축한다.

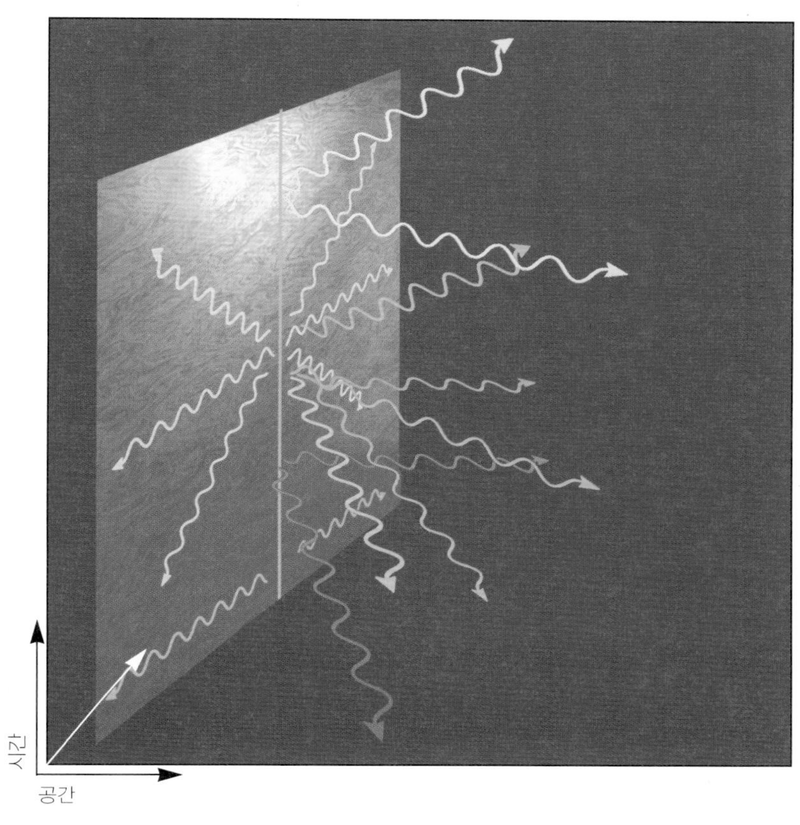

(그림 7.8)
중력은 특정 브레인에 작용할 뿐만 아니라 여분의 차원들 속으로도 확산될 것이다. 그리고 거리가 늘어남에 따라서 4차원에서보다 빠른 속도로 약해질 것이다.

물질, 그리고 전기력과 같은 중력이 아닌 힘들은 이 브레인에 속박될 것이다. 따라서 중력을 포함하지 않는 모든 것은 4차원 속에 있는 것처럼 움직일 것이다. 특히 원자핵과 그 주위를 도는 전자들 사이에서 작용하는 전기력은 거리에 따라서 약해질 것이고, 전자들이 원자핵으로 떨어지지 않도록 원자가 안정을 유지할 수 있는 비율로 약해질 것이다(그림 7.7).

이것은 제3장에서 언급한 인류원리와 일관된다. 인류원리는 우주가 지적 생물체들이 생존하기에 적합해야 한다고 주장한다. 만약 원자가 안정적이지 않았다면, 우리는 여기에서 우주를 관찰할 수도 없고 왜 우주가 4차원으로 보이는가라는 물음을 제기할 수도 없을 것이다.

다른 한편, 휘어진 시공의 형태 속에서 중력은 그보다 높은 차원의 시공 전체로 퍼져나간다. 이것은 중력이 우리가 경험하는 여타의 힘들과는 다른 방식으로 작용한다는 것을 뜻한다. 왜냐하면 중력은 여분의 차원들 속으로도 퍼져나가며, 지금까지 예상했던 것보다, 거리에 따라서 훨씬 빠른 속도로 그 효

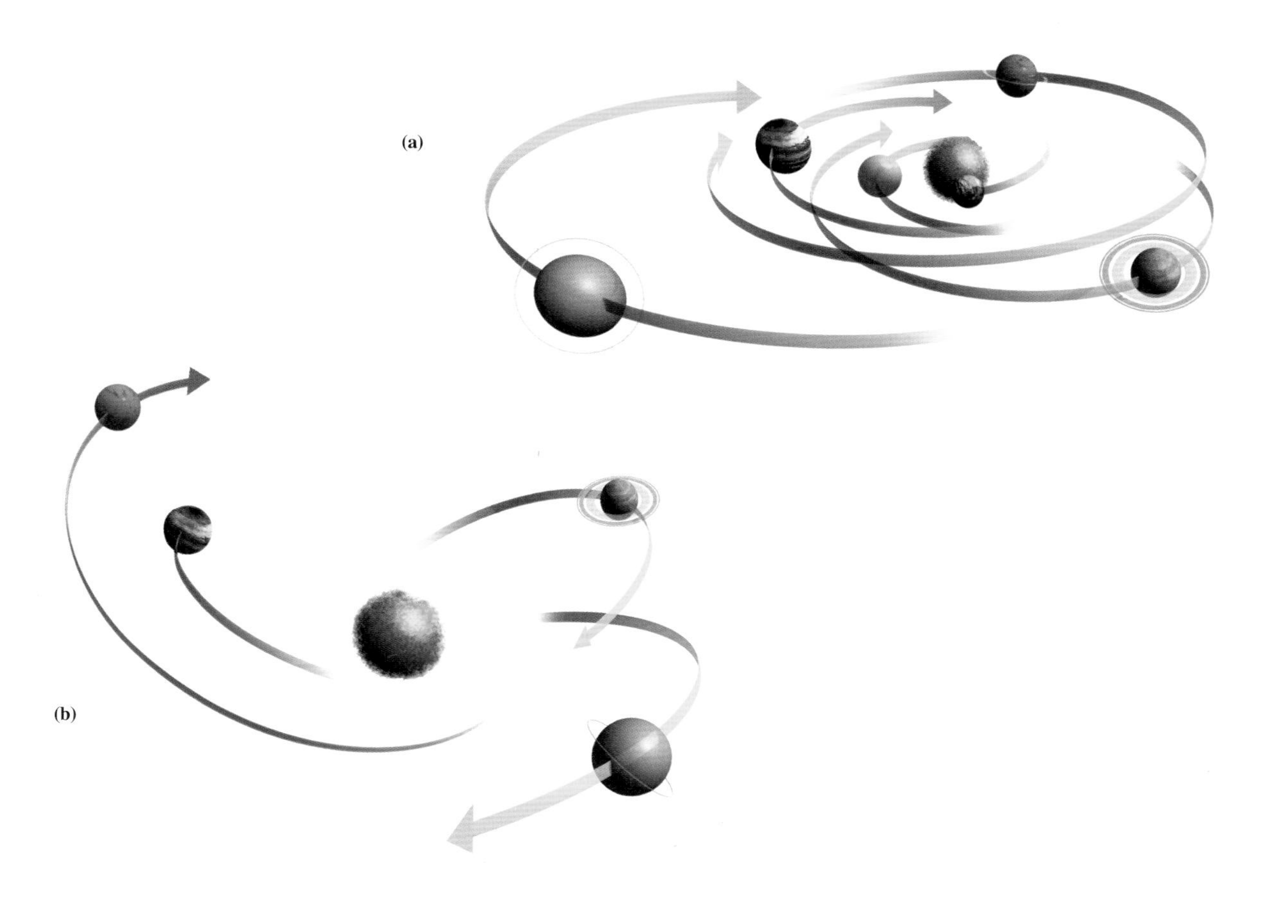

(그림 7.9)
거리가 멀어지면서 중력이 더 빨리 약해진다는 것은 행성 궤도들이 불안정해진다는 것을 의미할 것이다. 그렇게 되면 행성들은 태양 속으로 떨어지거나**(a)** 태양의 인력을 완전히 벗어나게 될 것이다**(b)**.

과가 약해질 것임을 뜻한다(그림 7.8). 만약 이처럼 거리에 따른 중력의 빠른 쇠퇴가 천문학적 거리로 확장된다면, 우리는 행성들의 궤도에 미치는 효과를 이미 관찰했을 것이다. 실제로 제3장에서 언급했듯이 그 중력효과는 불안정했을 것이다. 행성들은 태양을 향해서 곤두박질치거나 어둡고 차가운 항성간 공간으로 탈주했을 것이다(그림 7.9).

그러나 여분의 차원들이 우리가 살고 있는 브레인에서 그리 멀지 않은 다른 브레인에서 끝난다면 그런 일은 일어나지 않을 것이다. 그렇게 된다면, 중력은 브레인들 사이의 거리보다 멀리 확산될 수 없을 것이고, 전기력처럼 우리의 브레인 근처에 사로잡히게 될 것이고 행성궤도에 대해서 우리가 예상하는 비율로 약화될 것이다(그림 7.10).

다른 한편, 브레인들이 떨어져 있는 거리보다 짧은 거리에서 중력은 좀더 빠른 비율로 약화될 것이다. 무거운 물체 사이에 작용하는 아주 작은 중력은

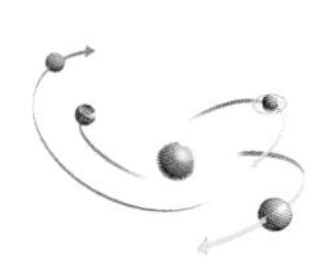

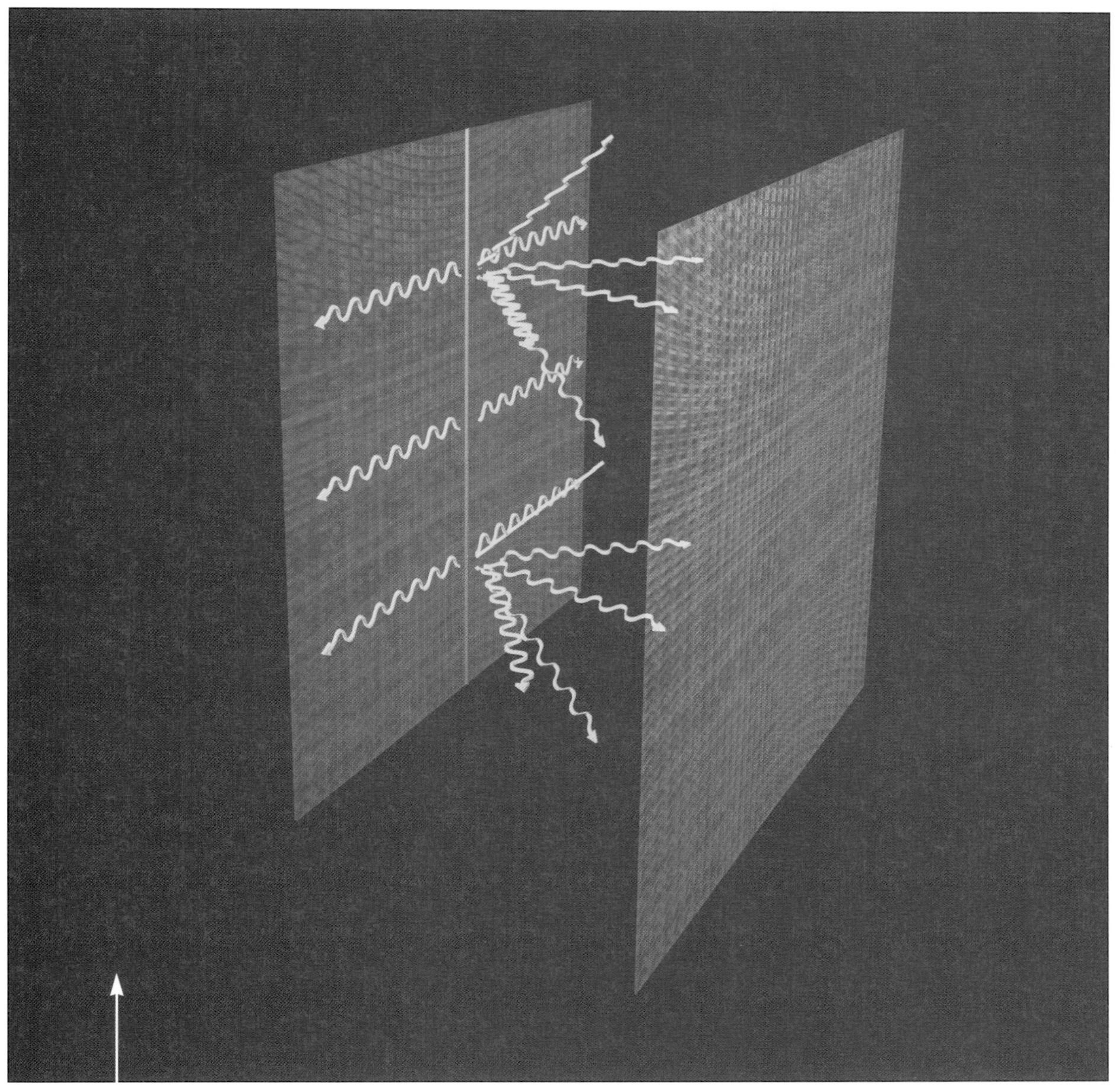

(그림 7.10)
우리 브레인에 인접한 두번째 브레인은 중력이 여분의 차원들로 확산되는 것을 방지할 것이다. 이것은 브레인이 떨어져 있는 거리보다 먼 거리에서는 중력이 우리가 4차원에 대해서 예상하는 비율로 약해질 것임을 뜻한다.

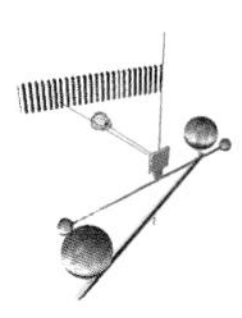

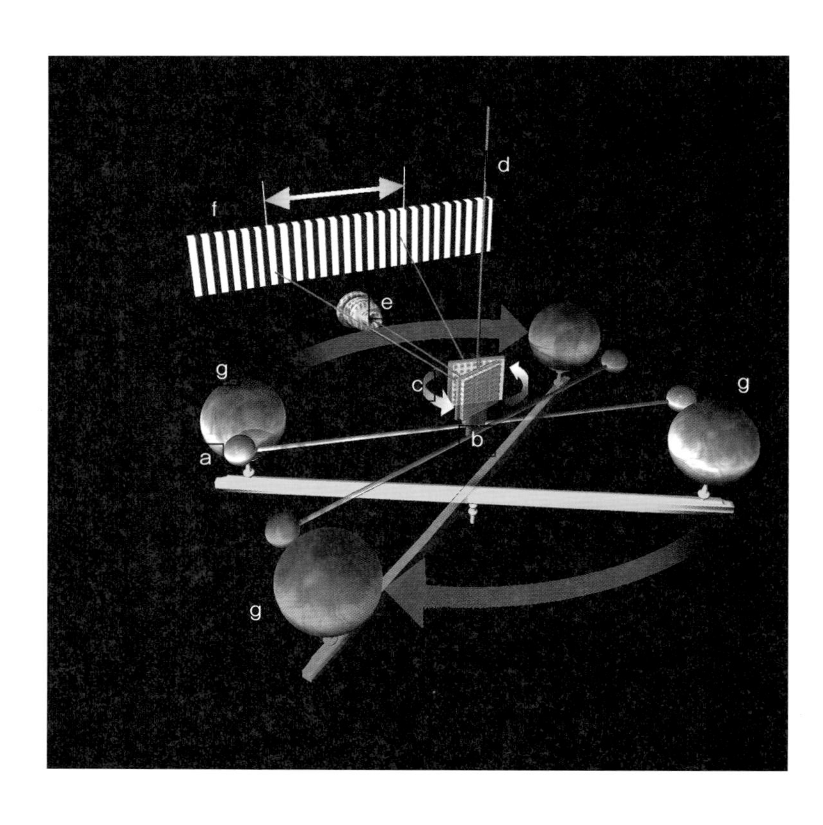

(그림 7.11)
캐번디시 실험

아령이 비틀리면 레이저빔(e)이 모든 비틀림을 눈금 스크린(f)에 투영한다. 두 개의 작은 구형 납덩어리(a)가 아령(b)에 붙어 있고, 작은 거울(c)은 비틀림 섬유로 자유롭게 매달려 있다.
회전 막대 위의 두 개의 큰 구형 납덩어리(g)는 작은 납덩어리 근처에 배치되어 있다. 큰 납덩어리가 반대방향으로 회전하면, 아령이 진동한다. 그리고 새로운 위치로 자리를 잡는다.

실험실에서 정확하게 측정되었다. 그러나 지금까지 이 실험들은 몇 인치 이하의 거리로 떨어져 있는 브레인들의 효과를 검출할 수 없었다. 보다 짧은 거리를 대상으로 새로운 측정이 이루어지고 있다(그림 7.11).

우리는 이러한 브레인 세계에서 그중 한 브레인 위에서 살고 있을 것이다. 그러나 인접한 또다른 "그림자" 브레인이 있을 것이다. 빛은 브레인에 국한되기 때문에 그 사이의 공간으로 전파되지 않을 것이다. 따라서 우리는 그림자 브레인을 볼 수 없다. 그러나 우리는 그림자 브레인에 있는 물질의 중력효과를 느낄 수 있을 것이다. 우리의 브레인에서 이러한 중력이 진정한 의미에서 "암흑"인 —— 다시 말해서 오직 그 중력을 통해서만 그것을 검출할 수 있는 —— 원천에 의해서 발생하는 것처럼 보일 것이다(그림 7.12). 실제로 항성들이 우리 은하계의 중심 주위를 회전하는 속도를 설명하기 위해서는, 은하계 중심에 우리가 관찰하는 물질에 의해서 설명되는 것 이상의 질량이 존재해야 할 것 같다.

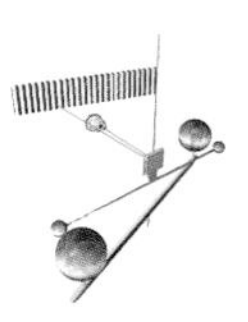

(그림 7.12) 브레인 세계 시나리오에서 행성들은 그림자 브레인에 있는 암흑 질량 주위를 도는지 도 모른다. 왜냐하면 중력이 여분의 차원들에까지 전파되기 때문이다.

암흑물질의 증거

여러 가지 우주론적 관찰결과는 우리 은하계와 다른 은하들에 우리가 볼 수 있는 것보다 훨씬 많은 물질이 있어야 한다는 것을 강하게 시사한다. 이러한 관찰 중에서 가장 설득력이 높은 것은 우리 은하계와 같은 나선형 은하의 바깥쪽 팔에 위치한 항성들이 관찰 가능한 모든 항성들의 인력에 의해서 그 궤도를 유지하기에는 너무 빠른 속도로 회전하고 있다는 사실이다(맞은편 그림을 보라). 우리는 1970년대 이래 관찰된 나선 은하의 바깥쪽 영역에 있는 항성들의 회전 속도(도표에서 점선으로 표시된 곡선)와 그 은하에 분포한 가시적인 항성들을 기초로 뉴턴 법칙에 의해서 예상할 수 있는 궤도 속도(도표에서 실선으로 표시된 곡선) 사이에 불일치가 존재한다는 사실을 알고 있었다. 이러한 불일치는 나선형 은하의 바깥쪽 영역에 훨씬 많은 물질이 있어야 한다는 것을 시사한다.

은하 NGC 3198의 회전 곡선

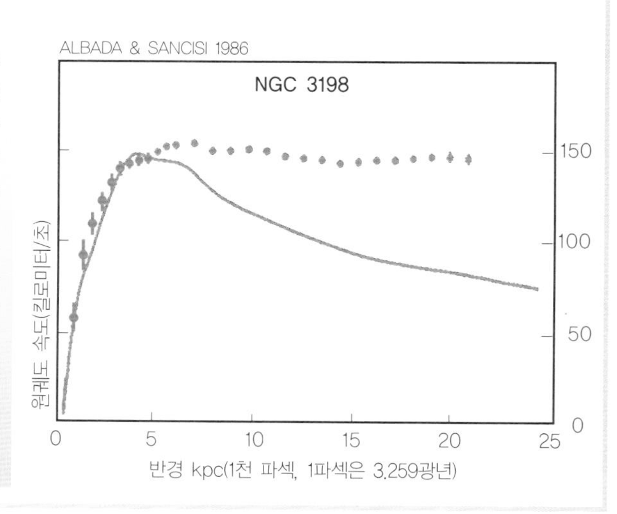

암흑물질의 본질

오늘날 우주론자들은 나선형 은하의 중심부가 대체로 보통 물질로 이루어져 있지만, 중심부의 변두리는 우리가 직접 관찰할 수 없는 암흑물질이 지배적 구성을 이룬다고 믿고 있다. 그러나 현재 가장 근본적인 과제 중 하나는 이러한 은하의 바깥쪽 영역에서 지배적인 암흑물질의 본질을 밝혀내는 것이다. 1980년대 이전까지 대개 이 암흑물질은 양성자, 중성자, 그리고 전자로 이루어져 있지만 직접 발견되지 않는 형태를 띤 보통 물질일 것으로 가정되었다. 가령 가스 성운이나 마초스(MACHOs) — 백색왜성이나 중성자별, 또는 블랙홀처럼 "질량이 크고 밀도가 높은 무리 천체(massive compact halo object)"와 같은 — 가 그런 후보였다.

그러나 은하의 구성에 대한 최근 연구를 통해서 우주론자들은 암흑물질의 중요한 부분이 보통 물질과는 다른 형태를 띠고 있는 것이 분명하다는 믿음에 도달했다. 필경 암흑물질은 액시온(전하 0, 스핀 0이며 질량이 핵자의 1천 분의 1 이하인 가상의 입자/옮긴이)이나 중성미자와 같은 극히 가벼운 소립자에서 발생할 것이다. 그러나 암흑물질은 윔프스(WIMPs) — "약한 상호작용을 하는 질량이 큰 입자" — 와 같은 좀더 기묘한 종류의 입자들로도 이루어질 것이다. 윔프스는 소립자물리학의 최근 이론에서 예견되고 있지만, 아직까지 실험적으로 발견되지 않은 소립자이다.

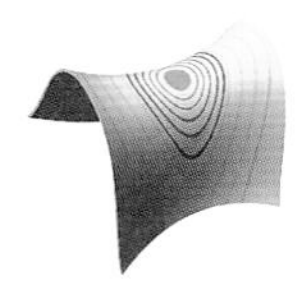

브레인 사이에 놓인 여분의 차원들. 이곳은 누구의 영토도 아니다.

(그림 7.13)
우리는 그림자 브레인에 있는 그림자 은하를 볼 수 없을 것이다. 빛이 여분의 차원으로 전파되지 않기 때문이다. 그러나 중력은 전파된다. 따라서 우리 은하계의 회전은 암흑물질, 즉 우리가 볼 수 없는 물질의 영향을 받을지도 모른다.

이 사라진 질량은 우리 세계에서 윔프스(WIMPs, weakly interacting massive particles, 약한 상호작용을 하는 질량이 큰 입자들)나 액시온(axion, 매우 가벼운 기본 입자)과 같은 색다른 종류의 입자들에서 발생하는 것으로 생각된다.

그러나 사라진 질량은 그 속에 물질을 포함하고 있는 그림자 세계의 존재에 대한 증거가 될 수도 있을 것이다. 어쩌면 그림자 세계 속에는 그림자 인류가 있을지도 모른다. 그리고 그들도 그림자 은하계의 중심 주위를 회전하는 그림자 항성들의 궤도를 설명하기 위해서 그들의 세계에서 사라진 것처럼

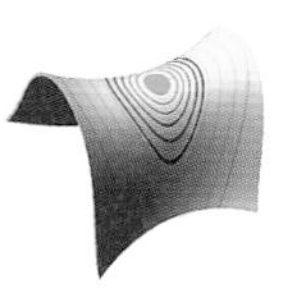

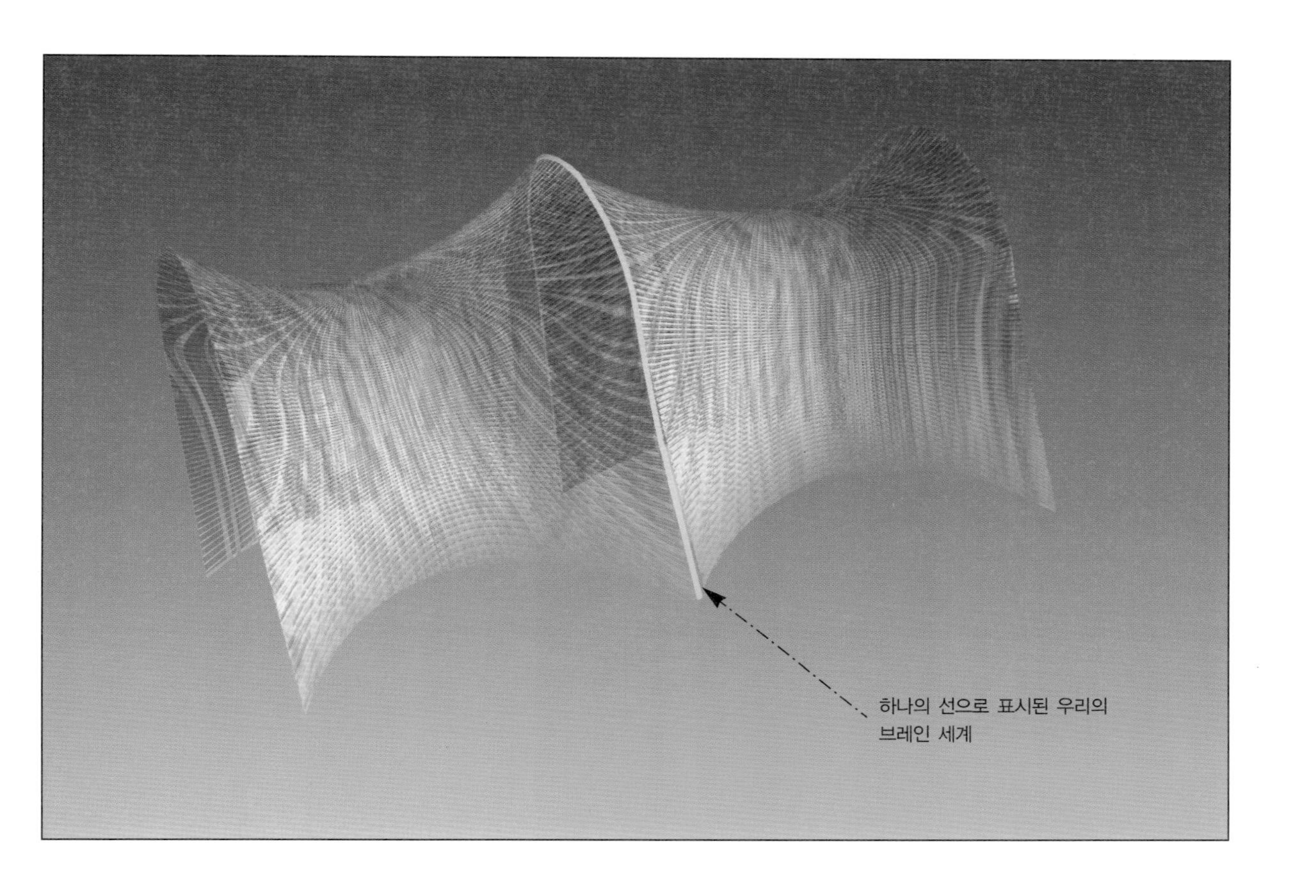

(그림 7.14)
랜들-선드럼 모형에는 단일한 브레인(이 그림에서는 1차원으로 나타나 있다)이 존재한다. 여분의 차원들은 무한으로 확장되지만 안장처럼 휘어진다. 이 곡률이 브레인에서의 물질의 중력장이 여분의 차원들로 확산되는 것을 막는다.

보이는 질량에 대해서 궁금증을 품고 있을지도 모른다(그림 7.13).

여분의 차원들이 두번째 브레인에서 끝나는 대신, 그 차원들이 마치 안장처럼 무한하지만 크게 휘어져 있을 두번째 가능성이 있다(그림 7.14). 리사 랜들과 선드럼은 이러한 종류의 곡률이 두번째 브레인처럼 작용할 수 있다는 것을 보여주었다. 이 브레인에서 어떤 물체에 대한 중력의 영향은 그 브레인의 인접영역으로 한정되고 여분의 차원들 속에서 무한으로 확산되지 않을 것이다. 그림자 브레인 모형에서와 마찬가지로, 이 경우에도 중력장은 먼 거리에서는 정확한 감소효과를 나타내서 행성궤도와 실험실에서의 중력 측정을 설명할 수 있을 것이다. 그러나 짧은 거리에서는 훨씬 빨리 변화할 것이다.

그러나 이 랜들-선드럼 모형과 그림자 브레인 모형 사이에는 중요한 차이가 있다. 중력의 영향하에서 움직이는 천체들은 중력파(gravitational wave)를 생성한다. 그 중력파는 빛의 속도로 시공을 통과하는 곡률의 파문(ripple

두 개의 밀도가 높은 중성자 별들이 서로의 주위를 돌고 있다.

1975년 이래 PSR 1913+16의 궤도 주기의 변화

2
0
-2
-4
-6
-8
-10
-12
-14

연대 1975 1980 1985 1990

1975년 이래 연성 펄사 PSR 1913+16의 그래프

연성 펄사

일반상대성이론은 중력의 영향을 받으면서 움직이는 무거운 물체가 중력파를 방출한다고 예견한다. 광파(光波)와 마찬가지로 중력파도 그것을 방출하는 물체에서 에너지를 빼앗아간다. 그러나 일반적으로 에너지 손실률이 극히 낮기 때문에 관찰이 극도로 힘들다. 예를 들면, 지구에서 방출되는 중력파는 지구가 나선을 그리며 태양쪽으로 느리게 접근하게 만든다. 그렇지만 지구와 태양이 충돌하려면 앞으로도 10^{27}년이 걸린다!

그러나 1975년에 러셀 헐스와 조셉 테일러는 연성 펄사 PSR 1913+16을 발견했다. 이 연성계는 서로의 주위를 도는 밀도가 높은 두 개의 중성자 별로 이루어져 있는데, 두 별 사이의 최대 거리는 고작 태양 반경밖에 되지 않는다. 일반상대성이론에 따르면, 이처럼 빠른 운동은 강력한 중력파 신호의 방출로 인해서 이 연성계의 궤도 주기가 훨씬 짧은 시간 비율로 줄어들어야 한다는 것을 뜻한다. 일반상대성이론이 예측한 변화는 헐스와 테일러의 세밀한 궤도 변수 관찰치와 정확히 일치했고, 이것은 1975년 이래 그 주기가 10초 이상 짧아졌다는 것을 시사한다. 1993년에 두 사람은 일반상대성이론을 확인한 공적으로 노벨상을 받았다.

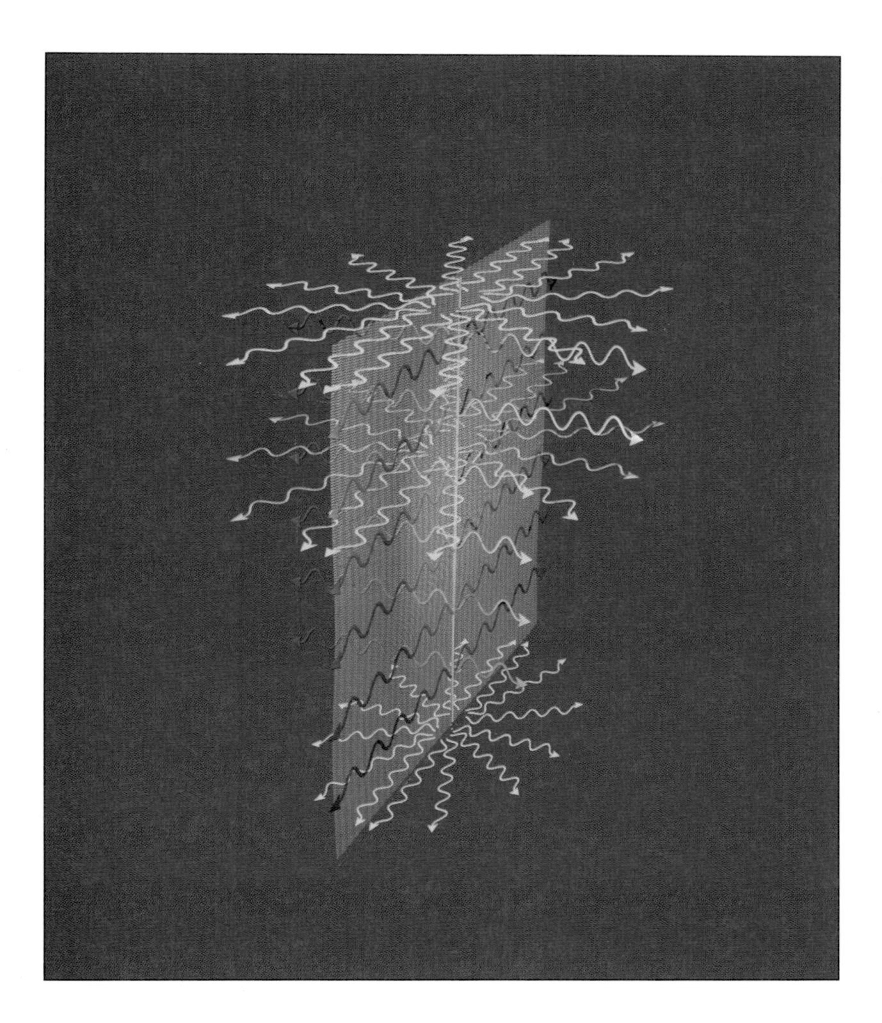

(그림 7.15)
랜들–선드럼 모형에서 파장이 짧은 중력파는 브레인의 중력파 발생원에서 에너지를 가져갈 수 있다. 이 결과는 에너지 보존법칙에 명백하게 위배된다.

of curvature)이다. 빛의 전자기파와 마찬가지로, 중력파도 에너지를 가질 것이다. 이 예측은 연성 펄사(binary pulsar) PSR 1913+16에 대한 관측을 통해서 확인되었다.

만약 우리가 실제로 여분의 차원을 가지는 시공 속의 한 브레인에 살고 있다면, 그 브레인에서의 천체들의 움직임에 의해서 생성된 중력파는 다른 차원들로 전파될 것이다. 그리고 만약 두번째 그림자 브레인이 존재한다면 그 중력파는 반사되어 돌아와서 두 개의 브레인 사이에 붙잡히게 될 것이다. 다른 한편, 만약 랜들–선드럼의 모형에서처럼 하나의 브레인만이 존재하고 여분의 차원들이 영원히 계속된다면, 중력파들은 모두 탈출해서 우리의 브레인 세계에서 에너지를 빼앗아 갈 것이다(그림 7.15).

이것은 물리학의 근본적인 원리 중 하나에 위배되는 것처럼 보인다. 그것은 바로 에너지 보존의 법칙이다. 그 법칙에 따르면 우주 속의 에너지 총량은 항상 동일하게 유지되며, 증가되거나 감소할 수 없다. 그러나 그것이 에너지 보존의 법칙에 위배되는 것처럼 보이는 까닭은 우리의 시야가 그 브레인에서 일어나는 일에만 국한되기 때문이다. 여분의 차원들을 볼 수 있는 천사는 에너지 총량이 변화하지 않았다는 것을 알 것이다. 에너지는 단지 좀더 넓게 확산되었을 뿐이다.

서로의 주위를 도는 두 개의 항성에 의해서 생성된 중력파들은 여분의 차원에서 안장 형태의 곡률 반경보다 훨씬 긴 파장을 가질 것이다. 이것은 그 파동이, 마치 중력처럼, 그 브레인의 인접영역에 한정되는 경향이 있으며 여분의 차원들로 많이 확산되지 않는다는 의미일 것이다. 그것은 그 브레인에서 많은 에너지를 가져가지 않는다는 의미이기도 하다. 다른 한편, 여분의 차원들이 휘어져 있는 규모보다 파장이 짧은 중력파는 쉽게 그 브레인의 인접영역에서 벗어나게 될 것이다.

파장이 짧은 중력파의 총량에서 중요한 부분을 발생시키는 유일한 원천은 블랙홀일 것 같다. 그 브레인에서의 블랙홀은 여분의 차원들의 블랙홀에까지 확장될 것이다. 만약 그 블랙홀이 작다면, 그것은 거의 원형일 것이다. 그 블랙홀은 그 브레인에서의 크기에 비례해서 여분의 차원들 속으로 확장될 것이다. 크기가 큰 블랙홀은 "블랙 팬케이크(black pancake)"의 형태로 확장될 것이다. 이 팬케이크는 그 브레인의 인접영역에 국한되며, 그 브레인에서의 넓이보다 여분의 차원에서 두께가 훨씬 얇은 형태로 확장될 것이다(그림 7.16).

제4장에서 설명했듯이, 양자론에 따르면 블랙홀은 완전히 검지 않다. 블랙홀은 뜨거운 물체와 마찬가지로 모든 종류의 입자와 복사를 방출한다. 빛과 같은 입자와 복사는 브레인을 따라서 방출되지 않는다. 왜냐하면 물질 그리고 전기와 같은 중력이 아닌 힘들은 브레인에 구속될 것이기 때문이다. 그러나 블랙홀은 중력파도 방출한다. 이 중력파는 브레인에 속박되지 않고 여분의 차원들 속으로도 전파될 것이다. 블랙홀이 질량이 크고 팬케이크와 비슷한 형태라면 거기에서 나오는 중력파들은 브레인 근처에 머물 것이다. 이것은 블랙홀이 4차원 시공에 있는 블랙홀에 대해서 예측하는 것과 같은 비율로 에너지를 (그리고 $E = mc^2$에 의해서 질량을) 상실하게 된다는 것을 의미한다. 따라서 그 블랙홀은 서서히 증발하고 크기가 줄어들어 안장과 비슷한 여분의 차원들의 곡률 반경보다 작아질 것이다. 이 시점에 블랙홀에서 방출되

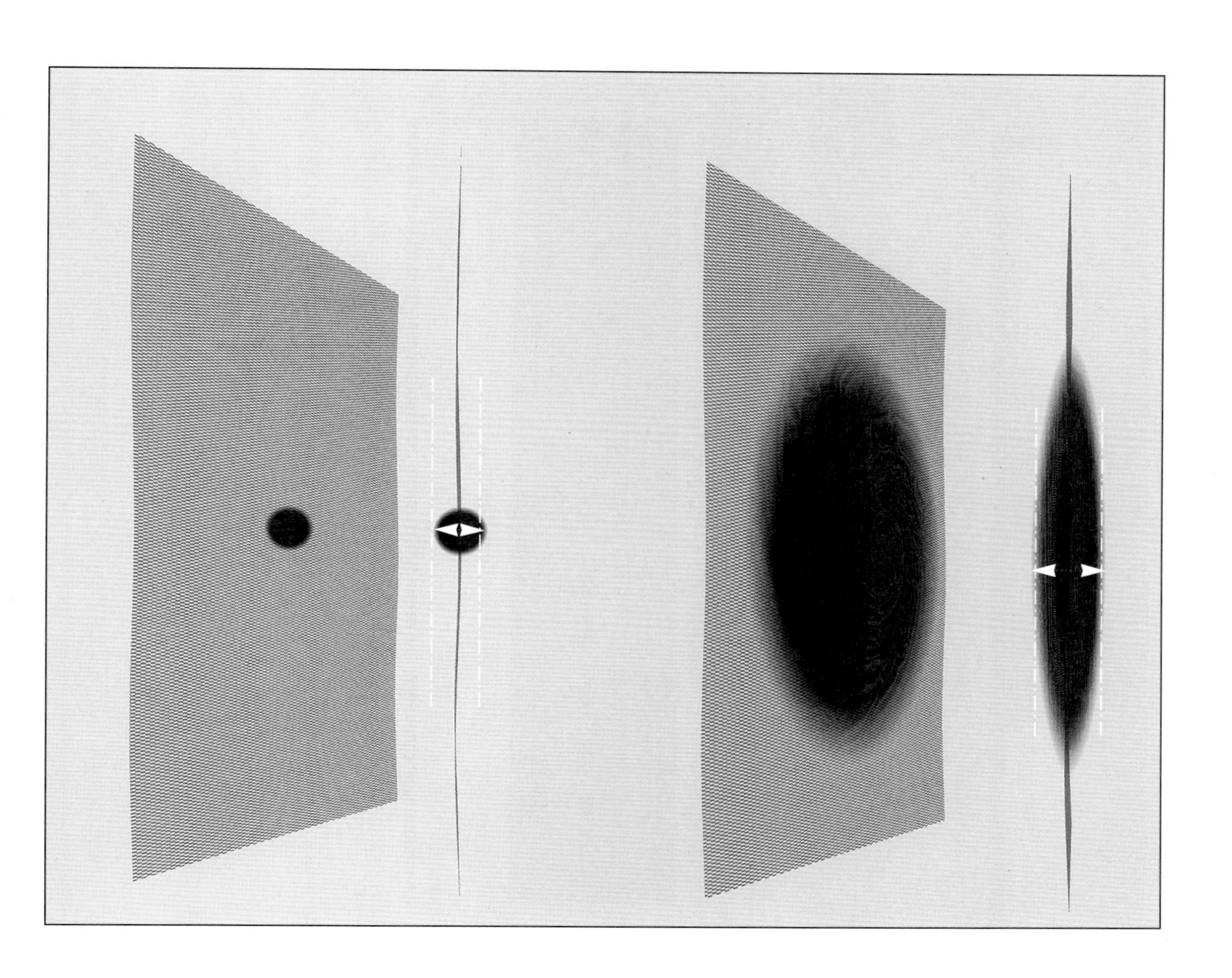

는 중력파들은 자유롭게 여분의 차원들 속으로 탈출하기 시작할 것이다. 브레인에 서 있는 누군가에게는 마치 블랙홀 또는 미첼이 암흑항성이라 불렀던 것이 암흑복사(dark radiation)를 방출하는 것처럼 보일 것이다. 암흑복사란 브레인에서는 직접 관찰이 불가능하지만 블랙홀이 질량을 상실한다는 사실에 의해서 그 존재를 추론할 수 있는 복사를 뜻한다.

(그림 7.16)
브레인 세계에서 우리 세계의 블랙홀은 여분의 차원들에까지 확장된다. 그 블랙홀이 작다면, 거의 둥근 형태일 것이다. 그러나 블랙홀이 크다면 여분의 차원들에 팬케이크 형태의 블랙홀로 확장될 것이다.

그것은 증발하는 블랙홀에서 나오는 마지막 복사의 분출이 실제보다 덜 강력하게 보일 것이라는 사실을 뜻한다. 그 이유는 우리가 수명을 다해가는 블

(그림 7.17) 브레인 세계의 형성은 끓는 물 속에서 거품의 흐름이 형성되는 것과 흡사할 수도 있을 것이다.

랙홀이라고 설명할 수 있는 감마선의 분출을 관찰하지 못했기 때문이다. 그러나 좀더 무미건조한 또다른 설명은 우주 진화의 이 단계에서 증발할 만큼 질량이 적은 블랙홀이 그리 많지 않다는 것이다.

브레인 세계 블랙홀에서 나오는 복사는 브레인 위에서 그리고 브레인에서 떨어진 곳에서 일어나는 양자 요동에서 발생한다. 그러나 우주의 다른 모든 것과 마찬가지로 브레인 자체도 양자 요동에 의해서 영향을 받는다. 이러한 요동은 브레인이 자연발생적으로 나타났다가 사라지게 할 수 있다. 브레인의 양자적 탄생은 끓는 물 속에서 물거품이 생성되는 것과 조금 비슷할 것이다. 액체인 물은 H_2O 분자가 수십억의 수십억 개 모여서 가장 가까운 이웃 분자들이 서로 연결되어 구성된다. 물이 가열되면, 그 분자들은 아주 빠른 속도로 움직이기 때문에 분자들의 한 집단이 연결에서 풀려나와 물로 둘러싸인 작은 증기 거품을 형성하게 된다. 이 거품은 임의적인 방식으로 성장하거나 수축하고, 액체에서 더 많은 분자들이 나와 증기 거품에 합류하거나 그 역의 과정이 일어난다. 대부분의 작은 증기 거품들은 다시 액체로 붕괴할 것이다. 그러나 그중 일부는, 그 이상이 되면 거품이 거의 확실하게 성장을 계속하게 되는, 임계 크기로까지 성장할 것이다. 물이 끓을 때 우리가 관찰하는 것은 이러한 과정을 거쳐서 크게 팽창한 거품들이다(그림 7.17).

브레인 세계에서 일어나는 일도 이와 비슷하다. 불확정성 원리는 브레인 세계가 거품처럼 무(無)에서 나타나는 것을 허용한다. 이 브레인이 거품의 표면을 형성하고, 그 내부는 보다 높은 차원의 공간이 된다. 아주 작은 크기의 거품들은 붕괴해서 다시 무로 돌아가는 경향이 있지만, 양자 요동에 의해서 특정 크기 이상으로 성장한 거품은 성장을 계속하게 될 것이다. 거품의 표면, 즉 브레인 위에서 살아가는 우리와 같은 사람들은 우주가 팽창한다고 생각할 것이다. 그것은 풍선 표면에 은하들을 그려넣은 다음 그 풍선을 크게 부는 것과 마찬가지일 것이다. 그렇게 되면 은하들은 서로 멀어지고, 어떤 은하도 팽창의 중심이 될 수 없다. 누군가 우주의 꼬챙이를 들고 이 거품을 터트리지 않기를 기원하자.

제3장에서 설명한 무경계가설에 따르면 브레인 세계의 자연발생적인 탄생은 호두껍질과 흡사한 허시간의 역사를 가질 것이다. 즉, 지구표면과 마찬가지로 4차원 구(球)이지만 두 개의 차원을 더 가진다. 중요한 차이는 제3장에서 설명한 호두껍질이 본질적으로 속이 빈 구멍이라는 것이다. 4차원 구

는 어떤 것에 대해서도 경계가 되지 않지만, M-이론이 예측하는 시공의 나머지 6차원이나 7차원은 호두껍질보다도 작은 크기로 말려 있을 것이다. 그러나 브레인-세계의 새로운 상에 의하면, 이 호두껍질은 채워질 것이다. 우리가 그 위에서 살고 있는 브레인의 허시간의 역사는 5차원 거품의 경계인 4차원 구일 것이고, 나머지 5차원이나 6차원은 아주 작은 크기로 말려 있을 것이다(그림 7.18).

허시간에서의 브레인의 역사는 실시간에서의 역사를 결정할 것이다. 실시간에서 그 브레인은 제3장에서 설명했던 것처럼 가속된 인플레이션 방식으로 팽창할 것이다. 완벽하게 평활하고 둥근 호두껍질은 허시간에서 거품의 가장 있음직한 역사일 것이다. 그러나 그것은 실시간에서 영원히 인플레이션 방식으로 팽창하는 브레인에 상응할 것이다. 이러한 브레인에서는 은하들이 생성되지 않을 것이고, 따라서 지적 생명체도 발생하지 않을 것이다. 다른 한편, 완벽하게 평활하거나 둥글지 않은 허시간의 역사들은 조금 낮기는 하지만 실시간의 움직임에 상응할 수 있는 확률을 가진다. 실시간의 움직임에서 그 브레인은 처음에는 가속되는 인플레이션 팽창의 국면을 거치지만, 그런 다음에는 점차 팽창속도가 느려지기 시작한다. 이러한 감속 팽창이 진행되는 동안, 은하들이 생성되고 지적 생명체가 발생할 수 있었을 것이다. 따라서 인류원리에 따르면, 왜 우주의 기원이 완벽하게 평활하지 않은지 묻는 지적 존재들에 의해서 관찰되는 것은 약간 울퉁불퉁한 호두껍질들 뿐이다.

브레인이 팽창하면서 그 속에 있는 고차원 공간들의 부피도 증가할 것이다. 결국 거기에는 우리가 살고 있는 브레인에 의해서 둘러싸인 거대한 거품이 형성될 것이다. 그렇다면 우리가 정말 그 브레인 위에 살고 있는 것인가? 제2장에서 언급한 홀로그램 개념에 의하면, 시공의 한 영역에서 일어나는 일에 대한 정보는 그 경계에 부호화될 수 있다. 우리는 거품 안쪽에서 일어나는 일들에 의해서 그 브레인에 투영되는 그림자이기 때문에 우리들은 4차원 세계에 살고 있는 것처럼 생각할 수 있을 것이다. 그러나 실증주의적 관점에 의하면, 우리는 무엇이 실재이고 무엇이 브레인인지, 그리고 무엇이 거품인지 물을 수 없다. 그 모두는 관찰을 기술하는 수학적 모형들이다. 따라서 우리는, 그것이 무엇이든지 간에, 가장 편리한 모형을 마음대로 취할 수 있다.

그렇다면 브레인 바깥에는 무엇이 있을까? 여러 가지 가능성이 있다(그림 7.19).

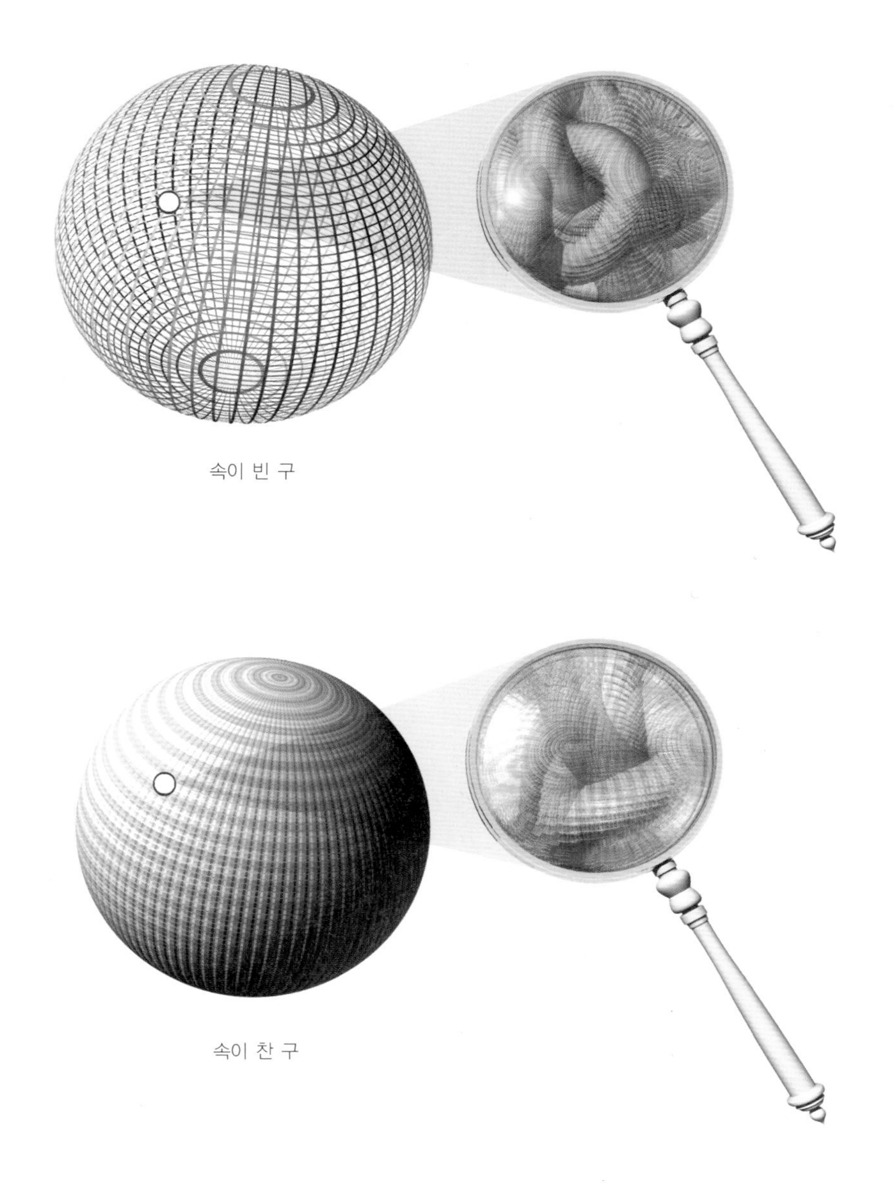

(그림 7.18)
우주의 기원에 대한 브레인 세계의 상은 제3장에서 설명한 상과는 사뭇 다르다. 편평해진 4차원 구 또는 호두껍질이 더 이상 속이 비어 있지 않고 다섯번째 차원으로 차 있기 때문이다.

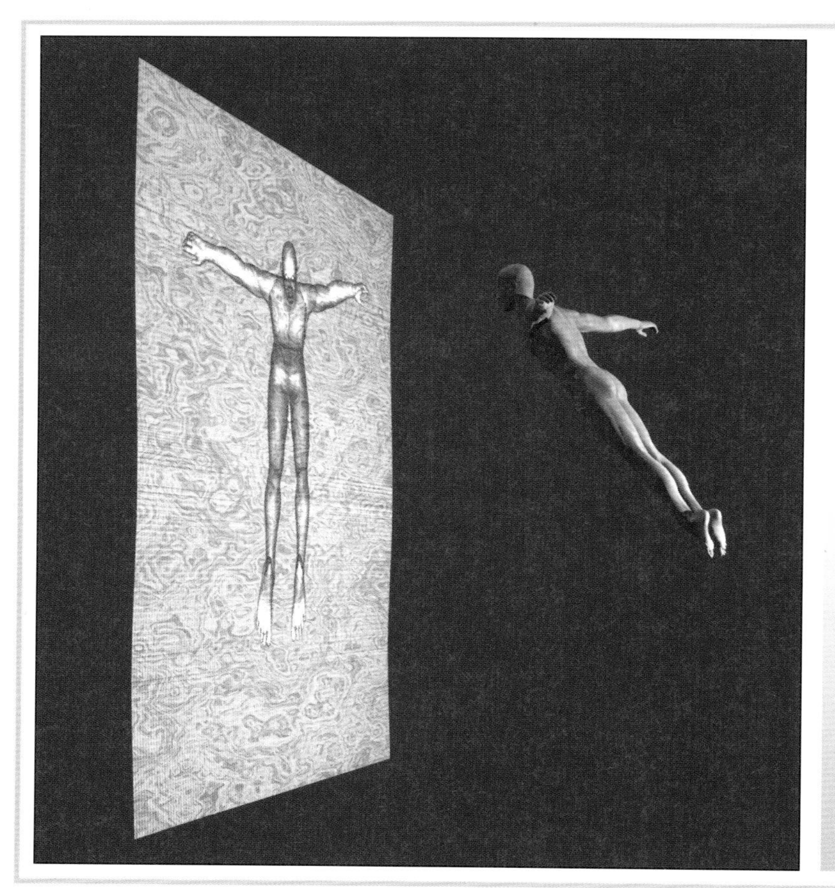

홀로그래피

홀로그래피는 공간의 한 영역의 정보를 그보다 하나 낮은 차원의 표면 위에 기록한다. 그것은 마치, 사건 지평선의 영역이 블랙홀의 내부상태의 숫자를 측정하는 것에서 나타나듯이, 중력의 특성처럼 보인다. 브레인 세계 모형에서 홀로그래피는 우리의 4차원 세계와 그보다 높은 고차원 상태들의 1 대 1 대응일 것이다. 실증주의적 접근방식에서는 어느 쪽이 더 근본적인 기술(記述)인지 구분할 수 없다.

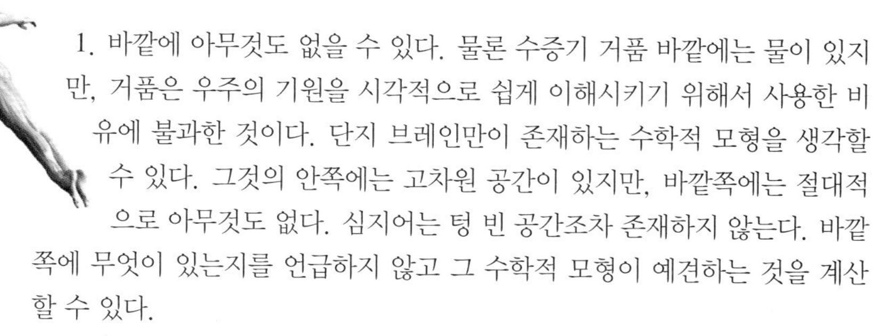

1. 바깥에 아무것도 없을 수 있다. 물론 수증기 거품 바깥에는 물이 있지만, 거품은 우주의 기원을 시각적으로 쉽게 이해시키기 위해서 사용한 비유에 불과한 것이다. 단지 브레인만이 존재하는 수학적 모형을 생각할 수 있다. 그것의 안쪽에는 고차원 공간이 있지만, 바깥쪽에는 절대적으로 아무것도 없다. 심지어는 텅 빈 공간조차 존재하지 않는다. 바깥쪽에 무엇이 있는지를 언급하지 않고 그 수학적 모형이 예견하는 것을 계산할 수 있다.

2. 거품 바깥쪽이 비슷한 다른 거품의 바깥쪽과 붙어 있는 수학적 모형을

생각할 수 있다. 실질적으로 이 모형은 1에서 설명한 가능성과 ── 거품 바깥에 아무것도 없는 ── 수학적으로 등가(等價)이다. 단지 심리적인 면에서만 차이가 있을 뿐이다. 사람들은 시공의 가장자리보다는 그 중심에 놓여지는 편이 더 행복할 테니까 말이다. 그러나 실증주의자에게는 가능성 1이나 2는 모두 동일하다.

3. 거품은 거품 안쪽에 있는 것의 거울 상(像)이 아닌 공간 속으로 확장될 수 있다. 이 가능성은 위에서 설명한 두 가지 가능성과 다르며, 끓는 물의 경우에 좀더 비슷하다. 다른 거품들이 형성되거나 팽창할 수 있다. 그 거품들이 우리가 살고 있는 거품과 충돌하거나 합쳐지면, 그 결과는 파국적일 수 있다. 심지어는 빅뱅 자체가 이러한 브레인들 사이의 충돌에 의해서 생성된 것이라는 주장도 있다.

이러한 브레인 세계 모형들은 현재 연구가 한창 진행 중인 뜨거운 주제이다. 이 모형들은 지극히 사변적이지만, 관찰에 의해서 검증될 수 있는 새로운 종류의 움직임들을 제공해주고 있다. 그것들은 왜 중력이 그렇게 약한지를 설명해줄 수 있을 것이다. 궁극적 이론에서는 중력이 매우 강할 수도 있다. 그러나 여분의 차원들 속으로 중력이 전파된다는 것은 우리가 살고 있는 브레인에서 아주 멀리 떨어진 곳에서는 중력이 약해질 것이라는 사실을 뜻한다.

결과적으로 우리가 블랙홀을 만들지 않고 조사할 수 있는 가장 작은 길이인 플랑크 길이는 우리의 4차원 브레인의 미약한 중력에서 나타나는 것보다는 훨씬 길 것이다. 결국 가장 작은 러시아 인형도 그다지 작지 않은 셈이다. 그 길이는 미래에 건설될 입자가속기의 탐색 범위 안에 들어올 것이다. 사실 우리는 훨씬 전에 가장 작은 인형, 즉 궁극적인 플랑크 길이를 발견했을 수도 있었다. 미국이 1994년에 SSC(Superconducting Super Collider), 즉 초거대초전도 입자충돌기 계획을 포기하지만 않았다면 ── 거의 절반이나 완성된 단계에서 ── 말이다. 그러나 제네바의 LHC(Large Hadron Collider, 대형 하드론 입자충돌기)와 같은 다른 가속기들이 현재 건설 중이다(그림 7.20). 이러한 입자충돌기를 통한 관찰과 우주배경복사와 같은 그밖의 관찰을 통해서, 우리는 우리가 정말 브레인 위에 살고 있는지 여부를 결정할 수 있을 것이다. 만약 그 사실이 밝혀진다면, 그것은 인류원리가 M-이론에 의해서 허용된 수많은 우주들이 우글거리는 우주 동물원에서 브레인 모형을 골라냈기 때문일 것이다. 우리는 셰익스피어의 「폭풍우(*The Tempest*)」에 나오는 미란다의 말을 다음과 같이 바꿀 수 있을 것이다.

(그림 7.19)

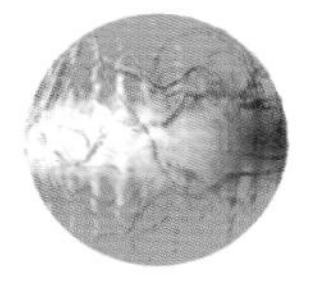

1. 외부에 아무것도 없고 내부에 고차원 공간을 가지고 있는 브레인/거품

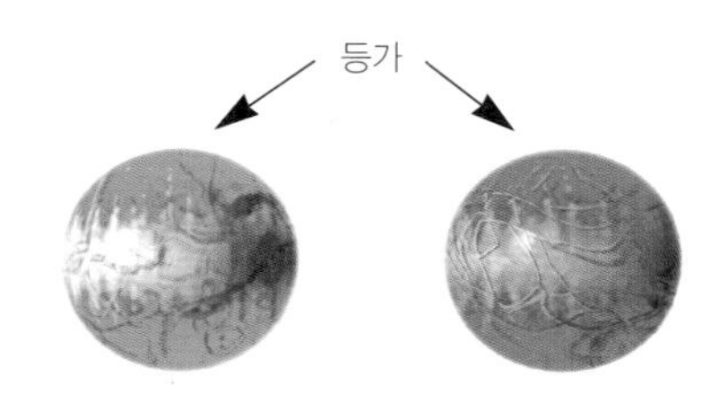

2. 브레인/거품의 외부에 다른 거품의 외부가 붙어 있을 가능성

3. 브레인/거품이 그 내부의 거울상이 아닌 공간 속으로 확장된다. 다른 거품들도 이 시나리오에 의해서 형성되고 확장될 수 있다.

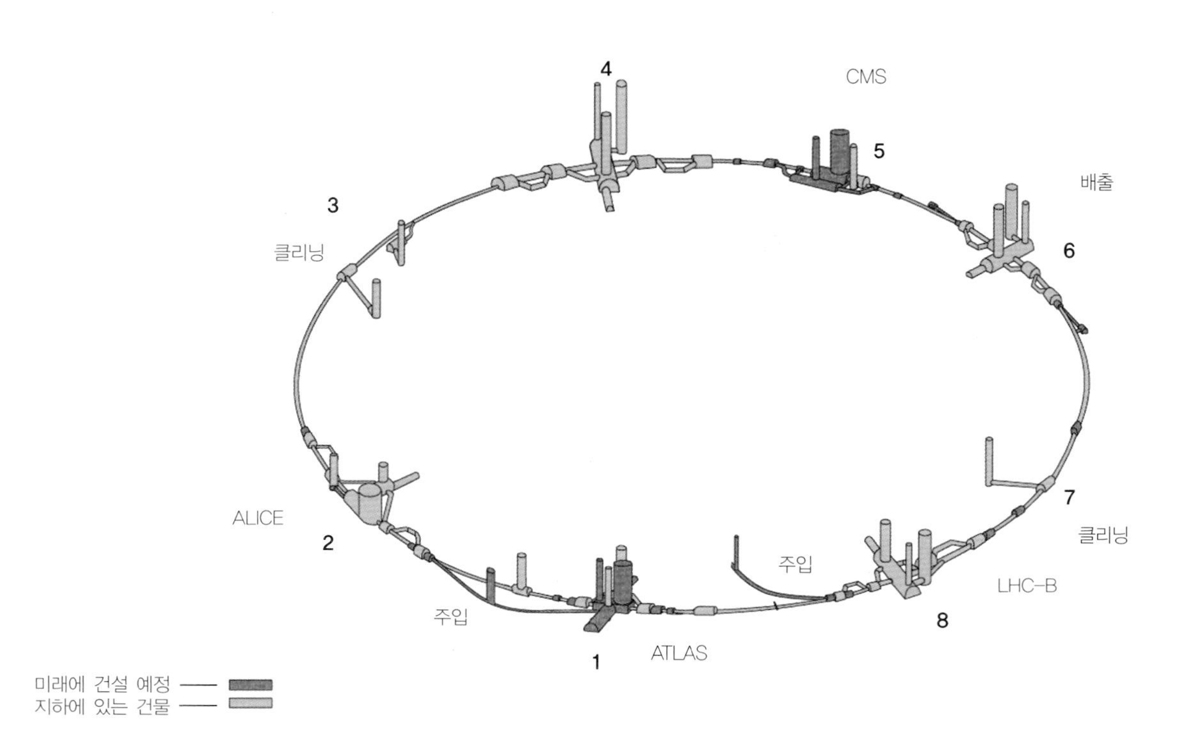

(그림 7.20)
스위스 제네바의 대형 하드론 입자충돌기. 기존의 구조와 앞으로 건설될 예정인 구조물을 보여주는 LEP(대규모 전자-양전자 충돌기) 터널의 설계도.

오, 브레인 뉴 월드,
그 속에 이토록 많은 생물들을 간직하고 있도다!
(셰익스피어의 원문에서는 프로스페로의 딸 미란다가 "오, 신기하고도 멋진 세상. 이토록 많은 사람들이 살고 있는 곳이니!" 라고 말했다/옮긴이)

이것이 호두껍질 속의 우주이다.

용어 설명

가상입자(virtual particle) : 양자역학에서 직접 검출이 불가능한 입자. 그러나 그 존재는 측정 가능한 효과를 일으킨다. 카시미르 효과를 보라.

가속(acceleration) : 어떤 물체의 속도나 방향의 변화. 속도를 참조하라.

간섭 패턴(interference pattern) : 서로 다른 위치나 시간에 방출된 파동들의 중첩에 의해서 창발되는 패턴.

강력(strong force) : 자연의 네 가지 기본력 중에서 가장 강하지만 작용하는 거리는 가장 짧다. 강력은 쿼크가 결합해서 양성자와 중성자를 형성하게 해주고, 양성자와 중성자가 결합해서 원자핵을 형성하는 힘이다.

거시적(macroscopic) : 일상세계에서 경험할 수 있는, 즉 약 0.01밀리미터 이상의 크기를 지칭하는 말. 그 이하의 크기는 미시적(microscopic)이라고 부른다.

경계조건(boundary condition) : 물리계의 초기상태 또는 좀더 일반적으로 시간과 공간의 경계에 위치한 계(系)의 상태.

고전 이론(classical theory) : 상대성이론과 양자역학 이전에 수립된 개념을 기초로 삼는 이론. 고전 이론은 물체가 명확하게 규정된 위치와 속도를 가진다고 가정한다. 그러나 이 가정은 하이젠베르크의 불확정성 원리가 입증했듯이 작은 크기에서는 성립하지 않는다.

공간 차원(space dimension) : 공간과 흡사한 세 개의 시공 차원을 지칭하는 말.

과학적 결정론(scientific determinism) : 우주의 현재 상태에 대한 완전한 지식이 있다면 과거나 미래의 상태를 예견할 수 있다는 생각으로 라플라스가 주장했다. 이것은 시계장치(clockwork : 우주가 시계장치처럼 그 속에 법칙성을 내재하고 있다는 뉴턴의 기계론적 세계관/옮긴이) 우주개념을 기반으로 한다.

관찰자(observer) : 어떤 계의 물리적 특성을 측정하는 사람 또는 측정장비.

광년(light year) : 빛이 1년 동안 지나는 거리.

광원뿔(light cone) : 어떤 사건을 통과할 수 있는 빛의 모든 방향을 구획하는 시공의 표면.

광자(photon) : 빛의 양자(量子). 전자기장을 이루는 가장 작은 다발.

광전효과(photoelectric effect) : 빛을 쪼였을 때 금속 표면에서 전자가 방출되는 현상.

광초(light second) : 빛이 1초 동안 지나는 거리.

그라스만 수(Grassman number) : 교환이 불가능한 수. 가령 그라스만 수에서 $a \times b = c$이면 $b \times a = -c$이다.

극초단파 배경복사(microwave background radiation) : 극도로 온도가 높았던 초기 우주에서 나온 복사. 지금은 적색편이되어 빛이 아니라 극초단파(파장이 수센티미터)로 보인다.

기본입자(elementary particle) : 더 이상 작은 입자로 나누어질 수 없다고 생각되는 근본적인 입자.

기저상태(또는 바닥상태, ground state) : 어떤 계가 최소의 에너지를 가지고 있는 상태.

끈(string) : 끈이론의 본질적인 구성요소인 1차원적인 대상.

끈이론(string theory) : 입자가 끈의 파동으로 기술되는 물리학 이론. 양자역학과 일반상대성이론을 통합시키려는 시도이다. 초끈이론(superstring theory)으로도 알려져 있다.

뉴턴의 만유인력이론(Newton's universal theory of gravity) : 두 천체 사이에 작용하는 인력은 두 천체의 질량에 비례하고 거리에 반비례한다는 법칙. 일반상대성이론에 의해서 폐기되었다.

뉴턴의 운동법칙(Newton's laws of motion) : 절대공간과 절대시간 개념을 기초로 물체의 운동을 기술하는 법칙들. 아인슈타인이 상대성이론을 발견하기 전까지 통용되었다.

닫힌 끈(closed string) : 루프(고리) 모양을 하고 있는 끈의 한 종류.

대통일이론(grand unification theory) : 전자기력, 강력, 약력을 단일한 이론적 틀로 통일시킨 이론.

도플러 효과(doppler effect) : 복사원에 대해 상대적으로 움직이고 있는 관찰자가 경험하는 파장의 변화.

디엔에이(DNA) : 디옥시리보핵산. DNA의 두 가닥이 이중 나선 구조를 이루고 있고, 염기쌍이 두 개의 가닥을 연결해 주고 있어서 마치 나선 계단처럼 보인다. DNA에는 세포가 생명을 창조하는 데에 필요한 모든 정보가 기록되어 있다.

랜들-선드럼 모형(Randall-Sundrum model) : 우리가 마치 안장처럼 음(-)의 곡률을 가진 무한한 5차원 공간 표면에 살고 있다는 이론.

로렌츠 수축(Lorentz Contraction) : 특수상대성이론에서 나타나는 특성으로, 움직이는 물체가 진행방향을 따라 길이가 짧아지는 것처럼 보이는 현상.

말려진 차원(curled-up dimension) : 검출할 수 없을 만큼 작은 크기로 말리고, 감기고, 구겨진 공간 차원.

맥스웰 장(Maxwell field) : 전기, 자기, 빛에 관한 가우스, 패러데이 그리고 암페어의 법칙으로 이루어지는 수학적 형식화.

무게(weight) : 중력장 속에서 어떤 물체에 작용하는 힘. 질량과 비례하지만 동일하지는 않다.

무경계조건(no boundary condition) : 우주는 유한하지만 허시간에서 경계를 가지지 않는다는 개념.

무어의 법칙(Moore' s law) : 매 18개월마다 컴퓨터의 성능이 두 배로 높아진다는 법칙. 이런 경향이 무한히 계속될 수는 없다.

무한(infinity) : 경계나 끝이 없는 정도나 수.

반입자(antiparticle) : 모든 종류의 입자에는 그에 상응하는 반입자가 있다. 입자와 반입자가 충돌하면 소멸하고 에너지만 남는다.

방사능(radioactivity) : 한 종류의 원자핵이 다른 종류로 자연 발생적으로 붕괴하는 현상.

배타원리(exclusion principle) : 동일한 스핀의 두 입자는 같은 위치와 속도를 가질 수 없다는(불확정성 원리에 의해) 개념.

벌거벗은 특이점(naked singularity) : 멀리 떨어진 관찰자가 볼 수 없는 블랙홀에 의해서 둘러싸이지 않은 시공 특이점.

벌레구멍(wormhole) : 우주의 멀리 떨어진 영역들을 서로 연결해주는 가느다란 시공의 관. 벌레구멍은 평행 우주(parallel universe)나 아기 우주(baby universe)를 서로 연결할 수 있고, 시간여행의 가능성을 줄 수도 있다.

보손(boson) : 정수의 스핀을 가지는 입자 또는 끈의 진동 패턴.

복사(radiation) : 파동이나 입자가 나르는 에너지.

불확정성 원리(uncertainty principle) : 하이젠베르크에 의해서 정식화되었다. 어떤 입자의 위치와 속도를 동시에 정확히 알 수 없다는 원리. 어느 한쪽을 정확히 알수록 나머지는 부정확해진다.

브레인(brane) : 끈이론에서 가정하는 모든 확장된 대상. 1-브레인은 끈, 2-브레인은 막, 3-브레인은 3차원이다. 좀 더 일반적으로 p-브레인은 p차원을 가진다.

브레인 세계(brane world) : 고차원 시공 속에 있는 4차원 표면 또는 브레인.

블랙홀(black hole) : 중력이 매우 강해서 빛조차도 빠져나올 수 없는 시공의 한 영역.

빅뱅(big bang) : 약 150억 년 전 우주가 탄생할 시점의 특이점.

빅크런치(big crunch) : 우주가 맞이할 수 있는 종말 시나리오 중 하나에 붙여진 명칭. 이때 공간과 물질은 붕괴해서 특이점을 형성한다.

사건(또는 사상〔事相〕, event) : 그 위치와 시간에 의해서 규정되는 시공의 한 지점.

사건 지평선(event horizon) : 블랙홀의 가장자리. 거기에서부터 무한을 회피할 수 없는 영역의 경계.

속도(velocity) : 어떤 물체의 운동의 빠르기와 방향을 기술하는 수.

슈뢰딩거 방정식(Schrödinger equation) : 양자론에서 파동함수의 전개를 지배하는 방정식.

스펙트럼(spectrum) : 어떤 파동을 구성하는 진동수들. 가령 태양 스펙트럼의 가시적인 부분은 무지개에서 관찰 가능하다.

스핀(spin) : 기본입자의 내부적 특성. 우리가 일반적으로 사용하는 회전이라는 개념과 비슷하지만 똑같지는 않다.

시간 고리(time loop) : 시간과 흡사한 폐곡선의 다른 이름.

시간순서 보호가설(chronology protection conjecture) : 물리법칙들이 거시적인 물체가 시간여행을 하지 못하도록 막기 위해서 공모하고 있다는 가설.

시간의 느려짐(time dilation) : 운동하고 있거나 강한 중력장이 존재할 때 관찰자의 시간 흐름이 느려지는 것을 예측한 특수상대성이론의 한 특징.

시공(spacetime) : 그 지점들이 사건을 이루는 4차원 공간.

실증주의적 접근방식(positivist approach) : 과학이론이란 우리가 하는 관찰을 기술하거나 규약화하는 수학적 모형이라는 개념.

암흑물질(dark matter) : 은하, 은하단 그리고 은하단 사이에 있을 것이라고 추측되는 직접 관찰이 불가능한 물질. 그러나 중력장으로 검출이 가능하다. 우주 전체의 물질 중 90퍼센트는 암흑물질이다.

약력(weak force) : 네 가지 자연력 중에서 두번째로 약한 힘. 작용거리도 매우 짧다. 힘을 전달하는 입자를 제외한 모든 입자에 작용한다.

양-밀스 이론(Yang-Mills theory) : 맥스웰 장 이론의 확장으로 약력과 강력 사이의 상호작용을 기술한다.

양자(quantum, 그 복수는 quanta) : 그 속으로 파동이 흡수되거나 방출되는 보이지 않는 단위.

양자역학(quantum mechanics) : 플랑크의 양자원리와 하이젠베르크의 불확정성 원리에서 수립된 이론.

양자중력(quantum gravity) : 양자역학을 일반상대성이론과 통합하는 이론. 끈이론이 양자중력이론의 한 예이다.

양전자(positron) : 전자의 반입자(反粒子). 양전하를 띠고 있다.

에너지 보존(conservation of energy) : 에너지(또는 질량의 등가물)가 새롭게 생성되거나 소멸할 수 없다는 과학법칙.

에테르(ether) : 과거에 우주 전체를 가득 채우고 있었다고 생각되는 가상의 비물질적인 매질. 전자기 복사가 전파되기 위해서 이러한 매질이 필요하다는 생각은 더 이상 설득력이 없다.

엔트로피(entropy) : 어떤 물리계의 무질서도. 전체적인 모습이 변하지 않는 어떤 계를 이루는 부분들의 재배열 숫자.

M-이론(M-theory) : 하나의 이론 틀 속에 초끈이론들을 통합시킨 이론. 이 이론에서는 시공의 11차원이 존재하는 것으로 생각된다. 그러나 아직도 많은 특성들이 해명되어야 한다.

역장(force field) : 힘이 그 영향력을 소통하는 수단.

열역학(thermodynamics) : 어떤 물리계 속의 열, 운동 에너지, 엔트로피와 그 변화를 기술하는 법칙으로 19세기에 수립되었다.

열역학 제2법칙(second law of thermodynamics) : 엔트로피가 항상 증가한다는 법칙.

우주끈(cosmic string) : 우주의 초기 단계에 만들어졌을 것으로 생각되는, 단면적이 극히 작은, 길고 무거운 물체. 지금쯤 하나의 우주끈이 우주 전체의 길이만큼 늘어났을 수도 있다.

우주론(cosmology) : 우주 전체를 연구하는 학문.

우주론의 표준모형(standard model of cosmology) : 빅뱅 이론과 입자물리학의 표준모형에 대한 이해를 결합시킨 모형.

우주상수(cosmological constant) : 아인슈타인이 우주에 팽창하려는 내재적인 경향을 부여하기 위해서 사용한 수학적 장치. 이 우주상수 덕분에 일반상대성이론이 정적(靜的)인 우주를 예측할 수 있었다.

원시 블랙홀(primordial black hole) : 초기 우주에서 생성된 블랙홀.

원자(atom) : 보통물질의 기본 단위. 궤도를 이룬 전자들에 둘러싸인 작은 입자들(중성자와 양성자)로 이루어진다.

원자핵(nucleus) : 원자의 중심부분으로 강력(strong force)에 의해서 결합된 양성자와 중성자로 이루어진다.

이중성(duality) : 겉보기에는 다른 것 같지만 동일한 물리적 결과로 이어지는 이론들 사이의 상응성.

인류원리(anthropic principle) : 우리가 지금과 같은 모습의 우주를 보고 있는 까닭은 만약 우주가 지금의 모습과 조금만 달랐더라도 우리가 여기 존재해서 우주를 볼 수 없기 때문이라는 개념.

인플레이션(inflation) : 가속적인 팽창이 이루어지는 극히 짧은 순간. 그동안 탄생 직후의 우주의 크기는 엄청나게 증가했다.

일반상대성이론(general relativity) : 과학법칙이 모든 관찰자에게, 그 운동과 무관하게, 동일하다는 개념을 기반으로 하는 아인슈타인의 이론. 이 이론은 4차원 시공의 곡률이라는 관점에서 중력을 설명한다.

일식(solar eclipse) : 달이 지구와 태양 사이를 지나면서 일시적으로 태양빛을 가릴 때 나타나는 현상. 대개 수분 동안 이 현상이 지속된다. 1919년에 아프리카 서부에서 일식을 관찰한 결과 상대성이론이 입증되었다.

입자가속기(particle accelerator) : 전하를 띤 입자를 가속시켜서 그 에너지를 증가시킬 수 있는 기계장치.

입자물리학의 표준모형(standard model of particle physics) : 중력을 제외한 세 개의 힘과 그 힘들이 물질에 주는 영향을 다루는 통일적인 이론.

입자파동 이중성(wave/particle duality) : 입자와 파동 사이에 아무런 차이가 없다는 양자역학의 개념. 입자는 파동처럼 움직일 수 있고, 그 역도 성립한다.

자기장(magnetic field) : 자기력에 관여하는 장.

자유공간(free space) : 장으로부터 완전히 자유로운, 즉 어떤 힘도 작용하지 않는 진공 공간의 일부.

장(field) : 시간과 공간에 걸쳐서 존재하는 것. 특정 시간에 특정 지점에만 존재하는 입자와 상반된다.

적색편이(red shift) : 관찰자로부터 멀어지는 물체에 의해서 방출되는 복사가 붉게 변하는 현상. 도플러 효과에 의해서 일어난다.

전자(electron) : 원자핵 주위를 도는 음전하를 띤 입자.

전자기력(electromagnetic force) : 같은(또는 반대) 부호의 전하를 가진 입자들 사이에서 작용하는 힘.

전자기파(electromagnetic wave) : 전자기장 속에 있는 파동과 흡사한 교란. 전자기 스펙트럼의 모든 파동은 빛의 속도로 움직인다. 예; 가시광선, X-선, 극초단파, 적외선 등.

전하(electric charge) : 한 입자가 같은(또는 반대) 부호의 전하를 가진 다른 입자를 밀어내는(또는 끌어당기는) 성질.

절대시간(absolute time) : 보편적인 시계가 존재할 수 있다는 개념. 아인슈타인의 상대성이론은 이러한 개념이 성립할 수 없다는 것을 입증했다.

절대온도 0도(Absolute zero) : 물질이 도달할 수 있는 가장 낮은 온도. 이 상태에서 물질은 열 에너지를 전혀 가지지 않는다. 섭씨 영하 273도.

절대온도(Kelvin) : 절대온도 영(0)도를 기준으로 온도를 매긴 온도척도.

정상상태(stationary state) : 시간에 따라서 변하지 않는 상태.

중력(gravitational force) : 자연의 네 가지 기본력 중에서 가장 약한 힘.

중력장(gravitational field) : 중력이 그 영향력을 소통하는 수단.

중력파(gravitational wave) : 중력장 속에서 나타나는 파동과 흡사한 교란.

중성미자(neutrino) : 전하가 없는 종류의 입자로 오직 약력(weak force)에 의해서만 영향을 받는다.

중성자(neutron) : 양성자와 매우 흡사하지만 전하를 띠지 않는 입자. 원자핵 속에 들어 있는 입자들 중에서 대략 절반에 해당한다. 세 개의 쿼크(두 개는 다운, 하나는 업)로 이루어진다.

진공 에너지(vacuum energy) : 겉보기로는 비어 있는 공간에도 존재하는 에너지. 질량의 존재와 달리 진공 에너지의 존재는 우주 팽창이 가속되는 영향을 준다는 기묘한 특성이 있다.

진동수(frequency) : 파동의 경우, 초당 완전한 주기가 반복되는 횟수.

진폭(amplitude) : 파동 마루의 최고 높이 또는 파동 골의 가장 낮은 깊이.

질량(mass) : 어떤 물체 속의 물질의 양. 그것이 가지는 관성 또는 자유공간에서 나타나는 가속에 대한 저항.

청색편이(blue shift) : 관찰자를 향해서 접근하는 천체에서 방출되는 복사의 파장이 짧아지는 현상. 도플러 효과에 의해서 일어난다.

초기조건(initial conditions) : 어떤 물리계가 시작된 상태를 기술하는 데이터.

초대칭(supersymmetry) : 입자의 특성을 스핀과 연관시키는 원리.

초중력(supergravity) : 일반상대성이론과 초대칭을 통합시키는 이론들의 집합.

카시미르 효과(casimir effect) : 진공상태에서 아주 가깝게 놓인 평행한 두 장의 금속판이 서로를 향해 이끌리는 방향으로 받는 압력. 이 압력이 발생하는 이유는 금속판 사이의 공간에 들어올 수 있는 가상입자들의 숫자가 줄어들기 때문이다.

쿼크(quark) : 전하를 띤 기본입자로 강력과 연관된다. 여섯 가지 종류가 있고(업, 다운, 참, 스트레인지, 톱, 보톰), 세 가지 '색(color)' 이 있다(적색, 녹색, 청색, 이것은 물리적 특성을 나타내는 것으로 실제 색깔은 아니다/옮긴이).

타키온(tachyon) : 질량의 제곱이 음이 되는 입자.

통일이론(unified theory) : 네 가지 기본력과 모든 물질을 단일한 이론 틀로 기술하려는 이론.

특수상대성이론(special relativity) : 중력장이 없을 때, 과학 법칙이 관찰자의 운동과 무관하게 모든 관찰자에게 동일하다는 개념을 기반으로 하는 아인슈타인의 이론.

특이점(singularity) : 시공 곡률이 무한대가 되는 시공의 한 지점.

특이점 정리(singularity theorem) : 어떤 상황, 특히 우주가 생성될 당시에 반드시 특이점이 존재해야 한다는 정리.

파동함수(wave function) : 양자역학의 기초가 되는 확률 파동.

파장(wavelength) : 두 개의 인접한 파동 마루나 골 사이의 거리.

페르미온(fermion) : 반홀수의 스핀을 가지는 입자 또는 끈의 진동 패턴. 일반적으로 보통물질이 이것에 해당한다.

플랑크 길이(Planck length) : 약 10^{-35}센티미터. 끈이론에서 일반적인 끈의 크기.

플랑크 상수(Planck constant) : 불확정성 원리의 토대. 거리와 속도에서 나타나는 불확정성은 반드시 플랑크 상수보다 커야 한다. 이 상수는 기호 h로 표기된다.

플랑크 시간(Planck time) : 약 10^{-43}초. 빛이 플랑크 길이에 해당하는 거리를 이동하는 데에 걸리는 시간.

플랑크의 양자원리(Planck' s quantum principle) : 전자기파(예;빛)가 불연속적인 양자의 형태로만 방출되거나 흡수될 수 있다는 개념.

p-브레인(p-brane) : p-차원을 가지는 브레인. 브레인을 참조하라.

핵분열(nuclear fission) : 원자핵이 두 개 또는 그 이상의 보다 작은 핵자(核子)로 갈라지면서 에너지를 방출하는 과정.

핵융합(nuclear fusion) : 두 개의 원자핵이 충돌해서 더 크고 무거운 원자핵이 되는 과정.

허수(imaginary number) : 추상적인 수학적 구성물. 어떤 의미에서는 실수와 허수를 평면상에서 실수와 직각방향으로 허수가 배열되도록 점의 위치를 정하는 것으로 생각할 수 있다.

허시간(imaginary time) : 허수를 이용해서 측정한 시간.

홀로그래피 이론(holographic theory) : 시공의 한 영역에 있는 어떤 계의 양자상태가 그 영역의 경계에 기록될 수 있을 것이라는 개념.

참고 문헌

과학대중서에는 「우아한 우주(*The Elegant Universe*)」처럼 뛰어난 저서에서부터 그저 그런 책까지(그것이 어떤 책인지는 밝히지 않겠다) 많은 책들이 있다. 그러나 이 목록은 확실한 내용을 전달하기 위해서 해당 분야에 중요한 기여를 한 저자들로 한정하겠다.

나의 무지로 인해서 누락된 저서가 있다면 그것은 전적으로 나의 책임이다. 아래의 목록 "전문적인 내용을 원하는 독자들에게"는 좀더 수준높은 책을 원하는 독자들을 위한 것이다.

Einstein, Albert. *The Meaning of Relativity*, Fifth Edition.
Princeton: Princeton University Press, 1966.

Feynman, Richard. *The Character of Physical Law*.
Cambridge, Mass: MIT Press, 1967.

Greene, Brian. *The Elegant Universe: Superstrings, Hidden Dimensions, and the Quest for the Ultimate Theory*.
New York, W.W. Norton & Company, 1999.

Guth, Alan H. *The Inflationary Universe: The Quest for a New Theory of Cosmic Origins*.
New York: Perseus Books Group, 2000.

Rees, Martin J. *Our Cosmic Habitat*.
Princeton: Princeton University Press, 2001.

Rees, Martin J. *Just Six Numbers: The Deep Forces that Shape the Universe*.
New York: Basic Books, 2000.

Thorne, Kip. *Black Holes and Time Warps: Einstein's Outrageous Legacy*.
New York: W.W. Norton & Company, 1994.

Weinberg, Steven. *The First Three Minutes: A Modern View of the Origin of the Universe*, Second Edition.
New York: Basic Books, 1993.

"전문적인 내용을 원하는 독자들에게"

Hartle, James. *Gravity: An Introduction to Einstein's General Relativity*.
Reading, Mass.: Addison-Wesley Longman, 2002.

Linde, Andrei D. *Particle Physics and Inflationary Cosmology*.
Chur, Switzerland: Harwood Academic Publishers, 1990.

Misner, Charles W., Kip S. Thorne, John A. Wheeler. *Gravitation*.
San Francisco: W. H. Freeman and Company, 1973.

Peebles, P. J. *Principles of Physical Cosmology*. Princeton, New Jersey: Princeton University Press, 1993.

Polchinski, Joseph. *String Theory: An Introduction to the Bosonic String*.
Cambridge: Cambridge University Press, 1998.

Wald, Robert M. *General Relativity*.
Chicago: University of Chicago Press, 1984.

도판 출처

page 3, 19: Courtesy of the Archives, California Institute of Technology. Albert Einstein™ Licensed by The Hebrew University of Jerusalem, Represented by the Roger Richman Agency Inc., www.albert-einstein.net; **page 5**: AKG Photo, London; Albert Einstein™ Licensed by The Hebrew University of Jerusalem, Represented by the Roger Richman Agency Inc., www.albert-einstein.net; **page 13**: Courtesy Los Alamos National Laboratory; **page 23**: Courtesy Science Photo Library; **page 26**: Albert Einstein™ Licensed by The Hebrew University of Jerusalem, Represented by the Roger Richman Agency Inc., www.albert-einstein.net; **page 27**: Photo by Harry Burnett/courtesy of the Archives, California Institute of Technology. Albert Einstein™ Licensed by The Hebrew University of Jerusalem, Represented by the Roger Richman Agency Inc., www.albert-einstein.net; **page 55**: Courtesy Neel Shearer; **page 68**: Courtesy Space Telescope Science Institute (STScI)/NASA; **page 69**: Prometheus bound with an eagle picking out his liver, black-figure vase painting, Etruscan. Vatican Museums and Galleries, Vatican City, Italy/Bridgeman Art Library; **page 70**: Spiral galaxy NGC 4414 photo courtesy Hubble Heritage Team, STScI/NASA; Spiral bar galaxy NGC 4314 photo courtesy University of Texas et al., STScI/NASA; Elliptical galaxy NGC 147 photo courtesy STScI/NASA; Milky Way photo courtesy S.J. Maddox, G. Efstathiou, W. Sutherland, J. Loveday, Department of Astrophysics, Oxford University; **page 76**: Courtesy Jason Ware, galaxyphoto.com; **page 77**: Courtesy of The Observatories of the Carnegie Institution of Washington; **page 83**: Photo by Floyd Clark/courtesy of the Archives, California Institute of Technology; **page 107**: Courtesy Neel Shearer; **page 112**: Courtesy NASA/Chandra X-Ray Center/Smithsonian Astrophysical Observatory/H. Marshall et al.; **page 113**: Courtesy STScI/NASA; **page 116**: Courtesy STScI/NASA; **page 133, 153**: Copyright California Institute of Technology; **page 147**: Courtesy Neel Shearer; **page 162**: From *The Blind Watchmaker* by Richard Dawkins, New York: W.W. Norton & Company, 1986; **page 168**: Hubble Deep Field courtesy R. Williams, STScI/NASA; **page 169**: "INDEPENDENCE DAY" ©1996 Twentieth Century Fox Film Corporation. All rights reserved.; E.T. still: Copyright © 2001 by Universal Studios Publishing Rights, a Division of Universal Studios Licensing, Inc. All rights reserved.; **page 195**: Courtesy Neel Shearer.

출처를 밝히지 않은 이외의 모든 도판은 영국 Moonrunner Design사의 Malcolm Godwin이 이 책을 위하여 따로 마련한 것이다.

역자 후기

「시간의 역사」가 처음 출간된 지 벌써 10년이 훨씬 지났다. 그동안 세계는 많은 변화를 겪었고, 과학 분야에서도 괄목할 만한 여러 가지 진전이 이루어졌다. 인체 DNA 염기서열을 해독하는 인간 게놈 프로젝트가 완성되어 생명 현상에 대한 분자적 이해의 기초가 마련되었고, 컴퓨터 과학과 인터넷의 확산으로 대표되는 정보기술의 발달은 인류에게 놀라운 정보처리 능력을 제공하고 있다. 한편, 생물공학과 정보기술의 비약적인 발달에 가려 일반인들에게는 잘 알려지지 않았지만, 물리과학의 영역에서도 새로운 접근이 이루어졌다. 그리고 이러한 여러 분야와 수준에서 이루어진 변화는 우리가 우리를 둘러싼 세계를 바라보는 관점에 많은 영향을 주었다. 이 책「호두껍질 속의 우주」는「시간의 역사」가 출간된 1988년 이후의 이론물리학의 진전과 관점의 변화를 모두 담고 있다.

호킹은「시간의 역사」의 마지막 결론 부분에서 "만약 우리가 완전한 이론을 발견한다면, 그때에야 비로소 우리는 신의 마음을 알게 될 것이다"라고 말했다. 그렇다면 그 이후 상황은 어떻게 되었는가? 우주의 기원과 인간 존재를 포함하는 모든 실재의 상(像)을 밝혀낼 수 있다는 "만물의 이론"은 과연 가능한가? 가능하다면 어디까지 밝혀졌는가? 이 책은 호킹이 그동안 자신을 비롯한 많은 과학자들이 이런 물음에 답하기 위해서 기울인 노력을 폭넓게 설명하려는 시도이다.

이 책에서 소개되는 중요한 이론적 진전 중에서 가장 주목할 만한 것은 "브레인 세계(brane world)" 이론이다. 그동안 물리학의 통일이론의 유망한 후보로 꼽혔던 끈이론과 초중력이론이 낮은 에너지 하에서만 타당한 근사(近似) 이론으로 격하되면서 1980년대 후반에 케임브리지 대학교의 폴 타운센드가 처음 'p-브레인'이라는 개념을 제기해서 끈을 하나의 구성요소로 포함할 수 있는 이론적 틀을 마련했다. 'brane'은 'membrane'의 줄인 말로 막(膜), 또는 표면이라는 뜻이다. p값은 1이면 끈이 되고, 2이면 막이 되는 식으로 계속 늘어날 수 있다. 이 이론에 따르면 우주는 10차원이나 11차원으로 이루어져 있고, 우리가 경험하는 4차원(공간의 3차원과 시간의 1차원)을 뺀 나머지 6차원이나 7차원은 극히 작은 크기로 말려 있어서 우리가 알아차릴 수 없다. 따라서 우리가 느끼는 4차원 이외에 여분(extra)의 차원들이 있는 셈이다.

이 이론은 1998년에 중요한 진전을 보였다. 미국 스탠퍼드 대학교의 니마 아카니-해미드(Nima Arkani-Hamed)와 사바스 디모풀로스(Savas Dimopoulos), 그리고 이탈리아의 압두스 살람 이론물리학 센터의 지아 드발리(Gia Dvali)는 여분의 차원들 중에서 하나 또는 그 이상의 차원이 비교적 크거나 무한할 수 있고, 중력만이 이 차원을 통해서 다른 차원으로 전파될 수 있다고 주장했다. 호킹은 이 발견을 궁극적인 이론을 찾기 위한 시도에서 매우 중요한 새로운 진전으로 평가한다. 그는 이 개념이 우리가 브레인 세계, 즉 보다 고차원의 시공의 4차원 표면 또는 브레인에 살고 있다는 사실을 함축한다고 말한다. 호킹은 이 브레인 세계 이론을 기초로 브레인의 역사, 즉 우리 우주의 역사가 인간과 같은 지적 존재를 탄생시키기 위해서는 매끄럽지 않고 호두껍질처럼 약간 울퉁불퉁한 표면의 구(球)가 되어야 한다고 말한다.「호두껍질 속의 우주」라는 제목이 붙은 이유는 그것이다.

물론 브레인 세계 이론은 아직까지 분명히 검증되지 않은 수학적 모형이다. 그러나 이 개념의 가장 큰 장점은 차세대 입자가속기나 중력 관측장치를 이용해서 검증 가능하다는 점에서 큰 이점이 있다. 실제로 일부 과학자는 수년 이내에 이 이론이 옳은지 여부를 확인할 수 있다고 말하기도 한다. 지금까지 이 이론은 그동안 우주론과 물리학에서 설명되지 않은 여러 가지 난문제들에 대해서 상당히 높은 설명력을 가지는 것으로 평가받아왔다. 그 한 가지 예가 암흑물질(dark matter)이다. 은하의 회전과 같은 현상은 관찰 가능한 보통물질의 질량으로 설명되지 않기 때문에 과학자들은 설명되지 않는 질량의 원천을 암흑물질이라고 불렀다. 그동안 암흑물질의 후보는 블랙홀, 중성미자 등 여러 가지가 거론되었지만 지금까지 분명한 설명이 이루어지지 못했다. 그러나 브레인 세계 이론은 이 암흑물질을 설명할 수 있다. 가령 우리가 복수(複數)의 브레인 세계 중에서 하나의 브레인 세계에 산다면 우리에게 인접한 다른 브레인이 있을 수 있다. 그런데 빛은 브레인을 통해서 전파될 수 없기 때문에 그 브레인은 '그림자 브레인'에 해당하며, 오직 중력만이 전파된다. 따라서 우리는 그림자 브레인의 중력효과를 암흑물질처럼 느낄 수 있다.

그렇다면 브레인 세계 이론이 궁극적인 이론일까? 이 책에서 호킹은 궁극적인 이론에 대해서 과거와는 조금 다른 접근을 하고 있다. 그는 궁극적 이론에 대한 물음을 "어떤 이론이 우주에 대해 훌륭한 기술(記述)을 제공하는가?"라는 물음으로 대체시키고 있다. 결국 모든 물리 이론은 우리가 우주에 대한 상을 얻기 위한 수학적 모형이며, 우리는 적절한 기술을 제공하는 모형을 탐색하는 끝없는 길 위에 있다는 것이다. 즉, 중요한 것은 궁극적인 이론인가 여부가 아니라 끊임없이 모형을 수립하고, 그 설명력을 검증하려는 노력이라는 것이다. 물론 그는 여전히 모든 이론에 내재하는 M-이론이라는 궁극의 이론을 가정하고 있다. 그러나 그는 이 M-이론이 "단일한 공식을 가지지 않는다"라고 말한다. 그는 "M-이론이 겉보기에 다른 것처럼 보이는 이론들의 연결망(network)이며, 그 이론들은 동일한 이론의 다른 표현일 수 있다"고 말한다. 따라서 "하나의 방정식으로 삼라만상을 모두 설명할 수 있는 궁극적 이론"에 대한 꿈을 완전히 벗어나지는 못해도 상당히 다른 접근이 가능해지는 셈이다. 그리고 여러 이론들은 각기 다른 종류의 상황에 대한 설명이나 계산에 제각기 유용하다.

가장 먼저 책이 발간된 독일의 아마존에서도 평가하고 있듯이, 이 책은 앞서 발간된 「시간의 역사」의 속편이나 2부가 아니다. 「호두껍질 속의 우주」는 그 자체로 인류가 시간과 공간에 대해서 탐구해온 여정을 일반인도 알기 쉽게 설명하고 있고, 현재 우리를 둘러싼 세계에 대한 이해의 폭을 넓히기 위해서 과학자들이 치열한 노력을 벌이고 있는 최전선에 해당하는 주제들을 소개해주고 있다. 이 책은 구성의 측면에서도 앞서의 저서와는 다른 특성을 가진다. 호킹도 서문에서 밝히고 있지만 각 장이 독립성을 가지기 때문에 독자들은 큰 줄기에 해당하는 제1장과 제2장을 읽은 후에는 순서에 크게 구애받지 않으면서 관심 있는 분야를 찾아서 읽어도 무방하다. 또한 「호두껍질 속의 우주」는 「그림으로 보는 시간의 역사」와 마찬가지로 풍부한 그림과 보조설명으로 과학을 공부하지 않은 일반인들의 이해를 돕기 위해서 많은 노력을 기울였다. 이 책에 실린 훌륭한 그림들은 단순한 삽화가 아니라 호킹의 설명을 시각적인 이미지로 바꾸어낸 또 하나의 내용인 셈이다. 특히 미국에서 인기 있는 SF 시리즈인 "스타트렉"에 빗대어서 유머와 위트를 섞어 어려운 물리학의 주제들을 알기 쉽게 설명하려는 노력은 무척 돋보인다.

호킹의 말처럼 우리가 걷는 길은 아직 그 끝이 보이지 않는다. 사실 우리는 그 끝이 있는지조차 알지 못한다. 그러나 우주와 우리 자신을 설명하려는 노력은 인류가 지속되는 한 계속될 것이다.

2001년 11월
김동광

색인